CAMBRIDGE LIBRARY COLLECTION

Books of enduring scholarly value

Botany and Horticulture

Until the nineteenth century, the investigation of natural phenomena, plants and animals was considered either the preserve of elite scholars or a pastime for the leisured upper classes. As increasing academic rigour and systematisation was brought to the study of 'natural history', its subdisciplines were adopted into university curricula, and learned societies (such as the Royal Horticultural Society, founded in 1804) were established to support research in these areas. A related development was strong enthusiasm for exotic garden plants, which resulted in plant collecting expeditions to every corner of the globe, sometimes with tragic consequences. This series includes accounts of some of those expeditions, detailed reference works on the flora of different regions, and practical advice for amateur and professional gardeners.

Catalogus bibliothecæ historico-naturalis Josephi Banks

Following his stint as the naturalist aboard the *Endeavour* on James Cook's pioneering voyage, Sir Joseph Banks (1743–1820) became a pre-eminent member of the scientific community in London. President of the Royal Society from 1778, and a friend and adviser to George III, Banks significantly strengthened the bonds between the practitioners and patrons of science. Between 1796 and 1800, the Swedish botanist and librarian Jonas Dryander (1748–1810) published this five-volume work recording the contents of Banks's extensive library. The catalogue was praised by many, including the distinguished botanist Sir James Edward Smith, who wrote that 'a work so ingenious in design and so perfect in execution can scarcely be produced in any science'. Volume 1 (1798) lists books pertaining to various branches of science, including accounts in a multitude of languages from scientific institutions all over the world.

Catalogus bibliothecæ historico-naturalis Josephi Banks

Volume 1: Scriptores Generales

Jonas Dryander

CAMBRIDGE
UNIVERSITY PRESS

CAMBRIDGE
UNIVERSITY PRESS

University Printing House, Cambridge, CB2 8BS, United Kingdom

Published in the United States of America by Cambridge University Press, New York

Cambridge University Press is part of the University of Cambridge.

It furthers the University's mission by disseminating knowledge in the pursuit of
education, learning and research at the highest international levels of excellence.

www.cambridge.org
Information on this title: www.cambridge.org/9781108069502

© in this compilation Cambridge University Press 2014

This edition first published 1798
This digitally printed version 2014

ISBN 978-1-108-06950-2 Paperback

BIBLIOTHECÆ

HISTORICO NATURALIS

JOSEPHI BANKS

REGI A CONSILIIS INTIMIS,

BARONETI, BALNEI EQUITIS,

REGIÆ SOCIETATIS PRÆSIDIS, CÆT.

AUCTORE

JONA DRYANDER, A. M.

REGIÆ SOCIETATIS BIBLIOTHECARIO.

TOMUS I.

SCRIPTORES GENERALES.

LONDINI:

TYPIS GUL. BULMER ET SOC.

1798.

ELENCHUS SECTIONUM.

Numerus prior Sectionem, posterior Paginam indicat.

PARS I.

LIBRI, QUI PRÆTER HISTORIAM NATURALEM, ALIAS ETIAM SCIENTIAS TRACTANT.

1 Acta Academiarum et Societatum. Pag. 1, 302.
2 Magnæ Britanniæ et Hiberniæ. 1.
  Societas Regia Londinensis. 1, 302.
  Societas Œconomica Londinensis. 302.
3 Societas Londinensis ad promovendas Artes et Negotia. 7.
4 Collegium Medicorum Londini.
5 Societates Medicæ Londinenses.
6 Societas Linneana Londini. 8, 302.
7 Œconomica Bathonica.
8 Literaria Mancestriensis.
9 Regia Edinensis. 9, 302.
10 Academia Regia Hibernica.
11 Belgii Foederati. 9.
   Societas Harlemensis. 9, 302.
12 Vlissingensis. 10, 303.
13 Roterodamensis. 11, 303.
14 Œconomica Amstelodamensis.
15 Trajectina. 12.

16 Galliæ.
17 Academia Regia Scientiarum Parisina. 12, 303.
   Institutum Scientiarum et Artium Parisinum. 303.
18 Societas Regia Medica Parisina. 17.
19 Societas Regia Œconomica Parisina.
20 Societas Historiæ Naturalis Parisina. 18.
21 Societas Regia Scientiarum Monspeliensis.
22 Academia Regia Scientiarum et Elegantiorum Literarum Tolosana.
23 Academia Divionensis.
24 Societas Œconomica Britanniæ. 19.
25 Academia Imperialis et Regia Bruxellensis.
26 Hispaniæ.
   Societas Regia Vasconensis Amicorum Patriæ.
27 Lusitaniæ. 20.
   Academia Regia Scientiarum Ulyssiponensis. 20, 303.
28 Italiæ.
   Academia Regia Scientiarum Taurinensis.
29 Societas Patriotica Mediolanensis. 21.

A 2

30 Societas Italica (Veronen-
    sis.)
31 Academia Patavina.
32 Institutum Scientiarum
    Bononiense.
33 Accademia del Cimento.
    22.
34 Academia Scientiarum Se-
    nensis.
35   Regia Neapoli-
    tana.
36 Helvetiæ.
    Societas Physico-Medica
    Basileensis.
37   Physica Tigurina. 23.
38   Lausannensis.
39 Germaniæ.
    Academia Cæsarea Na-
    turæ Curiosorum. 23,
    303.
40 Academia Regia Scientia-
    rum et Elegantiorum
    Literarum Berolinen-
    sis. 26.
41 Societas Naturæ Scrutato-
    rum Berolinensis. 27.
42 Societas Physica Halensis.
    28.
43   Œconomica Lip-
    siensis.
44 Academia Electoralis Mo-
    guntina, Erfordiæ.
45 Societas Regia Scientia-
    rum Gottingensis. 29,
    304.
46 Societas Scientiarum Has-
    siaca. 31.
47 Academia Electoralis
    Theodoro-Palatina.
48 Societas Œconomica Pa-
    latina.
49 Academia Scientiarum
    Electoralis Boica. 32.
50 Societas Scientiarum Bo-
    hemica. 32, 304.
51 Imperii Danici. 33.
    Societas Regia Scientia-
    rum Danica.
52 Collegium Medicum Hav-
    niense.

53 Societas Medica Havnien-
    sis. 34.
54 Societas Regia Œconomi-
    ca Danica.
55 Universitas Hafniensis.
56 Societas Historiæ Natura-
    lis Hafniensis.
57 Societas Regia Scientia-
    rum Norvegica. 35.
58 Sveciæ.
    Academia Regia Scientia-
    rum Svecana. 35, 304.
59 Societas Regia Scientia-
    rum Upsaliensis. 37,
    304.
60 Societas Regia Gothobur-
    gensis. 38.
61   Physiographica Lun-
    densis.
62 Borussiæ.
    Societas Physica Geda-
    nensis.
63 Russiæ. 39.
    Academia Scientiarum
    Imperialis Petropolitana.
64 Asiæ. 41.
    Societas Batavica.
65   Bengalensis. 42.
66 Americæ.
    Societas Americana, Phi-
    ladelphiæ.
67 Academia Americana Ar-
    tium et Scientiarum.
68 Societas Noveboracensis.

69 Collectanea. 43, 304.
70 Operum vel Opusculorum
    Auctoris cujusdam Col-
    lectiones. 61, 305.
71 Observationes medicæ et his-
    torico-naturales. 68.
72 Epistolæ. 69, 306.
73 De variis disciplinis Scrip-
    tores miscelli, qui res na-
    turales etiam attingunt.
    72, 306.
74 Physici. 78, 306.

75 Itineraria et Topographiæ. 82.

76 Bibliothecæ itinerariæ. 82, 307.

77 Collectiones et Historiæ Itinerum. 83, 307.

78 Itineraria et Topographiæ variarum Orbis partium. 86, 307.

79 Circumnavigationes. 88, 307.

80 Itinera per varias Europæ regiones. 91, 307.

81 Itineraria et Topographiæ Magnæ Britanniæ. 94.

82 Galliæ. 99.

83 Hispaniæ. 100.

84 Lusitaniæ. 101.

85 Italiæ. 101, 308.

86 Helvetiæ. 102.

87 Germaniæ. 104.

88 Imperii Danici. 107.

89 versus Septentrionem. 111.

90 Sveciæ. 113.

91 Borussiæ. 115.

92 Hungariæ. 116.

93 Imperii Russici. 118.

94 Osmanici (vulgo Orientis.) 121, 308.

95 Africæ. 126.

96 Australis. 131.

97 Insularum Africæ adjacentium. 132.

98 Asiæ. 133.

99 Indiæ Orientalis. 138.

100 Cochinchinæ. 142.

101 Tunkini.

102 Chinæ.

103 Insularum inter Asiam et Americam. 145.

104 Americæ. 147, 308.

105 Occidentalis. 149.

106 Septentrionalis. 151.

107 Meridionalis. 157.

108 Insularum Americæ adjacentium, vulgo Indiæ Occidentalis. 161.

109 Itinera in Africam et Americam. 163.

PARS II.

HISTORIÆ NATURALIS SCRIPTORES GENERALES.

1 Encomia historiæ naturalis. 165.

2 Historiæ naturalis historia. 168.

3 De Vita et Scriptis Auctorum historiæ naturalis. 170, 308.

4 Bibliothecæ. 177.

5 Venales. 179, 308.

6 Topographicæ. 179.

7 Relationes de libris novis. 181, 308.

8 Lexica: 182.

9 Methodus. studii Historiæ naturalis. 184.

10 Elementa Historiæ naturalis. 185, 309.

11 Systemata rerum naturalium. 187.

12 De Methodis Historiæ Na-

turalis Scriptores Critici. 192.

13 Affinitates rerum naturalium.

14 Historiæ rerum naturalium. 194.

15 Icones rerum naturalium. 195, 309.

16 Descriptiones rerum naturalium, et Observationes miscellæ de rebus naturalibus. 198, 309.

17 Opusculorum Historiæ Naturalis Collectiones. 205.

18 Micrographi. 208.

19 Musea. 217.
Rerum naturalium collectio et deportatio.

20 Musei instructio. 218.

21 Musea varia. 219.

22   Magnæ Britanniæ. 220.

23   Belgica. 222.

24   Venalia. 224.

25   Gallica. 225.

26   Venalia. 226.

27   Italica. 227.

28   Helvetica. 228.

29   Germanica.

30   Venalia. 231.

31   Danica. 232.

32   Svecica. 233.

33   Borussica. 234.

34   Russica.

35 Historiæ naturalis Scriptores Topographici. 235.

36   Magnæ Britanniæ et Hiberniæ. 235, 309.

37   Galliæ. 237.

38   Hispaniæ. 239.

39   Italiæ. 240.

40   Helvetiæ. 242.

41   Germaniæ. 243.
      Circuli Austriaci.

42   Bavarici. 244.

43   Svevici.

44   Franconici. 245.

45   Rhenani Superioris.

46   Westphalici.

47   Circuli Saxonici Inferioris. 246.

48   Superioris 247.

49   Bohemiæ. 247, 309.

50   Silesiæ. 248.

51   Imperii Danici.

52   Sveciæ. 249.

53   Borussiæ.

54   Poloniæ. 250.

55   Hungariæ.

56   Imperii Russici. 250, 309.

57   Indiæ Orientalis. 251.

58   Asiæ ulterioris. 252.

59   Novæ Cambriæ 253.

60   Africæ et Insularum adjacentium.

61   Americæ Septentrionalis.

62   Meridionalis et Insularum adjacentium. 255.

63 Historia naturalis Maris. 257.

64   Lacuum. 258.

65 Poemata de rebus naturalibus. 260.

66 Physico-theologi.

67 Teleologi. 261.

68 Physici Biblici. 262.

69 Critici veterum Auctorum, quod ad res naturales attinet. 263.

70 Thaumatographi. 264.

71 Palingenesia. 267.

72 Physiologi miscelli. 269.

73 Materia Medica. 272.
    Bibliothecæ.

74 Collectiones Opusculorum Materiæ Medicæ.

75 Collectio Medicamentorum.

76 Classes Medicamentorum.

77 Materiæ Medicæ in universum Scriptores. 273.

78 Materia Medica extra Europam. 286.

79 Succedanea. 290.

80 Medicamenta varia.

81 Venena et Antidota. 292.

82 Materia Alimentaria. 295.

83 Œconomici. 297.
84 Œconomici Topographici.
  300.
  Lusitaniæ.

85 Italiæ.
86 Imperii Danici.
87 Sveciæ. 301.
88 Materia Tinctoria.

Addenda. 302.

PARS I.

LIBRI, QUI PRÆTER HISTORIAM NATURALEM,

ALIAS ETIAM SCIENTIAS TRACTANT.

1. *Acta Academiarum et Societatum.*

Johanne LÅSTBOM
Præside, Dissertatio sistens Societates Œconomicas europæi orbis. Resp. Ben. Joh. Bergman.
Pagg. 20.   Upsaliæ, 1770. 4.
Friedrich Kasimir MEDIKUS.
Ueber den werth gelehrter gesellschaften. Vorles. der Kurpfälz. Phys. Okonom. Ges. 1 Band, p. 177—190.
Ueber die ursachen, warum ökonomische gesellschaften nicht immer den nuzen gestiftet haben, den man von ihnen erwartete. ib. 2 Band, p. 283—326.

2. *Magnæ Britanniæ et Hiberniæ.*

Societas Regia Londinensis.

Philosophical Transactions, giving some accompt of the present undertakings, studies, and labours of the ingenious in many considerable parts of the world.
Vol. 1. for 1665 and 1666. n. 1—22. pagg. 407. tabb. æneæ 7.
   2. for 1667. n. 23—32. pag. 409—628. tabb. 3.
   3. for 1668. n. 33—44. pag. 629—892. tabb. 4.
   4. for 1669. n. 45—56. pag. 893—1142. tabb. 6.
   5. for 1670. n. 57—68. pag. 1147—1200, 1023—1099, 2000—2106 et 2007—2083 tabb. 5.
   6. for 1671. n. 69—80. pag. 2087—2299, et 3000—3095. tabb. 6.

TOM. I.   B

Societas Regia Londinensis.

Vol. 7. for·1672. n. 81—91. pag. 3999—4099, et 5000 —5172. tabb. 4.
8. for 1673. n. 92—100. pag. 5175—5199, 6000 —6199, et 7000—7002. tabb. 10.
9. for 1674. n. 101—111. pagg. 252. tabb. 5.
10. for 1675. n. 112—122. pag. 253—550. tabb. 4.
11. for 1676. n. 123—132. pag. 551—814. tabb. 5.
12. for 1677 and 1678. n. 133—142. pag. 815—1074. tabb. 4.
13. for 1683. n. 143—154. pagg. 430. tabb. 16.
14. for 1684. n. 155—166. pag. 431—834. tabb. 12.
15. for 1685. n. 167—178. pag. 835—1310. tabb. 16.
16. for 1686 and 1687. n. 179—191. pagg. 450. tabb. 11.
17. for 1691—1693. n. 192—206. pag. 451—1004. tabb. 14.
18. for 1694. n. 207—214. pagg. 280. tabb. 8.
19. for 1695—1697. n. 215—235. pagg. 799. tabb. 21.
20. for 1698. n. 236—247. pagg. 468. tabb. 12.
21. for 1699. n. 248—259. pagg. 442. tabb. 12.
22. for 1700 and 1701. n. 260—276. pag. 443—1050. tabb. 16.
23. for 1702 and 1703. n. 277—288. pag. 1051—1523. tabb. 13.
24. for 1704 and 1705. n. 289—304. pag. 1521—2192. tabb. 20.
25. for 1706 and 1707. n. 305—312. pag. 2193—2472. tabb. 8.
26. for 1708 and 1709. n. 313—324. pagg. 508. tabb. 12.
27. for 1710—1712. n. 325—336. pagg. 555. tabb. 14.
28. for 1713. n. 337. pagg. 300. tabb. 7.
29. for 1714—1716. n. 338—350. pagg. 541. tabb. 14.
30. for 1717—1719. n. 351—363. pag. 545—1114. tabb. 11.
31. for 1720, 1721. n. 364—369. pagg. 251. tabb. 10.
32. for 1722, 1723. n. 370—380. pagg. 469. tabb. 18.

Vol. 33. for 1724, 1725. n. 381—391. pagg. 432. tabb. 15.
34. for 1726—June 1727. n. 392—398. pagg. 291. tabb. 7.
35. for July 1727—1728. n. 399—406. pag. 293 —661. tabb. 14.
36. for 1729, 1730. n. 407—416. pagg. 465. tabb. 14.
37. for 1731, 1732. n. 417—426. pagg. 450. tabb. 14.
38. for 1733, 1734. n. 427—435. pagg. 470. tabb. 8.
39. for 1735, 1736. n. 436—444. pagg. 405. tabb. 11.
40. for 1737, 1738. n. 445—451. pagg. 478. tabb. 12. Supplem. pagg. liv. tabb. 3.
41. for 1739—1741. n. 452—461. pagg. 873. tabb. 32.
42. for 1742, 1743. n. 462—471. pagg. 641. tabb. 20.
43. for 1744, 1745. n. 472—477. pagg. 101 et 560. tabb. 17. Supplem. pagg. 86. tabb. 3.
44. Part 1. for 1746. n. 478—481. pagg. 333. tabb. 14. Supplem. pagg. 82. tabb. 5.
Part 2. for 1747. n. 482—484. pag. 335—749. tabb. 13. Supplem. pagg. 66.
45. for 1748. n. 485—490. pagg. 674. tabb. 12.
46. for 1749 and 1750. n. 491—497. pagg. 750. tabb. 20.
47. for 1751 and 1752. pagg. 571. tabb. 20.
48. Part 1. for 1753. pagg. 384. tabb. 12.
2. for 1754. pag 385—882. tab. 13—34.
49. Part 1. for 1755. pagg. 444. tabb. 11.
2. for 1756. pag. 445—906. tab. 12—25.
50. Part 1. for 1757. pagg. 479. tabb. 18.
2. for 1758. pag. 481—876. tab. 19—36.
51. Part 1. for 1759. pagg. 457. tabb. 10.
2. for 1760. pag. 459—977. tab. 11—23.
52. Part 1. for 1761. pagg 414. tabb. 14.
2. for 1762. pag. 415—667. tab. 15—21.
53. for 1763. pagg. 529. tabb. 25.
54. for 1764. pagg. 438. tabb. 26.
55. for 1765. pagg. 344. tabb. 13.
56. for 1766. pagg. 329. tabb. 15.
57. for 1767. pagg. 553. tabb. 26.

Vol. 58. for 1768. pagg. 382. tabb. 14.
59. for 1769. pagg. 530. tabb. 46.
60. for 1770. pagg. 567. tabb. 12.
61. for 1771. pagg. 693. tabb. 22.
62. (for 1772.) pagg. 494. tabb. 14.
63. (for 1773.) pagg. 507. tabb. 20.
64. (for 1774.) pagg. 522. tabb. 17.
65. for 1775. pagg. 574. tabb. 15.
Philosophical Transactions of the Royal Society of London.
Vol. 66. for 1776. pagg. 658. tabb. 7.
67. for 1777. pagg. 903. tabb. 20.
68. for 1778. pagg. 1099. tabb. 18.
69. for 1779. pagg. 696. tabb. 11. ·
70. for 1780. pagg, 617 and xlv. tabb. 15.
71. for 1781. pagg. 547. tabb. 27.
72. for 1782. pagg. 462 and xxxv. tabb. 16.
73. for 1783. pagg. 501. tabb. 10.
74. for 1784. pagg. 521. tabb. 21.
75. for 1785. pagg. 505. tabb. 20.
76. for 1786. pagg. 528. tabb. 16.
77. for 1787. pagg. 482. tabb. 23.
78. for 1788. pagg. 453. tabb. 6.
79. for 1789. pagg. 333. tabb. 4.
80. for 1790. pagg. 635. tabb. 20.
81. for 1791. pagg. 438. tabb. 10.
For the year 1792. pagg. 460. tabb. 10.
1793. pagg. 232. tabb. 22.
1794. pagg. 444. tabb. 21.
1795. pagg. 596. tabb. 46.
1796. pagg. 510. tabb. 15.
1797. Part 1. pagg. 218. tabb. 4.
London. 4.
A general index, or alphabetical table to all the Philosophical Transactions, from the beginning to July 1677.
Pagg. 38.   ib. 1678. 4.
From January 1677-8 to December 1693 at the end of Vol. 17. pag. 1005—1037.   ib. 1694. 4.
Table des memoires imprimés dans les Transactions philosophiques de la Societé Royale de Londres, depuis 1665 jusqu'en 1735; par M. DE BREMOND.
Pagg. 297, 461 et lxxvj.   Paris, 1739. 4.
A general index to the Philosophical Transactions, from the 1st to the end of the 70th volume, by *P. H.* MATY.
Pagg. 801.   London, 1787. 4.

Acta philosophica Societatis Regiæ in Anglia, anni 1665,
auctore Henr. Oldenburgio, in latinum versa interprete
C. S.

Pagg. 266. ·	Amstelodami, 1674. 12.
Anni 1666. pagg. 459.	1672.
1667. pagg. 392.	1672.
1668. pagg. 454.	1674.
1669. in latinum versa a Joh. Sterpino.	Pagg. 413.
	1671.
1670. interprete C. S. pagg. 603.	1681.

Omnia cum tabulis æneis.

———— anni 1665—69. nunc iterum edita.

Pagg. 904; cum tabb. æneis.   Lipsiæ, 1675. 4.

Memoirs of the Royal Society, being a new abridgment
of the Philosophical Transactions, from 1665 to 1735
inclusive, by Mr. Baddam.

Vol. 1. pagg. 516. tabb. 14.	London, 1738. 8.
2. pagg. 516. tabb. 13.	1739.
3. pagg. 516. tabb. 13.	
4. pagg. 513. tabb. 13.	
5. pagg. 514. tabb. 13.	1740.
6. pagg. 514. tabb. 13.	
7. pagg. 515. tabb. 13.	
8. pagg. 516. tabb. 13.	
9. pagg. 514. tabb. 13.	1741.
10. pagg. 473. tabb. 12.	

Abregé des Transactions Philosophiques de la Societé
Royale de Londres, traduit de l'Anglois, et redigé par
M. Gibelin.

1 Partie. Histoire naturelle. Tome 1. pagg. 467. tabb.
æneæ 8. Tome 2. pagg. 466. tabb. 14.
            Paris, 1787. 8.

(2 Partie.) Botanique. Tome 1. pagg. 440. tabb. 2.
Tome 2. pagg. 434. tab. 1.   1790.

4 Partie. Physique experimentale, par M. Reynier.
Tome 1. pagg. 468. tabb. 2. Tome 2. pagg. 472.
tabb. 4.   1790.

6 Partie. Anatomie et Physique animale, par M. Pinel.
pagg. 476. tabb. 2.   1790.

8 Partie. Matiere medicale et Pharmacie. Tome 1.
par M. M. Wilmet et Bosquillon. pagg. 467.
            1789.

Tome 2. par M. M .Bosquillon et Pinel. pagg. 495.
            1791.

10 Partie. Melanges, observations, voyages, par A. L
Millin de Grandmaison. pagg. 449.   1790.
11 et 12 Partie. Antiquités, beaux-arts, inventionse t
machines par M. Millin de Grandmaison. Tome 1.
pagg. 446. tabb. 2.   1789.
Tome 2. pagg. 464. tabb. 2.   1790.

Diplomata et Statuta Regalis Societatis Londini pro scien-
tia naturali promovenda.
Pagg. 115.   Londini, 1752. 8.
————— Pagg. 59 et 48.   (ib.) 1776. 4.
The history of the Royal Society of London, for the im-
proving of natural knowledge, by *Tho.* SPRAT, late
Lord Bishop of Rochester.
4th edition. Pagg. 438. tabb. æneæ 2. ib. 1734. 4.
The history of the Royal Society of London for improv-
ing of natural knowledge, from its first rise, as a sup-
plement to the Philosophical Transactions, by *Thomas*
BIRCH.
Vol. 1. pagg. 511. tabb. æneæ 3.   ib. 1756. 4.
    2. pagg. 501. tabb. 3.
    3. pagg. 520. Vol. 4. pagg. 558.   1757.
    Desinit in anno 1687.

Philosophical Collections (published by *Robert* HOOKE,
during the interruption of the Philosophical Transactions.)
Numb. 1. pagg. 44. tabb. ænea 1.   ib. 1679. 4.
    2. pagg. 50. tab. 1.   1681.
    3. pag. 43—80. tab. 1.
    4. pag. 83—121. tab. 1.   1682.
    5. pag. 123—162. tab. 1,in pag.161 impressa.
    6. pag. 163—186. tab. 1.
    7. pag. 187—210. tab. 1.
Miscellanea curiosa, being the most valuable discourses,
read and delivered to the Royal Society, for the advancement of physical and mathematical knowledge;
as also a collection of curious travels, voyages, antiquities, and natural histories of countries, presented to the
same Society; revised and corrected by *W.* DERHAM.
Vol. 1. third edition. pagg. 401. tabb. æneæ 5.
                              ib. 1726. 8.
    2. pagg. 372. tabb. 9.   1723.
    3. second edition. pagg. 430. tabb. 6. 1727.

A review of the works of the Royal Society of London, by John Hill. (Satyra in Acta Societatis.)
Pagg. 265. London, 1751. 4.

3. *Societas Londinensis ad promovendas Artes et Negotia.*

Memoirs of Agriculture, and other oeconomical arts, by *Robert* Dossie.

Vol. 1. pagg. 455.	London, 1768. 8.
2. pagg. 482.	1771.
3. pagg. 462. tabb. æneæ 3.	1782.

Transactions of the Society, instituted at London, for the encouragement of Arts, Manufactures, and Commerce.

Vol. 1. pagg. 331. tab. ligno incisa 1.	ib. 1783. 8.
2. pagg. 368. tabb. æneæ 2.	1784.
3. pagg. 326. tabb. æneæ 2.	1785.
4. pagg. 385. tabb. æneæ 2.	1786.
5. pagg. 404. tabb. æneæ 4.	1787.
6. pagg. 401. tabb. æneæ 5.	1788.
7. pagg. 401. tabb. æneæ 4.	1789.
8. pagg. 403. tabb. æneæ 4.	1790.
9. pagg. 387. tabb. 4.	1791.
10. pagg. 451. tabb. 4.	1792.
11. pagg. 413. tabb. 6.	1793.
12. pagg. 399. tabb. 3.	1794.
13. pagg. 343. tabb. 5.	1795.
14. pagg. 410. tabb. 5.	1796.
15. pagg. 368. tabb. 5.	1797.

4. *Collegium Medicorum Londini.*

Medical Transactions, published by the College of Physicians in London.

Vol. 1. third edition. pagg. 474.	London, 1785. 8.
2. pagg. 533.	1772.
3. pagg. 453. tabb. æneæ 2.	1785.

5. *Societates Medicæ Londinenses.*

Medical observations and inquiries, by a Society of Physicians in London.

Vol. 1. fourth edition. pagg. 435. tabb. æneæ 5.
ib. 1776. 8.

Vol. 2. pagg. 424. tabb. 4.   1764.
  3. second edition. pagg. 418. tabb. 6. 1769.
  4. second edition. pagg. 414. tabb. 4. 1772.
  5. pagg. 405. tabb. 7.   1776.
  6. pagg. 420. tabb. 3.   1784.
Medical communications.
Vol. 1. pagg. 456. tabb. 10.   ib. 1784. 8.
  2. pagg. 527. tabb. 4.   1790.
Memoirs of the Medical Society of London, institured in
the year 1773.
Vol. 1. pagg. 496. tabb. 3.   ib. 1787. 8.
  2. pagg. 538. tabb. 9.   1789.

6. *Societas Linneana Londini.*

Transactions of the Linnean Society.
Vol. 1. pagg. 257. tabb. æneæ 20. London, 1791. 4.
  2. pagg. 357. tabb. 29.   1704.
  3. pagg. 335. tabb. 23.   1797.

7. *Societas Œconomica Bathonica.*

Letters and Papers on Agriculture, Planting, &c. selected
from the correspondence of the Bath and West of England Society for the encouragement of Agriculture,
Arts, Manufactures, and Commerce.
Vol. 1. fourth edition. pagg. 362.   Bath, 1792. 8.
  2. third edition. pagg. 383. tab. ænea 1.
                                        1792.
  3. third edition. pagg. 447. tabb. 5. 1791.
  4. second edition. pagg. 446. tabb. 2. 1792.
  5. second edition. pagg. 472. tabb. 3. 1793.
  6. pagg. 394. tabb. 7.   1792.
  7. pagg. 390. tabb. 7.   1795.

8. *Societas Literaria Mancestriensis.*

Memoirs of the Literary and Philosophical Society of
Manchester.   Warrington, 1785. 8.
Vol. 1. pagg. 473. tabb. æneæ 3.
  2. pagg. 514. tabb. 2.   1785.
  3. pagg. 648. tabb. 5.   1790.
  4. Part 1. pagg. 272. tabb. 3.
                              Manchester, 1793.
    2. pag. 273—653. tab. 4—9. 1796.

9. *Societas Regia Edinensis.*

Essays and observations, physical and literary, read before a Society in Edinburgh, and published by them.
Vol. 1. pagg. 466. tabb. æneæ 8.

Edinburgh, 1754. 8.
2. pagg. 436. tabb. 7. 1756.
3. pagg. 563. tabb. 8. 1771.
Transactions of the Royal Society of Edinburgh.
Vol. 1. pagg. 100, 336 et 209. tabb. æneæ 4.

ib. 1788. 4.
2. pagg. 80, 244 et 267. tabb. 9. 1790.
3. pagg. 148, 279 et 162. tabb. 18. 1794.

10. *Academia Regia Hibernica.*

Charter and statutes of the Royal Irish Academy for promoting the study of science, polite literature, and antiquities. Pagg. 10 et 10. Dublin, 1786. 4.
The Transactions of the Royal Irish Academy.
1787. pagg. 89, 87 et 167. tabb. æneæ 13. ib. 4.
1788. pagg. 186, 90 et 90. tabb. 16.
1789. pagg. 180, 49 et 85. tabb. 13.
Vol. 4. pagg. 187, 72 et 54. tabb. 8.
5. pagg. 327, 92, et 63. tabb. 8.

11. *Belgii Foederati.*

Societas Harlemensis.

Verhandelingen uitgegeeven door de Hollandse Maatschappy der weetenschappen, te Haarlem.
1 Deel. pagg. 811. tabb. æneæ 6. Haarlem, 1754. 8.
2 Deel. pagg. 652. tabb. 7. 1755.
3 Deel. pagg. 630. tabb. 11. 1757.
4 Deel. pagg. 614. et 46. tabb. 7. 1758.
5 Deel. pagg. 603. tabb. 9. 1760.
6 Deels 1 Stuk. pagg. 450. tabb. 4. 1761.
2 Stuk. pag. 451—1015 et 94. tabb. 5.
1762.
7 Deels 1 Stuk. pagg. 391. tabb. 9. 1763.
2 Stuk. pagg. 464.

8 Deels 1 Stuk. pagg. 558. tabb. 6.   1765.
    2 Stuk. pagg. 288. tabb. 4.
9 Deels 1 Stuk. pagg. 548.   (1766.)
    2 Stuk. pagg. 120, 304, 194 et 120.
    3 Stuk. pagg. 673. tabb. 6.   1767.
10 Deels 1 Stuk. pagg. 458. tab. 1.   1768.
    2 Stuk. pagg. 473. tabb. 11.
11 Deel. pagg. 400. tabb. 3.   1769.
    2 Stuk. pagg. 326.
12 Deel. pagg. 422 et 140. tabb. 10.   1770.
13 Deel. pagg. 611. tab. 1.   1771.
    2 Stuk. pagg. 279.   1772.
14 Deel. pagg. 640 et 96. tabb. 10.   1773.
15 Deel. pagg. 536 et 38. tabb. 3.   1774.
16 Deel. pagg. 548.   1775.
    2 Stuk. pagg. 382. tabb. 4.   1776.
17 Deel. pagg. 323.
    2 Stuk. pagg. 270 et 48. tabb. 8.   1777.
18 Deel. pagg. 846.   1778.
19 Deels 1 Stuk. pagg. 432. tabb. 7.   1779.
    2 en 3 Stuk. pagg. 320 et 174. tabb. 8.
                                         1780.
20 Deels 1 Stuk. pagg. 330. tab. 1.   1781.
    2 Stuk. pagg. 523. tabb. 13.   1782.
21 Deel. pagg. 274. tabb. 8.   1784.
22 Deel. pagg. 479. tab. 1.   1786.
Register, ofte hoofdzaaklyke inhoud der Verhandelingen,
enz. die in de 12 eerste deelen van de Hollandsche
Maatschappye der weetenschappen te Haarlem voorkomen; door *Johannes Florentius* M A R T I N E T.
Pagg. xxxiv et 146.   Haarlem, 1772.   8.

12. *Societas Vlissingensis.*

Verhandelingen uitgegeven door het Zeeuwsch Genootschap der wetenschappen te Vlissingen.
    1 Deel. pagg. 651. tabb. æneæ 4.
               Middelburg, 1769.   8.
    2 Deel. pagg. 645. tabb. 7.   1771.
    3 Deel. pagg. 662. tabb. 4.   1773.
    4 Deel. pagg. 675. tabb. 2.   1775.
    5 Deel. pagg. 629. tabb. 4.   1776.
    6 Deel. pagg. 664. tabb. 5.   1778.
    7 Deel. pagg. 401 et 276. tabb. 5.   1780.
    8 Deel. pagg. 539. tabb. 2.   1782.

9 Deel. pagg. 574. tabb. 7. 1782.
10 Deel. pagg. 636. tabb. 3. 1784.
11 Deel. pagg. 508. tabb. 6. 1786.

13. *Societas Roterodamensis.*

Plan en grondwetten van het Bataafsch Genootschap der
proefondervindelijke wijsbegeerte te Rotterdam.
Pagg. 46.   Rotterdam, 1771. 4.
————— Pagg. 29.   ib. 1788. 4.
Verhandelingen van het Bataafsch Genootschap der proef-
ondervindelyke wysbegeerte te Rotterdam.
1 Deel. pagg. 583. tabb. æneæ 19.   ib. 1774. 4.
2 Deel. pagg. 207. tabb. 8.   1775.
3 Deel. pagg. 288. tabb. 4.   1777.
4 Deel. pagg. 289. tabb. 2.   1779.
5 Deel. pagg. 228. tabb. 2.   1781.
6 Deel. pagg. 160. tabb. 4.   1781.
7 Deel. pagg. 274. tabb. 2.   1783.
Algemeene bladwyzer over de 6 eerste deelen der Verhandelingen van het Bataafsch Genootschap der proefon-
dervindelyke wysbegeerte te Rotterdam.
Pagg. 30.   ib. 1784. 4.

14. *Societas Œconomica Amstelodamensis.*

Verhandelingen uitgegeeven door de Maatschappy ter
bevordering van den Landbouw, te Amsterdam.
1 Deel. pagg. 275.   Amsterdam, 1778. 8.
2 Deels 1 Stuk. pagg. 124.   1780.
        2 Stuk. pag. 127—184.   1781.
        3 Stuk. pagg. 82. tab. ænea 1.   1783.
3 Deels 1 Stuk. pagg. 64.   1784.
        2 Stuk. pagg. 110.
        3 Stuk. pagg. 74.   1786.
4 Deel. pagg. 306.   1787.
5 Deels 1 Stuk. pagg. 96.   1788.
        2 Stuk. pagg. 174.
6 Deels 1 Stuk. pagg. 224.   1789.
        2 Stuk. pagg. 82.
7 Deels 1 Stuk. pagg. 80. tab. ænea 1.   1790.
        2 Stuk. pagg. 70. tab. 1.
        3 Stuk. pagg 138.   1791.
8 Deel. pagg. 356. tabb. 15.
9 Deel. pagg. 413. tabb. 12.   1793.

15. *Societas Trajectina.*

Verhandelingen van het Provinciaal Utregtsch Genootschap van kunsten en wetenschappen.
1 Deel. pagg. 524. tabb. æneæ 4.   Utregt, 1781. 8.
2 Deel. pagg. 448. tabb. 3.   1784.
3 Deels 1 Stuk. pagg. 732.   1785.
    2 Stuk. 398. tabb. 4.
    Hactenus nihil ad historiam naturalem.

16. *Galliæ.*

Couronnes academiques, ou recueil des Prix proposés par
les Societés savantes, avec les noms de ceux qui les ont
obtenus, des concurrens distingués, des auteurs qui ont
ecrit sur les memes sujets, le titre et le lieu de l'impression de leurs ouvrages ; precedé de l'histoire abregée
des Academies de France, par M. DELANDINE.
                                Paris, 1787. 8.
Tome 1. pagg. 316. Tome 2. pagg. 244.

17. *Academia Regia Scientiarum Parisina.*

Histoire de l'Academie Royale des Sciences.
    Tome 1. depuis son etablissement en 1666, jusqu'à
         1686. Pagg. 448. tab. ænea 1.
                                  Paris, 1733. 4.
    2. depuis 1686, jusqu'à son renouvellement en
         1699. Pagg. 436.
Memoires de l'Academie Royale des Sciences, depuis 1666,
jusqu'à 1699.
    Tome 3. 1 Partie. pagg. 231. tabb. 34.   1733.
         2 Partie. pagg. 294. tab. 35—67.
         3 Partie. pagg. 215. tabb. 31.   1734.
    4. pagg. 333. tabb. 38.   1731.
    5. pagg. 530. tabb. 21.   1729.
    6. pagg. 712. tab. 1.   1730.
    7. Partie 1. pagg. 430. tabb. 9.   1729.
         2. pag. 431—875. tab. 9—13.
    8. pagg. 505. tab. 1.   1730.
    9. pagg. 730.
    10. pagg. 744. tabb. 19 et 10.
    11. pagg. 612.   1733.

Memoires de Mathematique et de Physique, tirez des
registres de l'Academie Royale des Sciences.
Pagg. 195. tabb. 10.   1692.
Pagg. 191. tabb. 7.   1693.
Hæc duo volumina redeunt in Tomo 10. collectionis
antecedentis, pag. 1—448.
Observations physiques et mathematiques, envoyées des
Indes et de la Chine à l'Academie Royale des Sciences
à Paris, par les Peres Jesuites, avec les reflexions de
Mrs. de l'Academie, et les notes du Pere Goüye.
Pagg. 113. tabb. 3.   1692.
Redeunt in Tomo 7. collectionis antecedentis, pag. 741
—853.
Observations faites à la Chine par les PP. de la Compagnie
de Jesus, avec les notes du P. Goüye.
Pagg. 20.   (1693?)
Redeunt in Tomo 7. collectionis antecedentis, pag. 855
—875.
Memoires de Mathematique et de Physique, par M. de la
Hire.
Pagg. 302.   1694.
Redeunt in Tomo 9. collectionis antecedentis, pag. 341
—634.
Histoire de l'Academie Royale des Sciences, année 1699,
avec les memoires de Mathematique et de Physique, pour
la meme année. Pagg. 123 et 284. tabb. 28. 1702.

1700. pagg. 159 et 310. tabb. 9. desiderantur tabulæ	
2, ad pag. 40, et ad pag. 82.	1703.
1701. pagg. 144 et 382. tabb 15.	1704.
1702. pagg. 139 et 328. tabb. 12.	
1703. pagg. 148 et 467. tabb. 12.	1705.
1704. pagg. 136 et 373. tabb. 20.	1706.
1705. pagg. 154 et 395. tabb. 8.	
1706. pagg. 152 et 521. tabb. 25.	1707.
1707. pagg. 192 et 587. tabb. 13.	1730.
1708. pagg. 154 et 472. tabb. 17.	1709.
1709. pagg. 128 et 461 tabb. 15.	1711.
1710. pagg. 166 et 560. tabb. 14.	1712.
1711. pagg. 111 et 323. tabb. 16.	1714.
1712. pagg. 106 et 342. tabb. 18.	
1713. pagg. 80 et 364. tabb. 10.	1716.
1714. pagg. 134 et 442. tabb. 18.	1717.
1715. pagg. 114 et 274. tabb. 10.	1718.
1716. pagg. 128 et 347. tabb. 9.	
1717. pagg. 92 et 304. tabb. 13.	1719.

1718. pagg. 104 et 328. tabb. 16.   1741.
Suite. pagg. 306. tabb. 19.   1720.
1719. pagg. 120 et 415. tabb. 27.   1721.
1720. pagg. 132 et 463. tabb. 15.   1722.
1721. pagg. 108 et 324. tabb. 17.   1723.
1722. pagg. 146 et 379. tabb. 18.   1724.
1723. pagg. 122 et 392. tabb. 19.   1725.
1724. pagg. 96 et 426. tabb. 26.   1726.
1725. pagg. 153 et 354. tabb. 14.   1727.
Suite. Elements de la Geometrie de l'Infini.
Pagg. 548. tab. 1.
1726. pagg. 84 et 341. tabb. 16. quarum 11ma desideratur.   1728.
1727. pagg. 172 et 403. tabb. 17.   1729.
1728. pagg. 120 et 430. tabb. 21.   1730.
1729. pagg. 120 et 426 tabb. 23.   1731.
1730. pagg 143 et 580. tabb. 25.   1732.
1731. pagg. 111 et 524. tabb. 33.   1733.
Suite. Traité de l'Aurore Boreale, par Mr. de
Mairan. pagg. 281. tabb. 15.
1732. pagg. 136 et 513. tabb. 24.   1735.
1733. pagg. 100 et 516. tabb. 27.
1734. pagg. 114 et 599. tabb. 37.   1736.
1735. pagg. 108 et 595. tabb. 20.   1738.
1736. pagg. 120 et 507. tabb. 18.   1739.
1737. pagg. 120 et 492. tabb. 17.   1740.
1738. pagg. 116 et 410. tabb. 7.
1739. pagg. 83 et 475. tabb. 21.   1741.
1740. pagg. 111 et 631. tabb. 29.   1742.
1741. pagg. 200 et 503. tabb. 18.   1744.
1742. pagg. 212 et 415. tabb. 15.   1745.
1743. pagg. 208 et 428. tabb. 11.   1746.
1744. pagg. 70 et 552. tabb. 18.   1748.
1745. pagg. 84 et 587. tabb. 10   1749.
1746. pagg. 132 et 758. tabb. 47, sed desiderantur
31ma et 32da.   1751.
1747. pagg. 144 et 743. tabb. 24.   1752.
1748. pagg. 132 et 624. tabb. 27.
1749. pagg. 192 et 568. tabb. 17.   1753.
1750. pagg. 207 et 414. tabb. 13.   1754.
1751. pagg. 202 et 536. tabb. 24.   1755.
1752. pagg. 172 et 638. tabb. 20.   1756.
1753. pagg 320 et 628. tabb. 25.   1757.
1754. pagg. 184 et 705. tabb. 21.   1759.
1755. pagg. 175 et 602. tabb. 19.   1761.

1756. pagg. 156 et 451. tabb. 10.   1762.
1757. pagg. 216 et 568. tabb. 18.   1763.
1758. pagg. 136 et 519. tabb. 18.   1765.
1759. pagg. 276 et 576. tabb. 26.   1766.
1760. pagg. 212 et 476. tabb. 13.   1763.
1761. pagg. 188 et 504. tabb. 13.   1764.
1762. pagg. 243 et 661. tabb. 34.   1766.
1763. pagg. 163 et 464. tabb. 19.   1767.
1764. pagg. 206 et 579. tabb. 16.   1768.
1765. pagg. 159 et 670. tabb. 18.   1769.
1766. pagg. 179 et 611. tabb. 24.   1770.
1767. pagg. 188 et 643. tabb. 20.
1768. pagg. 183 et 556. tabb. 11.
1769. pagg. 188 et 606. tabb. 9.   1772.
1770. pagg. 152 et 632. tabb. 29.   1773.
1771. pagg. 157 et 858. tabb. 16.   1774.
1772. Premiere partie. pagg. 128 et 666. tabb. 6.
                                       1775.
Seconde partie. pagg. 150 et 648. tabb. 15.
                                       1776.
1773. pagg. 134 et 694. tabb. 14.   1777.
1774. pagg. 138 et 694.   1778.
1775. pagg. 66 et 575. tabb. 12.
1776. pagg. 64 et 742. tabb. 25.   1779.
1777. pagg. 154 et 664. tabb. 14.   1780.
1778. pagg. 84 et 623. tabb. 12.   1781.
1779. pagg. 70 et 583. tabb. 16.   1782.
1780. pagg. 76 et 680. tabb. 12.   1784.
1781. pagg. 114 et 773. tabb. 19.
1782. pagg. 168 et 698. tabb. 17.   1785.
1783. pagg. 132 et 766. tabb. 11.   1786.
1784. pagg. 69 et 658. tabb. 13.   1787.
1785. pagg. 155 et 689. tabb. 17.   1788.
1786. pagg. 76 et 723. tabb. 17.   (1789.)
1787. pagg. 76 et 616. tabb. 19.   1789.
1788. pagg. 84 et 778. tabb. 31.   1791.

Memoires de Mathematique et de Physique, presentés à l'Academie Royale des Sciences, par divers Sçavans, et lus dans ses assemblées.

Tome 1. pagg. 592. tabb. 18.   1750.
     2. pagg. 624. tabb. 26.   1755.
     3. pagg. 654. tabb. 25.   1760.
     4. pagg. 655. tabb. 20.   1763.
     5. pagg. 678. tabb. 20.   1768.
     6. pagg. 656. tabb. 17.   1774.

Année 1773. pagg. 618. tabb. 19.   1776.
Tome 8. pagg. 623. tabb. 9.   1780.
    9. pagg. 780. tabb. 36.   1780.
  10. pagg. 658 et 76. tabb. 21.   1785.
  11. pagg. 198 et 682.   1786.
Table alphabetique des matieres contenues dans l'histoire
et les memoires de l'Academie Royale des Sciences,
dressée par M. GODIN.
Tome 1. Années 1666—1698. pagg. 380.   1734.
    2. Années 1699—1710. pagg. 660.   1729.
    3. Années 1711—1720. pagg. 375.   1731.
    4. Années 1721—1730. pagg. 360.   1734.
dressée par M. DEMOURS.
Tome 5. Années 1731—1740. pagg. 431.   1747.
    6. Années 1741—1750. pagg. 414.   1758.
    7. Années 1751—1760. pagg. 479.   1758.
    8. Années 1761—1770. pagg. 534.   1774.
    9. Années 1771—1780. pagg. 452.   1786.

Machines et inventions approuvées par l'Academie Royale
des Sciences, depuis son etablissement jusqu'à present;
avec leur description. Dessinées et publiées du con-
sentement de l'Academie, par M. GALLON.
Tome 1. 1666—1701. pagg. 215. tabb. 67.   1735.
    2. 1702—1712. pagg. 192. tabb. 73.
    3. 1713—1719. pagg. 207. tabb. 75.
    4. 1720—1726. pagg. 239. tabb. 81.
    5. 1727—1731. pagg. 173. tabb. 66.
    6. 1732—1734. pagg. 196. tabb. 69.
    7. 1734—1754. pagg. 476. tabb. 67.   1777.

Nouvelle table des articles contenus dans les volumes de
l'Academie Royale des Sciences de Paris, depuis 1666
jusqu' en 1770, dans ceux des Arts et Metiers publiés
par cette Academie, et dans la collection Academique;
par M. l'Abbé ROZIER.
Tome 1. pagg. cxxviij et 490.   1775.
    2. pagg. 473.
    3. pagg. 650.
    4. pagg. 230 et 362.   1776.

Regiæ Scientiarum Academiæ historia, autore *Joanne
Baptista* DU HAMEL. Pagg. 411.   1698.
———— Pagg. 426.   Lipsiæ, 1700. 4.

18. *Societas Regia Medica Parisina.*

Histoire de la Société Royale de Medecine, Année 1776,
avec les memoires de Medecine, et de Physique medicale,
pour la même année.
Pagg. 360 et 592. tabb. æneæ 16.   Paris, 1779. 4.
Années 1777 et 1778. pagg. 324 et 648. tabb. 3.
                                              1780.
     1779. pagg. 268 et 690. tabb. 6.   1782.
     1780 et 1781. pagg. 392 et 430. tabb. 13 et 2.
                                              1785.
     1782 et 1783. pagg. 300 et 582. tabb. 2.
                                              1787.
     1783. Seconde partie. pagg. 223 et 359.
                                              1784.
     1784 et 1785. pagg. 318 et 434.   1788.

19. *Societas Regia Œconomica Parisina.*

Memoires d'Agriculture, d'Economie rurale et domes-
tique, publiés par la Société Royale d'Agriculture de
Paris.
1785. Trimestre d'Eté. pagg. 112. tabb. æneæ 2.
                                              Paris. 8.
          d'Automne. pagg. 172.
1786. Trim. d'Hiver. pagg. 192. tab. 1.
          de Printemps. pagg. 144. tabb. 6.
          d'Eté. pagg. 128. tabb. 7.
          d'Automne. pagg. 151. tabb. 6.
1787. Trim. d'Hiver. pagg. 228. tabb. 4.
          Printemps. pagg. 247. tab. 1.
          Eté. pagg. 166. tab. 1.
          Automne. pagg. 170. tab. 1.
1788. Trim. d'Hiver. pagg. 204. tab. 1.
          Printemps. pagg. 235.
          Eté. pagg. 194. tab. 1.
          Automne. pagg. 184.
1789. Trim. d'Hiver. pagg. 152. tabb. 2.
          Printemps. pagg. 176. tabb. 3.
1791. Trim. d'Hiver. pagg. 199. tab. 1.
          Printemps. pagg. 179. tabb. 3.

18   *Acta Academiarum: Galliæ.*

20. *Societas Historiæ Naturalis Parisina.*

Actes de la Societé d'Histoire Naturelle de Paris.
Tome 1. 1 Partie. pagg. 129. tabb. æneæ 13.
Paris, 1792. fol.

21. *Societas Regia Scientiarum Monspeliensis.*

Histoire de la Societé Royale des Sciences, etablie à Montpellier, avec les Memoires de Mathematique et de
Physique, tirés des registres de cette Societé.
Tome 1. pagg. 276 et 400. tabb. æneæ 10.
(Secundus desideratur.)   Lyon, 1766. 4.
Assemblée publique de la Societé Royale des Sciences,
tenue dans la grande salle de l'Hotel-de-Ville de Montpellier, en presence des Etats de la Province de Languedoc, le 30 Decembre, 1774.
    Pagg. 78 et 188.   Montpellier, 1775. 4.
le 28 Decembre 1779. pagg. 116. tab. ænea 1.
                                              1780.
le 27 Decembre 1780. pagg. 83 et 288. tab. 1.
                                              1781.
le 27 Decembre 1781. pagg. 160. tabb. 4.   1782.
le 12 Janvier 1788. pagg. 152. tab. 1.   1788.

22. *Academia Regia Scientiarum et Elegantiorum
Literarum Tolosana.*

Histoire et memoires de l'Academie Royale des Sciences,
Inscriptions et Belles Lettres de Toulouse.
Tome 1. pagg. 141 et 313. tabb. æneæ 20.
                                    Toulouse, 1782. 4.
2. pagg. 146 et 247. tabb. 5.   1784.
3. pagg. xxxv et 495. tabb. 15.   1788.

23. *Academia Divionensis.*

Nouveaux memoires de l'Academie de Dijon, pour la
partie des Sciences et Arts.   Dijon, 1783. 8.
1782. 1 Semestre. pagg. 255. tab. ænea 1.
      2 Semestre. pagg. 238. tab. 1.
1783. 1 Semestre. pagg. 230. tab. 1.   1784.
      2 Semestre. pagg. 246. tab. 1.

1784. 1 Semestre. pagg. 215. tab. 1.   1784.
2 Semestre. pagg. 238. tab. 1.
1785. 1 Semestre. pagg. 237. tab. 1.   1785.

24. *Societas Œconomica Britanniæ.*

Corps d'observations de la Societé d'Agriculture, de Commerce et des Arts, etablie par les Etats de Bretagne.
Annees 1757 et 1758. pagg. 276. tabb. æneæ 2.
                        Rennes, 1760. 12.
1759 et 1760. pagg. 358. tab. ligno incisa 1.
                                    1762.

25. *Academia Imperialis et Regia Bruxellensis.*

Memoires de l'Academie Imperiale et Royale des Sciences et Belles-Lettres de Bruxelles.
Tome 1. pagg. cxj et 557. tabb. æneæ 4.
                      Bruxelles, 1777. 4.
2. pagg. lvj et 673. tabb. 5.   1780.
3. pagg. lj et 508. tabb. 7.   1780.
4. pagg. liij et 608. tabb. 5.   1783.
5. pagg. lxxxviij, 457 et 263. tabb. 3.
                                      1788.

26. *Hispaniæ.*

Societas Regia Vasconensis Amicorum Patriæ.

Estatutos aprobados por S. M. para gobierno de la Real Sociedad Bascongada de los Amigos del Pais.
Pagg. 180.   Vitoria, (1774.) 4.
Ensayo de la Sociedad Bascongada de los Amigos del Pais. Año 1766.
Pagg. 360.   ib. 1768. 8.
Extractos de las Juntas generales celebradas por la Real Sociedad Bascongada de los Amigos del Pais por Septiembre de
1771. pagg. 85.   Madrid, 1772. 4.
1773. pagg. 124.   Vitoria.   4.
1774. pagg. 158.   ib.
1775. pagg. 218.
1776. pagg. 112.
1777. pagg. lxxxiv et 96.

1778. pagg. 284.
1779. pagg. 136.
1780. pagg. 115.
1781. pagg. 108.
1782. pagg. 129.
1783. pagg. 150.
1784. pagg. 126.

27. *Lusitaniæ.*

Academia Regia Scientiarum Ulyssiponensis.

Memorias economicas da Academia Real das Sciencias de
Lisboa, para o adiantamento da Agricultura, das Artes,
e da Industria em Portugal, e suas conquistas.
Tomo 1. pagg. 421.   Lisboa, 1789. 4.
    2. pagg. 436. tabb. æneæ 3.   1790.
    3. pagg. 399.   1791.
Memorias de Agricultura premiadas pela Academia Real
das Sciencias de Lisboa.
Em 1787 e 1788. pagg. 367.   ib. 1788. 8.
    1790. Tomo 2. pagg. 471.   1791.
Memorias de Litteratura Portugueza, publicadas pela Aca-
demia Real das Sciencias de Lisboa.
Tomo 1. pagg. 433.   ib. 1792. 4.
    2. pagg. 414.
    3. pagg. 471.
    4. pagg. 467.   1793.

28. *Italiæ.*

Academia Regia Scientiarum Taurinensis.

Miscellanea Philosophico-Mathematica Societatis privatæ
Taurinensis.
Tomus 1. pagg. 51, 146 et 146. tabb. æneæ 4.
                    Augustæ Taurinorum, 1759. 4.
Melanges de Philosophie et de Mathematique de la So-
cieté Royale de Turin.
    1760, 1761. (Tom. 2.) pagg. 224, 344 et 108. tabb. 6.
    1762—1765. (Tom. 3.) pagg. 220 et 396. tabb. 7.
                                                   1766.
(Quartus et Quintus desiderantur.)

Memoires de l'Academie Royale des Sciences.
1786-87. (Vol. 3.) pagg. 657 et 14. tabb. 12.
1788.
1788-89. (Vol. 4.) pagg. clx, 453 et 164. tabb. 13.
1790.
1790-91. (Vol. 5.) pagg. xcix, 422 et 244. tabb. 10.
1793.
(Primum et Secundum desiderantur.)

29. *Societas Patriotica Mediolanensis.*

Atti della Società Patriotica di Milano diretta all' avanzamento dell' Agricoltura, delle Arti, e delle Manifatture.
Vol. 1. pagg. 236. tabb. æneæ 3.   Milano, 1783.   4.
2. pagg. cliv et 310. tabb. 17.   1789.
3. pagg. cxl et 426. tabb. 14.   1793.

30. *Societas Italica (Veronensis.)*

Memorie di Matematica e Fisica della Società Italiana.
Tomo 1. pagg. 853. tabb. æneæ 9.
Verona, 1782.   4.
2. pagg. lx et 907. tabb. 8.   1784.
3. pagg. xxxii et 723. tabb. 14.   1786.
4. pagg. xlvi et 595. tabb. 10.   1788.
5. pagg. xxviii et 590. tabb. 13.   1790.
6. pagg. 575. tabb. 2.   1792.
7. pagg. 511. tabb. 11.   1794.

31. *Academia Patavina.*

Saggi scientifici e letterarj dell' Accademia di Padova.
Tomo 1. pagg. cxvi et 531. tabb. æneæ 27.
Padova, 1786.   4.
2. pagg. lxii et 496. tabb. 11.   1789.
3. P. 1. pagg. 462. tabb. 16.   1794.
P. 2. pagg. cxxviii et 297. tabb. 2.

32. *Institutum Scientiarum Bononiense.*

De Bononiensi Scientiarum et Artium Instituto atque Academia commentarii.
(Tom. 1.) pagg. 645. tabb æneæ 9.
Bononiæ, 1748.   4.

Tom. 2. Pars 1. pagg. 506.   1745.
        2. pagg. 406. tabb. 23.   1746.
        3. pagg. 568. tabb. 15.   1747.
   3. pagg. 509. tabb. 13.   1755.
   4. pagg. 149 et 403. tabb. 24.   1757.
   5. Pars 1. pagg. 222 et 373. tabb. 22.
                              1767.
        2. pagg. 535. tabb. 26.
   6. pagg. 112 et 428. tabb. 22.   1783.
   7. pagg. 62 et 478. tabb. 19.   1791.

33. *Accademia del Cimento.*

Atti e Memorie dell' Accademia del Cimento.
est Pars secunda Tomi secundi Johannis Targioni Tozzetti, dei progressi delle scienze in Toscana, vide infra.

34. *Academia Scientiarum Senensis.*

Gli atti dell' Accademia delle Scienze di Siena, detta de' Fisiocritici.
Tomo 1. pagg. 196.   Siena, 1761.   4.
    2. pagg. 275. tabb. æneæ 9.   1763.
    3. pagg. 317 et 165. tabb. 19.   1767.
    4. pagg. 382.   1771.
    5. pagg. 400. tabb. 4.   1774.
    6. pagg. 359. tabb. 13.   1781.

35. *Academia Regia Neapolitana.*

Atti della Reale Accademia delle Scienze e Belle-Lettere di Napoli, dalla fondazione sino all'anno 1787.
                            Napoli, 1788.   4.
Pagg. xcviii et 372. tabb. æneæ 19.

36. *Helvetiæ.*

Societas Physico-Medica Basileensis.

Acta Helvetica, Physico-Mathematico-Botanico-Medica.
Vol. 1. pagg. 104 et 72. tabb. æneæ 6.
                           Basileæ, 1751.   4.
    2. pagg. 272. tabb. 12.   1755.
    3. pagg. 442. tabb. 17.   1758.

Vol. 4. pagg. 411. tabb. 17.   1760.
   5. pagg. 423. tabb. 5.   1762.
   6. pagg. 252. tab. 1.   1767.
   7. pagg. 337. tabb. 12.   1772.
   8. pagg. 208. tabb. 5.   1777.
Nova acta Helvetica ,Physico-Mathematico-Anatomico-
Botanico-Medica.
Vol. 1. pagg. 317. tabb. 7.   1787.

37. *Societas Physica Tigurina.*

Abhandlungen der Naturforschenden Gesellschaft in Zu-
rich.
1 Band. pagg. 560. tabb. æneæ 4. Zürich, 1761. 8.
2 Band. pagg. 506. tab. 1.   1764.
3 Band. pagg. 465. tabb. 3.   1766.

38. *Societas Physica Lausannensis.*

Memoires de la Societé des Sciences Physiques de Lausanne.
Tome 1. pagg. 322. tabb. æneæ 7.
                             Lausanne, 1784. 4.

39. *Germaniæ.*

Academia Cæsarea Naturæ Curiosorum.

Miscellanea curiosa, sive Ephemeridum Medico-Physica-
rum Germanicarum Academiæ Naturæ Curiosorum
Decuriæ 1. Annus 1. 1670. pagg. 299 et 34. tabb.
æneæ 16.
        Editio 2da. Francof. et Lipsiæ, 1684. 4.
Appendix ad annum 1. pagg. 35. tab. 1.
Miscellanea curiosa Medico-Physica Academiæ Naturæ
Curiosorum, sive Ephemeridum Medico-Physicarum
Germanicarum curiosarum
Annus 2. 1671. pagg. 482. tabb. 35. Jenæ, 1671. 4.
    3. 1672. pagg. 531. tabb. 29.
             Lips. et Francofurti, 1681.
   4 et 5. 1673 et 74. pagg. 315 et 334. tabb. 24.
                      1676.
   6 et 7. 1675 et 76. pagg. 379 et 196. tabb. 19.
                      1677.

Annus 8. 1677. pagg. 390. tabb. 7.
  Vratislaviæ et Bregæ, 1678.
  9 et 10. 1678 et 79. pagg. 464 et 331. tabb. 38.
  1680.
Decuriæ 2. Annus 1. 1682. pagg. 452. tabb. 29.
  Norimbergæ, 1683.
Annus 2. 1683. pagg. 488. tabb. 24. 1684.
  3. 1684. pagg. 592. tabb. 17. 1685.
  4. 1685. pagg. 350 et 235. tabb. 20. 1686.
  5. 1686. pagg. 478 et 206. tabb. 33. 1687.
  6. 1687. pagg. 572 et 145. tabb. 26. 1688.
  7. 1688. pagg. 486 et 279. tabb. 25. 1689.
  8. 1689. pagg. 572 et 182. tabb. 21. 1690.
  9. 1690. pagg. 466 et 130. tabb. 19. 1691.
  10. 1691. pagg. 420 et 238. tabb. 21. 1692.
Decuriæ 3. Annus 1. 1694. pagg. 318 et 164. tabb. 13.
  Lips. et Francofurti.
Annus 2. 1694. pagg. 362 et 96. tabb. 17. 1695.
  3. 1695 et 6. pagg. 336 et 168. tabb. 12. 1696.
  4. 1696. pagg. 268 et 224. tabb. 9. 1697.
  5 et 6. 1697 et 98. pagg. 690 et 238. tabb. 27.
  1700.
  7 et 8. 1699 et 1700. pagg. 404 et 217. tabb. 13.
  1702.
  9 et 10. 1701—1705. pagg. 442 et 262. tabb. 22.
  1706.
Academiæ Cæsareo-Leopoldinæ Naturæ Curiosorum
Ephemerides, sive Observationum Medico-Physicarum
Centuria 1 et 2. pagg. 438 et 368. tabb. 18. 1712.
  3 et 4. pagg. 484 et 232. tabb. 11.
  Noribergæ, 1715.
  5 et 6. pagg. 428 et 228. tabb. 16. 1717.
  7 et 8. pagg. 486 et 240. tabb. 12. 1719.
  9 et 10. pagg. 662. tabb. 4.
  Aug. Vind. 1722.
Acta Physico-Medica Academiæ Cæsareæ Naturæ Curiosorum.
Vol. 1. pagg. 568 et 189. tabb. 16.
  Editio secunda. Norimbergæ.
  2. pagg. 470 et 225. tabb. 12, sed deest 7ma.
  1730.
  3. pagg. 416 et 208. tabb. 8. 1733.
  4. pagg. 576, 132 et 48. tabb. 13. 1737.
  5. pagg. 544 et 208. tabb. 7. 1740.
  6. pagg. 506 et 252. tabb. 5. 1742.

Vol. 7. pagg. 488 et 316. tabb. 11. 1744.
    8. pagg. 490 et 262. tabb. 9. 1748.
    9. pagg. 414 et 304. tabb. 13. 1752.
  10. pagg. 416 et 378. tabb. 11. 1754.
Nova Actâ Physico-Medica Academiæ Cæsareæ Leopoldino-Carolinæ Naturæ Curiosorum.
Tom. 1. pagg. 456 et 288. tabb. 12. ib. 1757.
   2. pagg. 412 et 522. tabb. 6. Desiderantur 7ma, 8va et 9na. 1761.
   3. pagg. 592 et 495. tabb. 17. 1767.
   4. pagg. 296 et 332. tabb. 9. 1770.
   5. pagg. 342 et 222. tabb. 6. 1773.
   6. pagg. 368 et 444. tabb. 8. 1778.
   7. pagg. 296 et 228. tabb. 4. 1783.

Index generalis et absolutissimus rerum memorabilium et notabilium Dec. 1 et 2. Ephemeridum Germanicarum Academiæ Natur. Curios. ab anno 1670 usque ad annum 1692, cum sylloge authorum alphabetica.
ib. 1695. 4.
Index rerum plagg. 42. auctorum plagg. 16.
Decuriæ 3. ab a. 1693 usque ad a. 1706.
Francof. ad Moen. 1713. 4.
Index rerum plagg. 13. auctorum plagg. 8.
Synopsis observationum medicarum et physicarum, quas Decuriæ 3 ac Centuriæ 10 Ephemeridum Academiæ Cæsareæ Naturæ Curiosorum ab a. 1670 usque ad a. 1722 publicatarum continent, adornata a *Wilhelmo Andrea* KELLNERO.
Pagg. 1388. Noribergæ, 1739. 4.

Academiæ Sacri Romani Imperii Naturæ Curiosorum historia, conscripta ab *Andrea Elia* BÜCHNERO.
Pagg. 581. Halæ, 1755. 4.
Philyra, qua Academiæ Imperialis Naturæ Curiosorum h. t. Præses *Henricus Fridericus* DELIUS de nupero et præsenti dictæ Academiæ statu breviter agit.
Pagg. xii. Erlangæ, 1788. 4.

Academiæ Cæsareæ Naturæ Curiosorum Bibliotheca, præmittitur de nonnullis ad eam spectantibus præfatio *Andræ Eliæ* BÜCHNERI. Pagg. 100. Halæ, 1755. 4.

40. *Academia Regia Scientiarum et Elegantiorum Literarum Berolinensis.*

Miscellanea Berolinensia ad incrementum scientiarum, ex scriptis Societati Regiæ Scientiarum exhibitis edita.

Pagg. 394. tabb. æneæ 31.   Berolini, 1710.   4.
Continuatio 1. pagg. 188. tabb. 8.   1723.
          2. pagg. 346. tabb. 10.   1727.
          3. sive Tom. 4. pagg. 405. tabb. 11.
                                 1734.
          4. sive Tom. 5. pagg. 236. tabb. 8.
            Tab. 4ta desideratur.   1737.
          5. sive Tom. 6. pagg. 328. tabb. 11.
                                 1740.
          6. sive Tom. 7. pagg. 477. tabb. 8.
                                 1743.

Histoire de l'Academie Royale des Sciences et des Belles Lettres de Berlin, année 1745, avéc les Memoires pour la méme année, tirez des registres de cette Academie.

Pagg. 120 et 203. tabb. æneæ 8.   ib. 1746.   4.

1746. pagg. 18 et 478. tabb. 8.	1748.
1747. pagg. 28 et 476. tabb. 9.	1749.
1748. pagg. 498. tabb. 11.	1750.
1749. pagg. 522. tabb. 8.	1751.
1750. pagg. 532. tabb. 9.	1752.
1751. pagg. 356 et 154. tabb. 8.	1753.
1752. pagg. 430. tabulæ desiderantur.	1754.
1753. pagg. 535. tabb. 6.	1755.
1754. pagg. 522. tabb. 19.	1756.
1755. pagg. 539. tabb. 6.	1757.
1756. pagg. 543. tabb. 7.	1758.
1757. pagg. 525. tabb. 3.	1759.
1758. pagg. 501. tabb. 9.	1765.
1759. pagg. 512. tabb. 11.	1766.
1760. pagg. 482. tabb. 11.	1767.
1761. pagg. 526. tabb. 10.	1768.
1762. pagg. 530. tabb. 10.	1769.
1763. pagg. 558. tabb. 9.	1770.
1764. pagg. 502. tabb. 10.	1766.
1765. pagg. 554. tabb. 9.	1767.
1766. pagg. 534. tabb. 19.	1768.
1767. pagg. 510. tabb. 2.	1769.
1768. pagg. 502. tabb. 2.	1770.
1769. pagg. 490. tabb. 6.	1771.

Nouveaux Memoires de l'Academie Royale des Sciences,
année 1770, avec l'histoire pour la meme année.
 Pagg. 74 et 496. tabb. 3.   Berlin, 1772. 4.
1771. pagg. 52 et 546. tabb. 6.   1773.
1772. pagg. 68 et 552. tabb. 6.   1774.
1773. pagg. 32 et 556. tabb. 5.   1775.
1774. pagg. 38 et 552. tabb. 5.   1776.
1775. pagg. 74 et 562. tabb. 7.   1777.
1776. pagg. 72 et 464. tabb. 18.   1779.
1777. pagg. 66 et 526. tabb. 3.
1778. pagg. 90 et 494. tabb. 5.   1780.
1779. pagg. 60 et 534. tabb. 13.   1781.
1780. pagg. 56 et 554. tabb. 11.   1782.
1781. pagg. 54 et 572. tabb. 5.   1783.
1782. pagg. 80 et 535. tabb. 8.   1784.
1783. pagg. 80 et 546. tabb. 2.   1785.
1784. pagg. 56 et 548. tabb. 9.   1786.
1785. pagg. 58 et 509. tabb. 10.   1787.
Memoires de l'Academie Royale des Sciences et Belles-
Lettres depuis l'avenement de Frederic Guillaume 11.
au throne, Aout 1786 jusqu'à la fin de 1787, avec l'histoire pour le meme temps.
 Pagg. 64 et 684. tabb. 11.   1792.
1788 et 1789. pagg. 50 et 586. tabb. 11. 1793.

Histoire de l'Academie Royale des Sciences et Belles
Lettres, depuis son origine jusqu'à present.
 Pagg. 312. tabb. æneæ 2.   ib. 1752. 4.

41. *Societas Naturæ Scrutatorum Berolinensis.*

Beschäftigungen der Berlinischen Gesellschaft Naturforschender Freunde.
1 Band. pagg. lxiv et 476. tabb. æneæ 9. Berlin, 1775. 8.
2 Band. pagg. xl et 605. tabb. 13.   1776.
3 Band. pagg. 587. tabb. 11.   1777.
4 Band. pagg. 652. tabb. 22.   1779.
Schriften der Berlinischen Gesellschaft Naturfoischender
Freunde.
1 Band. pagg. 415. tabb. 10.   1780.
2 Band. pagg. 419. tabb. 10.   1781.
3 Band. pagg. 504. tabb. 8.   1782.
4 Band. pagg. 461. tabb. 14.   1783.
5 Band. pagg. 516. tabb. 7.   1784.
6 Band. pagg. 454. tabb. 9.   1785.

Beobachtungen und Entdeckungen aus der Naturkunde von
der Gesellschaft Naturforschender Freunde zu Berlin.
1 Band. pagg. 494. tabb 5.   Berlin, 1787.   8.
2 Bandes 1 Stuck. pagg. 162. tabb. 2.
      2—4 Stück. pagg. 298. tab. 3—12. 1788.
3 Band. pagg. 375. tabb. 9.   1789.
4 Band. pagg. 424. tabb. 9.   1792.
5 Band. pagg. 271. tabb 6.   1793.
His 5 voluminibus præfixi etiam tituli: Schriften der
B. G. N. F. 7—11 Band.
Zweifaches universalregister über die bisherigen Schriften der Gesellschaft Naturforschender Freunde.
    Pagg. 192.   1794.
Der Gesellschaft Naturforschender Freunde zu Berlin
Neue Schriften.
1 Band. pagg. 380. tabb. 4.   Berlin, 1795.   4.

42. *Societas Physica Halensis.*

Abhandlungen der Hallischen Naturforschenden Gesellschaft.
   1 Bánd. pagg. xl et 380. tabb. æneæ 2.
              Dessau und Leipzig, 1783.   8.

43. *Societas Œconomica Lipsiensis.*

Schriften der Leipziger oekonomischen Societät.
  1 Theil. pagg. 283. tabb. æneæ 4. Dresden, 1771.   8.
  2 Theil. pagg. 288. tabb. 13.   1774.
  3 Theil. pagg. 342. tabb. 8.   1777.
  4 Theil. pagg. 284. tabb. 3.   1777.
  5 Theil. pagg. 296. tab. 1.   1781.
  6 Theil. pagg. 340. tabb. 10.   1784.
  7 Theil. pagg. 214. tabb. 4.   1787.
  8 Theil. pagg. 450. tabb. 2.   1790.

44. *Academia Electoralis Moguntina, Erfordiæ.*

Acta Academiæ Electoralis Moguntinæ Scientiarum utilium, quæ Erfordiæ est.
  Tom. 1. pagg. 600. tabb 6.
            Erfordiæ et Gothæ, 1757.   8.
    2. pagg. 680. tabb. 10.   1761.
Acta Academiæ Electoralis Moguntinæ Scientiarum utilium, quæ Erfurti est, ad ann.

1776. pagg. 250. tabb. 6.	Erfurti, 1777. 4.
1777. pagg. 280. tabb. 4.	1778.
1778 et 1779. pagg. 304.	1780.
1780 et 1781. pagg. 64, 16, 12, 32, 13, 25, 32 et 35.
    tabb. æneæ 2.	1782.
1782 et 1783. pagg. 18, 47, 18, 11, 24, 28, 32, 12, 20
et 24. tabb. æneæ 2; præter commentationesBuchholzii
et Göttlingii, quæ in nostro exemplo desiderantur.
    1784.
1784 et 1785. pagg. 38, 22, 14, 8, 40, 14, 31, 23, 24,
16 et 16 tabb. æneæ 4.	1786.
1786 et 1787. pagg. 19, 11, 24, 24, 50, 31, 24, 27, 39
et 16. tabb. æneæ 4.	1788.
1788 et 1789. pagg. 55, 12, 28, 44, 103, 16 et 12.
    1790.
1790 et 1791. pagg. 162, 56, 20, 32, 17 et 16. 1791.
1792. pagg. 56, 24, 12, 37, 24, 16, 12, 38 et 22. tabb.
æneæ 4.	1792.
1793. pagg. 14, 24, 32, 84, 22, 24 et 90. tabb. æneæ 4.
    1794.
1794. et 1795. pagg. 28, 32, 39, 16, 14, 23, 18, 18 et
34. tab. ænea 1.	1796.
Register der abhandlungen die in den Actis, Tom. 1—12.
ad a. 1776—1795 enthalten sind. in ultimoTomo. foll. 9.

45. *Societas Regia Scientiarum Gottingensis.*

Commentarii Societatis Regiæ Scientiarum Gottingensis.
Tom. 1. ad a. 1751. pagg. lxxxviii et 387. tabb. æneæ
    16.	Gottingæ, 1752. 4.
    2. ad a. 1752. pagg. xxviii et 432. tabb. 15.
    1753.
    3. ad a. 1753. pagg. xxxxii et 454. tabb. 11.
    4. ad a. 1754. pagg. xiv et 511. tabb. 9.
Novi Commentarii Societatis Regiæ Scientiarum Gottin-
gensis.
Tom. 1. ad a. 1769 et 1770. pagg. 206 et 172. tabb. 12.
    1771.
    2. ad a. 1771. pagg. 199 et 176. tabb. 7.
    1772.
    3. ad a. 1772. pagg. 182 et 136. tabb. 9.
    1773.
    4. ad a. 1773. pagg. 212 et 136. tabb. 4.
    1774

Tom. 5. ad a. 1774. pagg. 231, 90 et 10. tabb. 14.
1775.
6. ad a. 1775. pagg. 187 et 108. tabb. 12.
1776.
7. ad a. 1776. pagg. 232 et 116. tabb. 19.
1777.
8. ad a. 1777. pagg. 180, 156 et 20. tabb. 11.
1778.
Commentationes Societatis Regiæ Scientiarum Gottingensis per annum
1778. Vol. 1. pagg. 139, 79, 99 et 63. tabb. 16.
1779.
1779. Vol. 2. pagg. 138, 60, 154 et 60. tabb. 10.
1780.
1780. Vol. 3. pagg. 148, 75, 138 et 39. tabb. 17.
1781.
1781. Vol. 4. pagg. 96, 64, 124 et 76. tabb. 8.
1782.
1782. Vol. 5. pagg. 102, 54, 136 et 64. tabb. 9.
1783.
1783 et 84. Tom. 6. pagg. 86, 130, 163 et 8. tabb. 17.
1785.
1784 et 85. Vol. 7. pagg. 160, 88 et 120. tabb. 9.
1786.
1785 et 86. Vol. 8. pagg. 124, 108, 129 et 46. tabb. 9.
1787.
Desiderantur tabb. 8. classis historicæ.
1787 et 88. Vol. 9. pagg. 192, 62, 132 et viii. tabb. 17.
1789.
1789 et 90. Vol. 10. pagg. 55, 127, 304, 8 et 12. tabb.
20.   1791.
1791 et 92. Vol. 11. pagg. 71, 74, 276 et 8. tabb. 17.
1793.
1793 et 94. Vol. 12. pagg. 51, 136 et 308. tabb. 19.
1796.

Sam. Christiani HOLLMANNI Commentationum in Reg.
Scient. Societate inde ab a. 1756 recensitarum, Sylloge.
Pagg. 200. tabb. æneæ 2.   Gottingæ, 1765.   4.
Commentationum in Reg. Scient. Societ. Gotting. a.
1753 et 1754 recensitarum, Sylloge altera.
Pagg. 136. tabb. æneæ 3. Francof. et Lipsiæ, 1775.   4.

4 6. *Societas Scientiarum Hassiaca.*

Acta Philosophico-Medica Societatis Academicæ Scientiarum Principalis Hassiacæ.
Pagg. 192. tabb. æneæ 2.   Giessæ, 1771. 4.

47. *Academia Electoralis Theodoro-Palatina.*

Historia et Commentationes Academiæ Electoralis Scientiarum et Elegantiorum Literarum Theodoro-Palatina.
Vol. 1. pagg. 541. tabb. æneæ 14.
Mannhemii, 1766. 4.
2. pagg. 537. tabb. 17.   1770.
3. Historicum. pagg. 480. tabb. 8.   1773.
Physicum. pagg. 352. tabb. 24.   1775.
4. Historicum. pagg. 524. tabb. 2.   1778.
Physicum. pagg. 412. tabb. 10.   1780.
5. Historicum. pagg. 544. tabb. 5.   1783.
Indices geographicus, genealogicus, rerum et verborum ad historiam spectantium, quæ continentur in tribus actorum academicorum voluminibus hactenus editis. impr. cum Vol. 3. Historico; sign. P p p 4—C c c c 4.
Index rerum et verborum ad naturæ doctrinam spectantium, quæ - - - editis. impr. cum Vol. 3. Physico; sign. Y y 1—Z z 3.

48. *Societas Œconomica Palatina.*

Bemerkungen der physikalisch-ökonomischen und Bienengesellschaft zu Lautern vom jahr 1769.
Pagg. 251.   Mannheim, 1770. 8.
Bemerkungen der kuhrpfälzischen physikalisch-ökonomischen Gesellschaft, vom jahre 1770.
1 Theil. pagg. 292.   2 Theil. pagg. 464. tabb. æneæ 2.   1771.
1771. pagg. 400. tab. 1.   1773.
1772. pagg. 354. tab. 1.   Lautern, 1773.
1773. pagg. 304. tabb. 2.   1775.
1774. pagg. 352. tab. 1.   1776.
1775. pagg. 290.   1779.
1776. pagg. 371. tab. 1.
1777. pagg. 312. tab. 1.
1778. pagg. 380.   1779.
1779. pagg. 352.   1781.

1780. pagg. 319.   1781.
1781. pagg. 394. tab. 1.   1782.
1782. pagg. 336.   Mannheim, 1784.
1783. pagg. 302. tab. 1.   1785.
Register aller in den jahrgängen dieser bemerkungen von
1769 an in 16 Bänder erschiener abhandlungen. impr.
cum ultimo volumine; sign. T 6—X 4.
Vorlesungen der kurpfälzischen Physikalisch-ökonomischen Gesellschaft.
    1 Band. pagg. 402. tab. 1.   ib. 1785.   8.
    2 Band. pagg. 470.   1787.
    3 Band. pagg. 644. tabb. 2.   1788.
    4 Bandes 1 Theil. pagg. 432. tab. ænea 1. 1789.
       2 Theil. pagg. 260.
    5 Bandes 1 Theil. pagg. 219.   1790.
       2 Theil. pagg. 178.   1791.
Register über die in den sämtlichen bänden der Vorlesungen der Churpfälzischen physikalisch-ökonomischen
Gesellschaft enthaltenen abhandlungen, und über die
merkwürdigsten sachen. impr. cum ultimo volumine;
sign. M 3—Y 2.

49. *Academia Scientiarum Electoralis Boica.*

Abhandlungen der Churfürstlich-Baierischen Akademie
der Wissenschaften.
    1 Band. pagg. 282 et 232. tabb. æneæ 14.
                              München, 1763.   4.
    2 Band. pagg. 221 et 386. tabb. 10.   1764.
    3 Band. pagg. 244 et 283. tabb. 7.   1765.
    4 Band. pagg. 231 et 307. tabb. 7.   1767.
    5 Band. Philosophische. pagg. 464. tabb. 18. 1768.
           Historische. pagg. 464. tabb. 7. 1772.
    6 Band. Philosophische. pagg. 102 et 232. 1769.

50. *Societas Scientiarum Bohemica.*

Abhandlungen einer Privatgesellschaft in Böhmen, zur
aufnahme der Mathematik, der vaterländischen Geschichte, und der Naturgeschichte.
    1 Band. pagg. 394. tabb. æneæ 8.   Prag, 1775. 8.
    2 Band. pagg. 406. tabb. 5.   1776.
    3 Band. pagg. 418. tabb. 6.   1777.
    4 Band. pagg. 354. tabb. 8.   1779.

5 Band. pagg. 388. tabb. 5.   1782.
6 Band. pagg. 406. tabb. 7.   1784.
Abhandlungen der Böhmischen Gesellschaft der Wissenschaften auf das jahr 1785, nebst der Geschichte derselben.   Prag, 1785. 4.
Pagg. xxxii, 348 et 271. tabb. æneæ 11.
1786. pagg. xviii et 492. tabb. 10.   *iv.* 1786.
1787 oder 3 Theil. pagg. 22, 336 et 160. tabb. 8.
    1788.
1788 oder 4 Theil. pagg. 34 et 383. tabb. 8.
    1789.

51. *Imperii Danici.*

Societas Regia Scientiarum Danica.

Skrifter, som udi det Kiöbenhavnske Selskab of Lærdoms
og Videnskabers Elskere ere fremlagte og oplæste i
aarene 1743 og 1744. 1 Deel. pagg. 396. tabb. æneæ
9.   Kiöbenhavn, 1745. 4.
1745. 2 Deel. pagg. 424.   1746.
1747. 3 Deel. pagg. 344. tabb. 5.   1747.
1747 og 1748. 4 Deel. pagg. 300.   1750.
1748—1750. 5 Deel. pagg. 390.   1751.
1751—1754. 6 Deel. pagg. 254. tabb. 4.   1754.
1755—1758. 7 Deel. pagg. 585. tab. 1.   1758.
1759 og 1760. 8 Deel. pagg. 412.   1760.
1761—1764. 9 Deel. pagg. 718. tabb. 5.   1765.
1765—1769. 10 Deel. pagg. 732. tabb. 17. 1770.
Skrifter, som udi det Kongelige Videnskabers Selskab ere
fremlagde.
11 Deel. pagg. 438. tabb. 2.   1777.
12 Deel. pagg. 402. tabb. 16.   1779.
Nye samling af det Kongelige Danske Videnskabers Selskabs Skrifter.
1 Deel. pagg. 640. tabb. 21.   1781.
2 Deel. pagg. 603. tabb. 21.   1783.
3 Deel. pagg. 576. tabb. 20.   1788.
4 Deel. pagg. 621. tabb. 8.   1793.

52. *Collegium Medicum Havniense.*

Prodromus prævertens continuata Acta Medica Havnien-
Tom. 1.   D

sia, quæ quotannis a Collegii Medici Regii Membris,
ex suis et sociis aliorum operis publici juris fiunt.
Pagg. 167. tabb. æneæ 4.   (Hafniæ) 1753. 4.

53. *Societas Medica Havniensis.*

Societatis Medicæ Havniensis Collectanea.
Vol. 1. pagg. 376. tabb. æneæ 4.   ib. 1774. 8.
2. pagg. 334. tabb. 3.   1775.

54. *Societas Regia Œconomica Danica.*

Det Kongelige Danske Landhuusholdings-Selskabs Skrifter.
1 Deel. pagg. xcvi et 496. tabb. æneæ 3.
                                Kiöbenhavn, 1776. 8.
2 Deel. pagg. 676. tabb. 5.   1790.
3 Deel. pagg. 449. tabb. 2.   1790.
4 Deel. pagg. 523. tabb. 3.   1794.

Plan og indretning for det Danske Land-huusholdings
Selskab. Pagg. 91.   ib. 1769. 8.
Det Kongelige Danske Landhuusholdings Selskabs Love.
Pagg. 54.   ib. 1774. 8.
Fortegnelse paa det Kongelige Danske Land-huushold-
ings Selskabs Medlemmer, og Fortegnelse paa de priis-
materier og premier, som det Kongelige Danske Land-
huusholdings Selskab udsætter for aaret 1769, 1771—
1786, 1788—1795. Voll. 19.   ib. 1770—1794. 8.
Desideratur index Sociorum a. 1780.

55. *Universitas Hafniensis.*

Acta literaria Universitatis Hafniensis anno 1778.
Pagg. 414. tabb. æneæ 5.   Hafniæ. 4.

56. *Societas Historiæ Naturalis Hafniensis.*

Skrivter af Naturhistorie-Selskabet.
1 Bind, 1 Hefte. pagg. 228. tabb æneæ 6.
                                Kiöbenhavn, 1790. 8.
        2 Hefte. pagg. 210. tabb. 13.   1791.
2 Bind, 1 Hefte. pagg. 234. tabb. 10.   1792.
        2 Hefte. pagg. 176. tabb. 11.   1793.
3 Bind, 1 Hefte. pagg. 194. tabb. 15.   1793.

57. *Societas Regia Scientiarum Norvegica.*

Det Trondhiemske Selskabs Skrifter.
1 Deel. pagg. 293. tabb. æneæ 3.
               Kiöbenhavn, 1761. 8.
2 Deel. pagg. 405. tabb. 14.   1763.
3 Deel. pagg. 576. tabb. 11.   1765.
Det Kongelige Norske Videnskabers Selskabs Skrifter.
4 Deel. pagg. 479. tabb. 14.   1768.
5 Deel. pagg. 595. tabb. 8.   1774.
Nye samling af det Kongelige Norske Videnskabers Selskabs Skrifter.
1 Bind. pagg. 596. tabb. 6.   ib. 1784. 4.
2 Bind. pagg. 642. tabb. 17.   1788.

58. *Sveciæ.*

Academia Regia Scientiarum Svecana.

Kongl. Svenska Vetenskaps Academiens Handlingar.
1739, 1740. Vol. 1. (Andra uplagan.) pagg. 477. tabb. æneæ 18.
Editionis primæ adsunt semestria duo ultima, pag. 335—483.
1741. Vol. 2. pagg. 280. tabb. 9.
adest etiam editio altera, totidem paginarum.
1742. Vol. 3. pagg. 302. tabb. 10.
1743. Vol. 4. pagg. 333. tabb. 8.
1744. Vol. 5. pagg. 304. tabb. 9.
1745. Vol. 6. pagg. 292. tabb. 15.
1746. Vol. 7. pagg. 290. tabb. 9.
1747. Vol. 8. pagg. 312. tabb. 10.
1748. Vol. 9. pagg. 315. tabb. 8.
1749. Vol. 10. pagg. 311. tabb. 9.
1750. Vol. 11. pagg. 319. tabb. 7.
1751. Vol. 12. pagg. 321. tabb. 10.
1752. Vol. 13. pagg. 321. tabb. 8.
1753. Vol. 14. pagg. 323. tabb. 8.
1754. Vol. 15. pagg. 322. tabb. 9.
1755. Vol. 16. pagg. 321. tabb. 10.
1756. Vol. 17. pagg. 317. tabb. 10.
1757. Vol. 18. pagg. 325. tabb. 6.
1758. Vol. 19. pagg. 315. tabb. 7.
1759. Vol. 20. pagg. 317. tabb. 11.
1760. Vol. 21. pagg. 320. tabb. 9.
D 2

1761. Vol. 22. pagg. 327. tabb. 8.
1762. Vol. 23. pagg. 326. tabb. 7.
1763. Vol. 24. pagg. 330. tabb. 13.
1764. Vol. 25. pagg. 330. tabb. 9.
1765. Vol. 26. pagg. 322. tabb. 11.
1766. Vol. 27. pagg. 330. tabb. 7.
1767. Vol. 28. pagg. 337. tabb. 10.
1768. Vol. 29. pagg. 376. tabb. 9.
1769. Vol. 30. pagg. 343. tabb. 12.
1770. Vol. 31. pagg. 345. tabb. 8.
1771. Vol. 32. pagg. 361. tabb. 10.
1772. Vol. 33. pagg. 376. tabb. 12.
1773. Vol. 34. pagg. 360. tabb. 12.
1774. Vol. 35. pagg. 360. tabb. 8.
1775. Vol. 36. pagg. 350. tabb. 10.
1776. Vol. 37. pagg. 343. tabb. 7, quarum ultimæ 2
    desiderantur.
1777. Vol. 38. pagg. 351. tabb. 9.
1778. Vol. 39. pagg. 335. tabb. 10.
1779. Vol. 40. pagg. 336. tabb. 11.
Kongl. Vetenskaps Academiens nya Handlingar.
Tom. 1. för år 1780. pagg. 323. tabb. 9.
    2. för år 1781. pagg. 334. tabb. 8.
    3. för år 1782. pagg. 329. tabb. 9.
    4. för år 1783. pagg. 336. tabb. 10.
    5. för år 1784. pagg. 336. tabb. 8.
    6. for år 1785. pagg. 320. tabb. 10.
    7. för år 1786. pagg. 323. tabb. 8.
    8. för år 1787. pagg. 320. tabb. 12.
    9. för år 1788. pagg. 322. tabb. 10.
    10. for år 1789. pagg. 320. tabb. 11.
    11. för år 1790. pagg. 320. tabb. 12.
    12. för år 1791. pagg. 323. tabb. 10.
    13. för år 1792. pagg. 324. tabb. 12.
    14. för år 1793. pagg. 327. tabb. 10.
    15. för år 1794. pagg. 319. tabb. 10.
    16. för år 1795. pagg. 286. tabb. 8.
    17. för år 1796. 1 och 2 Quartalet. pag. 1—142.
    tab. 1—5.   Stockholm. 8.
Register öfver de 15 första Tomer af Kongl. Vetenskaps
    Academiens Handlingar. Pagg. 108. ib. 1755. 8.
Register öfver 15 Tomer af Kongl. Vetenskaps Acade-
    miens Handlingar, ifrån och med Tom. 16, för år 1755,
    til och med Tom. 30, för år 1769.
    Pagg. 100.   ib. 1770. 8.

Register öfver 10 Tomer af Kongl. Vetenskaps Academiens Handlingar, ifrån och med Tom. 31, för år 1770, til och med Tom. 40, för år 1779.
Pagg. 68. Stockholm, 1780. 8.

Analecta Transalpina, s. Epitome Commentariorum Regiæ Scientiarum Academiæ Svecicæ pro annis 1739—
1752. Venetiis, 1762. 8.
Tom. 1. pagg. 511. tabb. æneæ 13. Tom. 2. pagg.
527. tabb. 11.

Samling af rön och afhandlingar, rörande Landtbruket, som til Kongl. Vetenskaps Academien blifvit ingifne.
Tom. 1. pagg. 276. tabb. æneæ 2.
Stockholm, 1775. 8.
2. pagg. 352. tabb. 3. 1777.

157 Tal hållne i Kongl. Vetenskaps Academien vid Præsidii nedlaggande.
48 Inträdes-tal hållne för Kongl. Vetenskaps Academien.
97 Åminnelse-tal hållne för Kongl. Vetenskaps Academien, öfver afledne Ledamöter.
6 Tal hållne vid andra tilfällen.
Svar på 17 af Kongl. Vetenskaps Academien upgifne frågor, från 1761 till 1773.

Tal, om Kongl. Svenska Vetenskaps Academiens inrättning, och dess fortgång til närvarande tid, hållit för Kongl. Vetensk. Academien vid Præsidii nedläggande, of *Samuel* SANDEL.
Pagg. 52. Stockholm, 1771. 8.

59. *Societas Regia Scientiarum Upsaliensis.*

Acta Literaria Sveciæ, Upsaliæ publicata.
Vol. 1. continens annos 1720—1724. Pagg. 608. tabb.
æneæ 3, ligno incisæ 3. Desideratur tabula ad
pag. 252. 4.
2. 1725—1729. pagg. 614. tabb. æneæ 12.
Acta Literaria et Scientiarum Sveciæ.
Vol. 3. continens annos
1730. pagg. 120. tabb. æneæ 2.
1731. pagg. 124. tab. 1.
1732. pagg. 120. tab. 1.

1733. pagg. 118. tab. 1.
1734. pagg. 94. tab. 1.
Vol. 4. 1735—1739. pagg. 562. tabb. 3.
Acta Societatis Regiæ Scientiarum Upsaliensis ad a.
1740. pagg. 132. tabb. 5.   Stockholmiæ, 1744.   4.
1741. pagg. 122. tabb. 2.   1746.
1742. pagg. 128. tabb. 5.   1748.
1743. pagg. 140. tabb. 2.   1749.
1744—1750. pagg. 170. tabb. 4.   1751.
Nova Acta Regiæ Societatis Scientiarum Upsaliensis.
Vol. 1. pagg. 224. tabb. 10.   Upsaliæ, 1773.   4.
   2. pagg. 308. tabb. 9.   1775.
   3. pagg. 300. tabb. 14.   1780.
   4. pagg. 382. tabb. 2.   1784.
   5. pagg. 344. tabb. 6.   1792.

Regiæ Societatis Litterariæ et Scientiarum Upsaliensis his-
toriola; ultimo Volumini præfixa. Pagg. xiv.

60. *Societas Regia Gothoburgensis.*

Det Götheborgska Wetenskaps och Witterhets Samhäl-
lets Handlingar.
Wetenskaps Afdelningen.
1 Stycket. pagg. 108. tabb. æneæ 5.
                         Götheborg, 1778.   8.
2 Stycket. pagg. 68. tab. 1.   1780.
Witterhets Afdelningen.
1 Stycket. pagg. 113.   1778.
2 Stycket. pagg. 96.   1780.

61. *Societas Physiographica Lundensis.*

Physiographiska Sälskapets Handlingar.
1 Delens 1—3 Stycke. pagg. 218. tabb. æneæ 3.
                         Stockholm, 1776. (seqq.)   8.

62. *Borussiæ.*

Societas Physica Gedanensis.

Versuche und Abhandlungen der Naturforschenden Gesellschaft in Dantzig.

1 Theil. pagg. 600. tabb. æneæ 8, quarum 3 ultimæ desiderantur.   Dantzig, 1747. 4.
2 Theil. pagg. 558. tabb. 6.   1754.
3 Theil. pagg. 559. tabb. 5.   1756.
Neue sammlung von Versuchen und Abhandlungen der Naturforschenden Gesellschaft in Danzig.
1 Band. pagg. 316. tabb. 4.   ib. 1778. 4.

63. *Russia.*

Academia Scientiarum Imperialis Petropolitana.

Sermones in primo solenni Academiæ Scientiarum Imperialis conventu die 27 Decembris anni 1725. publice recitati. Pagg. 120.   Petropoli. 4.
Commentarii Academiæ Scientiarum Imperialis Petropolitanæ.
 Tom. 1. ad a. 1726. pagg. 488. tabb. æneæ 17.
            ib. 1728. 4.
  2. ad a. 1727. pagg. 520. tabb. 29.   1729.
  3. ad a. 1728. pagg. 464. tabb. 24.   1732.
  4. ad a. 1729. pagg. 328. tabb. 38.   1735.
  5. ad a. 1730 et 1731. pagg. 458. tabb. 13.
             1738.
  6. ad a. 1732 et 1733. pagg. 400. tabb. 22.
             1738.
  7. ad a. 1734 et 1735. pagg. 426. tabb. 20.
             1740.
  8. ad a. 1736. pagg. 452. tabb. 25.   1741.
  9. ad a. 1737. pagg. 452. tabb. 18.   1744.
  10. ad a. 1738. pagg. 509. tabb. 35.   1747.
  11. ad a. 1739. pagg. 378. tabb. 8.   1750.
  12. ad a. 1740. pagg. 364. tabb. 11.   1750.
  13. ad a. 1741—43. pagg. 474. tabb. 14.
             1751.
  14. ad a. 1744—46. pagg. 392. tabb. 7.
             1751.
Novi Commentarii Academiæ Scientiarum Imperialis Petropolitanæ.
 Tom. 1. ad a. 1747 et 1748. pagg. 76 et 498. tabb. 17.
             1750.
  2. ad a. 1749. pagg. 30 et 471. tabb. 18.
             1751.

Tom. 3. ad a. 1750 et 1751. pagg. 38 et 473. tabb. 13.
1753.

4. ad a. 1752 et 1753. pagg. 70 et 494. tabb. 14.
1758.

5. ad a. 1754 et 1755. pagg. 480. tab. 13.
Desiderantur titulus et summarium dissertationum.

6. ad a. 1756 et 1757. pagg. 44 et 564. tabb. 16.
1761.

7. pro a. 1758 et 1759. pagg. 47 et 520. tabb. 19.
1761.

8. pro a. 1760 et 1761. pagg. 70 et 532. tabb. 14.
1763.

9. pro a. 1762 et 1763. pagg. 54 et 512. tabb. 11.
1764.

10. pro a. 1764. pagg. 67 et 558. tabb. 19.
1766.

11. pro a. 1765. pagg. 574. tabb. 17. 1767.
Summarium dissertationum deest a pag. 9 ad
finem.

12. pro a. 1766 et 1767. pagg. 58 et 600. tabb. 14.
1768.

13. pro a. 1768. pagg. 52 et 560. tabb. 15.
1769.

14. pro a. 1769. Pars prior. pagg. 52 et 604. tabb.
25.   1770.
Pars secunda. pagg. 20 et 640.
tabb. 7.   1770.

15. pro a. 1770. pagg. 60 et 683. tabb. 31.
1771.

16. pro a. 1771. pagg. 64 et 710. tabb. 20.
1772.

17. pro a. 1772. pagg. 58 et 722. tabb. 18.
1773.

18. pro a. 1773. pagg. 68 et 675. tabb. 9.
1774.

19. pro a. 1774. pagg. 76 et 653. tabb. 25.
1775.

20. pro a. 1775. pagg. 80 et 643. tabb. 20.
1776.

Acta Academiæ Scientiarum Imperiālis Petropolitanæ pro
anno
1777. Pars prior. pagg. 100 et 384. tabb 17.
1778.

1777. Pars poster. pagg. 84 et 395. tabb. 18.
1780.
1778. Pars prior. pagg. 74 et 393. tabb. 13.
poster. pagg. 100 et 358. tabb. 11.
1781.
1779. Pars prior. pagg. 88 et 348. tabb 12. 1782.
poster. pagg. 28 et 414. tabb. 18.
1783.
1780. Pars prior. pagg. 32 et 403. tabb. 11.
poster. pagg. 120 et 396. tabb. 10.
1784.
1781. Pars prior. pagg. 56 et 386. tabb. 13.
poster. pagg. 30 et 410. tabb. 5.
1785.
1782. Pars prior. pagg. 96 et 356. tabb. 5. 1786.
poster. pagg. 36 et 372. tabb. 7.
Nova Acta Academiæ Scientiarum Imperialis Petropolitanæ. Tom. 1. præcedit historia ejusdem Academiæ ad
annum 1783. pagg. 272 et 418. tabb. 15. 1787.
Tom. 2. 1784. pagg. 106 et 303. tabb. 10. 1788.
3. 1785. pagg. 205 et 322. tabb. 11.
4. 1786. pagg. 139 et 326. tabb. 9. 1789.
5. 1787. pagg. 96 et 320. tabb. 8.
6. 1788. pagg. 118 et 338. tabb. 10. 1790.

64. *Asiæ.*

Societas Batavica.

Verhandelingen van het Bataviaasch Genootschap der
Konsten en Wetenschappen.
1 Deel. pagg. 70, 357 et 30.   Batavia, 1779.   8.
———— pagg. totidem, tabb. æneæ 6.
                               Rotterdam, 1781. 8.
2 Deel. pagg. 53, 512 et 87.   Batavia, 1780.   8.
———— pagg. totidem.   Rotterdam, 1784. 8.
3 Deel. pagg. 45 et 523.   Batavia, 1781.   8.
———— pagg. totidem.   Rotterdam, 1787. 8.
4 Deel. pagg. 38 et 568. tab. 1.   ib. 1786. 8.
5 Deel. pagg. 64, 48, 20, 9, 36, 16 et 215.
                               Batavia, 1790.   8.
6 Deel. pagg. 50, 14, 22, 107 et 286.   ib. 1792.   8.

65. *Societas Bengalensis.*

Asiatick Researches, or Transactions of the Society, instituted in Bengal, for inquiring into the History and
Antiquities, the Arts, Sciences, and Literature of Asia.
Vol. 1. pagg. 465. tabb. æneæ 33.

	Calcutta, 1788.	4.
2. pagg. 502. tabb. 11.	1790.	
3. pagg. 496. tabb. 9.	1792.	
4. pagg. 440. tabb. 12.	1795.	

66. *Americæ.*

Societas Americana, Philadelphiæ.

Transactions of the American Philosophical Society, held
at Philadelphia, for promoting useful knowledge.
Vol. 1. pagg. 340. tabb. æneæ 7.

	Philadelphia, 1771.	4.
2. pagg. 397. tabb. 5.	1786.	
3. pagg. 370. tabb. 6.	1793.	

67. *Academia Americana Artium et Scientiarum.*

Memoirs of the American Academy of Arts and Sciences.
Vol. 1. pagg. 568. tabb. æneæ 6.   Boston, 1785.   4.

68. *Societas Noveboracensis.*

Transactions of the Society, instituted in the State of New-
York, for the promotion of Agriculture, Arts, and Manufactures.
Part 1. pagg. 122. tabb. æneæ 2.

	New-York, 1792.	4.
2. pagg. 230.	1794.	

69. *Collectanea.*

Thomæ BARTHOLINI Cista Medica Hafniensis. Pagg. 645.
Domus Anatomica Hafniensis brevissime descripta.
  Pagg. 62.   Hafniæ, 1662. 8.
Acta Medica et Philosophica Hafniensia.
  A. 1671 et 1672. pagg. 316. tabb. æneæ 16.
                                 ib. 1673. 4.
    1673. Vol. 2. pagg. 376. tabb. 23.   1675.
    1674—1676. Vol. 3 & 4. pagg. 174 et 216. tabb.
    15.   1677.
    1677—1679. Vol. 5. pagg. 342. tabb. 8.
                                   1680.
  * * *

Zodiacus Medico-Gallicus, sive Miscellaneorum Medico-
Physicorum Gallicorum, titulo recens in re medica ex-
ploratorum, unoquoque mense Parisiis latine prodeun-
tium Annus 1. 1679. authore *Nicolao* DE BLEGNY.
  Pagg. 332. tabb. æneæ 7.   Genevæ, 1680. 4.
  Annus 2. 1680. pagg. 264. tabb. 2.   1682.
    3. 1681. pagg. 153. tabb. 3.   1682.
Zodiacus Medico-Gallicus, sive Miscellaneorum curiosorum, Medico-Physicorum sylloge, continens - - - opuscula medica et physica, gallice emissa et latinitate donata.
  Annus 4. 1682. pagg. 368. tabb. 3.   1686.
    5. 1683. pagg. 252.   1685.

Acta Eruditorum annis 1682—1731 publicata.
                                 Lipsiæ. 4.
  Volumina 50, singula paginarum, a 400 ad 700; cum
  tabulis æneis.
Actorum Eruditorum, quæ Lipsiæ publicantur, Supple-
menta.   ib. 1692—1734. 4.
  Tomi 10, singuli paginarum, a 500 ad 650; cum ta-
  bulis æneis.
Indices generales autorum et rerum 1—5. Actorum Eru-
ditorum, quæ Lipsiæ publicantur, Decennii, nec non
Supplementorum Tomi 1—10. ib. 1693—1733. 4.
  Volumina 5, singula alphabetorum fere 3.
Nova Acta Eruditorum annis 1732—1776 publicata.
                                 ib. 4.
  Volumina 45, singula paginarum, a 480 ad 720; cum
  tabulis æneis.

Ad Nova Acta Eruditorum, quæ Lipsiæ publicantur, Supplementa.   ib. 1735—1754. 4.
Tom. 1—7. (8vus desideratur;) singuli paginarum, a
550 ad 627.
Indices generales autorum et rerum Sexti Actorum Eruditorum, quæ Lipsiæ publicantur, Decennii, quod est
Novorum Actorum primum, nec non Supplementorum
ad Nova Acta Tomi 1—4.
Alphab. 3. Plagg. 8.   ib. 1745. 4.

Nova Literaria Maris Balthici et Septentrionis, edita
1698. pagg. 252. tabb. æneæ 8.   Lubecæ. 4.
1699. pagg. 384. tabb. 12.   Index desideratur.
1700. pagg. 384. tabb. 12.   Index. plagg. 9.
1701. pagg. 384. tabb. æneæ 4, et ligno incisæ 2. Index. plagg. 5.
Reliqui anni (sex, ni fallor) desiderantur.

A compleat volume of the Memoirs for the Curious, from
January 1707 to December 1708.
Pagg. 239. (h. e. 339) et 375.   London. 4.

Sammlung von Natur-und Medicin-wic auch hierzu gehörigen Kunst-und Literatur-geschichten, so sich in
Schlesien und andern landern begeben; von einigen
Bresslauischen Medicis.
Sommer-Quartal 1717. pagg. 198 et 148.
                                        Leipzig, 1736. 4.
2 Versuch. Herbst-Quart. 1717. pag. 149—492.
                                        Bresslau, 1718.
3 Versuch. Winter-Quart. 1718. pag. 493—888.
                                                    1719.
4 Versuch. Frühlings-Quart. 1718. pag. 889—1304.
5 Versuch. Sommer-Quart. 1718. pag. 1305—1672bis.
6 Versuch. Herbst-Quart. 1718. pag. 1673—2056.
                                                    1720.
7 Versuch. Winter-Quart. 1719. pagg. 380.
8 Versuch. Frühlings-Quart. 1719. pag. 381—757.
9 Versuch. Sommer-Quart. 1719. pagg. 392.
                                Leipzig und Budissin, 1721.
10 Versuch. Herbst-Quart. 1719. pag. 393—764.
11 Versuch. Winter-Quart. 1720. pagg. 360.
12 Versuch. Frühlings-Quart. 1720. pag. 363—684.
13 Versuch. Sommer-Quart. 1720. pagg. 348.
                                                    1722.

14 Versuch. Herbst-Quart. 1720. pag. 351—678.
15 Versuch. Winter-Quart. 1721. pagg. 336.
16 Versuch. Frühlings-Quart. 1721. pag. 336—676.
17 Versuch. Sommer-Quart. 1721. pagg. 328.
                                      1723.
18 Versuch. Herbst-Quart. 1721. pag. 331—672.
19 Versuch. Winter-Quart. 1722. pagg. 320.
20 Versuch. Frühlings-Quart. 1722. pag. 323—652.
21 Versuch. Sommer-Quart. 1722. pagg. 356.
                                      1724.
22 Versuch. Herbst-Quart. 1722. pag. 359—732.
23 Versuch. Winter-Quart. 1723. pagg. 352.
24 Versuch. Fruhlings-Quart. 1723. pag. 355—710.
25 Versuch. Sommer-Quart. 1723. pagg. 344.
                                      1725.
26 Versuch. Herbst-Quart. 1723. pag. 347—692.
27 Versuch. Winter-Quart. 1724. pagg. 344.
28 Versuch. Frühlings-Quart. 1724. pag. 347—680.
29 Versuch. Sommer-Quart. 1724. pagg. 342.
                                      1726.
30 Versuch. Herbst-Quart. 1724. pag. 347—662.
31 Versuch. Winter-Quart. 1725. pagg. 324.
32 Versuch. Frühlings-Quart. 1725. pag. 327—672.
33 Versuch. Sommer-Quart. 1725. pagg. 366.
                                      1727.
34 Versuch. Herbst-Quart. 1725. pag. 371—704.
35 Versuch. Winter-Quart. 1726. pagg. 391.
36 Versuch. Frühlings-Quart. 1726. pag. 395—780.
                                      1728.
37 Versuch. Sommer-Quart. 1726. pagg. 388. 1729.
   Hactenus edidit *Johannes* KANOLD.
38 Versuch, ans licht gestellet von *Andreas Elias*
   BÜCHNER.
   Herbst-Quart. 1726. pag. 375—702.
                            Erffurth, 1730.
Supplementum 1. curieuser und nuzbarer anmerckungen
   von Natur-und Kunst-geschichten, gesammlet von *Jo-*
   hanne KANOLD. Pagg. 188.   Budissin, 1726. 4.
Supplementum 2. pagg. 196.   1728.
            3. pagg. 252.
            4. pagg. 152.   1729.
   Cum tabulis æneis, et figuris ligno incis.
Universal-Register aller materien, welche in denen ehe-
   mals durch Herrn D. Joh. Kanold herausgegebenen
   38 Versuchen und 4 Supplementis derer sogenannten

Sammlungen von Natur-und Medicin-wie auch hierzu
gehorigen Kunst-und Literatur-geschichten ; von *Andreas Elias* Büchner. Pagg. 684. Erffurt, 1736. 4.
Miscellanea Physico-Medico-Mathematica, oder Nachrichten von Physical-und Medicinischen, auch dahin
gehorigen Kunst-und Literatur-geschichten, welche in
Teutschland und andern reichen sich zugetragen haben ; gesammlet von *Andreas Elias* Büchner.
   1 und 2 Quartal. 1727. pagg. 384.   ib. 1731.   4.
   3 und 4 Quartal. 1727. pag. 387—757.
   1 und 2 Quartal. 1728. pag. 771—1158.   1732.
   3 und 4 Quartal. 1728. pag. 1161—1510.
   1 und 2 Quartal. 1729. pagg. 396.   1733.
   3 und 4 Quartal. 1729. pag. 399—792.
   1 und 2 Quartal. 1730. pag. 793—1154.   1734.
   3 und 4 Quartal. 1730. pag. 1157—1545.
   Cum tabulis æneis.

Kabinet der natuurlyke historien, wetenschappen, konsten
en handwerken.   (van *W. V.* Ranouw.)
   January—Juny 1719. pagg. 552. tabb. æneæ 5 ; sed
      desiderantur 2da et 5ta.   Amsterdam.   8.
   2 Deel. Jul.—Dec. 1719. pagg. 564. tab. 6—10.
   3 Deel. Jan.—Jun. 1720. pagg. 562. tab. 11—17 ; sed
      desiderantur 11ma et 15ta.
   4 Deel. Jul.—Dec. 1720. pagg. 570. tabb. 18—21.
   5 Deel. Jan.—Jun. 1721. pagg. 570. tab. 22—31 ; sed
      desideratur 30ma.
   6 Deel. Jul.—Dec. 1721. pagg. 563. tab. 32—36.
   7 Deel. 1722. pagg. 183, 192 et 192. tab. 37—42 ; sed
      desideratur 40ma.
   8 Deel. 1723. pagg. 176, 191 et 151. tab. 43—46 et 3 ;
      sed desideratur ultima.

Consultatio de universali commercio litterario ad rei medicæ et scientiæ naturalis incrementum inter horum
   studiorum amatores instituendo.   26 Aug. 1730.
   Plag. 1.   4.
Consultatio ulterior.   20 Nov. 1730.   Plag. 1.   4.
Commercium litterarium ad rei medicæ et scientiæ naturalis incrementum institutum.
   1731. pagg. 416.   Norimbergæ.   4.
   1732. pagg. 423. tabb. æneæ 3.   Recensionis synop-
      ticæ desideratur finis post plagulam (g), quæ ultima
      in nostro exemplo.

1733. pagg. 417. tabb. 4.
1734. pagg. 431. tabb. 10.
1735. pagg. 432. tabb. 6.
1736. pagg. 428. tabb. 6.
1737. pagg. 428. tabb. 5. Desideratur hebdomas 38,
  pag. 297—304.
1738. pagg. 436. tabb. 7.
1739. pagg. 428. tabb. 8.
1740. pagg. 428. tabb. 6. Desiderantur titulus et præfatio.
1741. pagg. 428. tabb. 5. Desiderantur titulus, præfatio et indices, post plagulam H h h, quæ nobis ultima.
1742. pagg. 416. tabb. 5.
1743. pagg. 416. tabb. 5.
1744. pagg. 424. tabb. 5.
  In his tribus voluminibus desiderantur titulus, præfatio, observationes meteorologicæ et indices.
1745. adsunt tantum hebdomadæ 46, pagg. 368.

Acta Germanica, or the literary memoirs of Germany,
  &c. being a choice collection of what is most valuable,
  not only in the several literary acts, published in different parts of Germany, and the North, but likewise
  in the several academical Theses, or Dissertations at
  the Universities all over Germany, &c. done from the
  latin and high-dutch, by a society of gentlemen. Vol.
  1. pagg. 460. tabb. æneæ 8.   London, 1743. 4.

Memorie sopra la fisica e istoria naturale di diversi valen-
  tuomini.
  Tomo 1. pagg. 322. tabb. æneæ 7. Lucca, 1743. 8.
    2. pagg. 396. tabb. 3.   1744.
    3. pagg. 266. tabb. 3.   1747.
    4. pagg. 341. tabb. 2.   1757.

Hamburgisches Magazin, oder gesammlete schriften zum
  unterricht und vergnügen aus der naturforschung und
  den angenehmen wissenchaften überhaupt.
  1 Band. pagg. 487 et 196.   Hamburg, 1747. 8.
  2 Band. pagg. 703.   1747,8.
  3 Band. pagg. 687.   1748,9.
  4 Band. pagg. 687.   1749.
  5 Band. pagg. 670.   1750.

48 *Collectanea : Hamburg. Magaz.*

6 Band. pagg. 666.	1750,1.
7 Band. pagg. 657.	1751.
8 Band. pagg. 658.	1751,2.
9 Band. pagg. 658.	1752.
10 Band. pagg. 656.	1752,3.
11 Band. pagg. 659.	1753.
12 Band. pagg. 673.	1753,4.
13 Band. pagg. 656.	1754.
14 Band. pagg. 657.	1754,5.
15 Band. pagg. 656.	1755.
16 Band. pagg. 668.	1756.
17 Band. pagg. 665.	1756.
18 Band. pagg. 658.	1757.
19 Band. pagg. 653.	1757.
20 Band. pagg. 672.	1757,8.
21 Band. pagg. 656.	1758.
22 Band. pagg. 662.	1759.
23 Band. pagg. 655.	1759.
24 Band. pagg. 658.	1759,60.
25 Band. pagg. 639.	1761,2.
26 Band. pagg. 592.	1762,3.

Cum tabulis æneis.

Dreyfaches universalregister und repertorium, über die 26 Bände des Hamburgischen Magazins.
Pagg. 487.   1767.

Neues Hamburgisches Magazin, oder fortsezung gesammleter schriften, aus der naturforschung, der allgemeinen stadt-und land-oekonomie, und den angenehmen wissenschaften uberhaupt.

1—6 Stück. pagg. 576.	1767.
7—12 Stück. pagg. 576.	1767.
13—18 Stück. pagg. 576.	1767,8.
19—24 Stück. pagg. 592.	1768.
25—30 Stück. pagg. 575.	1769.
31—36 Stück. pagg 575.	
37—42 Stuck. pagg. 575.	1770.
43—48 Stück. pagg. 575.	
49—54 Stück. pagg. 575.	1771.

Desideratur index hujus voluminis.

55—60 Stück. pagg. 576.	
61—66 Stück. pagg. 575.	1772.
67—72 Stück. pagg. 576.	
73—78 Stück. pagg. 516.	1773.
79—84 Stück. pagg. 576.	1774.
85—90 Stück. pagg. 576.	1775.

91—96 Stück. pagg. 576.	1775.
97—102 Stuck. pagg. 576.	1775,6.
103—108 Stück. pagg. 560.	1777.
109—114 Stück. pagg 506.	1778—80.
115—120 Stuck. pagg. 560.	1780,1.

Cum tabulis æneis.

Physikalische belustigungen. (herausgegeben von *Christlob* M y l i u s und *Abraham Gotthelf* K æ s t n e r.
1—10 Stuck. pagg. 766.   Berlin, 1751. 8.
11—20 Stuck. pagg. 753.   1752.
21—30 Stuck. pag. 773—1542.   1753—57.

Observations sur l'histoire naturelle, sur la physique et sur la peinture, avec des planches imprimées en couleur. (par M. G a u t i e r.)
Année 1752. Tome I. 1—3 partie. pagg 195. Paris. 4.
2. 4—6 partie. pagg. 192.
1753. 7—9 partie. pagg. 204.
1754. 10—12 partie. pagg. 171.
1755. 13—15 partie. pagg. 191.
16—18 partie. pagg. 196.
Observations periodiques, sur la physique, l'histoire naturelle, et les beaux arts, avec des planches imprimées en couleur, par M. Gautier.
Juillet—Decembre 1756. pagg. 443.
Observations periodiques, sur la physique, l'histoire naturelle et les arts, ou Journal de sciences et arts, par M. T o u s s a i n t, avec des planches imprimées en couleurs, par M. Gautier fils.
Tome 2. Janvier—May 1757. pag. 1—400. Reliqui menses hujus anni, et Januarius 1758 desiderantur; conf. Cobres p. 25—27.
Cum tabulis æneis, maximam partem coloribus impressis.

Monatliche beiträge zur naturkunde, herausgegeben von *Joan Daniel* D e n s o.
1—6 Stük. Jenner-Brachmonat 1752. pagg. 532.
7—12 Stük. Heumonat-Christmonat 1765. pag. 537—1108.   Berlin. 8.
Joan Daniel Denso Physikalische bibliothek.
1 Band. 1—8 Stük. pagg. 756.
Rostok und Wismar, 1754—58. 8.
2 Bandes 1 und 2 Stuk. pagg. 384.   1760, 61.

Nordische beyträge, zum wachsthum der naturkunde, und
der wissenschaften, wie auch der nüzlichen und schönen
künste, überhaupt.
1 Bandes 1 Theil. pagg. 200. tabb. æneæ 2.

Altona, 1756. 8.
  2 Theil. pagg. 250.   1757.
  3 Theil. pagg. 183. tab. 1.
2 Bandes 1 Theil. pagg. 204.   1758.

Uitgezogte verhandelingen uit de nieuwste werken van
de Societeiten der Wetenschappen in Europa, en van
andere geleerde mannen. (edidit *Martinus* Houт-
тu y n.)
1 Deel. pagg. 660. tabb. æneæ 10.

Amsterdam, 1757. 8.
2 Deel. pagg. 640. tab. 11—19.
3 Deel. pagg. 572. tab. 20—26.   1758.
4 Deel. pagg. 642. tab. 27—32.   1759.
5 Deel. pagg. 586. tab. 33—38.   1760.
6 Deel. pagg. 611. tab. 39—44.   1761.
7 Deel. pagg. 606. tab. 45—50.   1762.
8 Deel. pagg. 604. tab. 51—55.   1763.
9 Deel. pagg. 596. tab. 56—62.   1764.
10 Deel. pagg. 518. tab. 63—67.   1765.
Algemeen register der tien deelen van dit werk. impr.
cum Tomo ultimo ; sign. L l 1—T t 1.

Berlinisches Magazin, oder gesammlete schriften und nachrichten für die liebhaber der arzneywissenschaft, naturgeschichte und der angenehmen wissenschaften überhaupt. (von *Friedrich Heinrich Wilhelm* Marti-
n i.)
1 Band. pagg. 737.   Berlin, 1765. 8.
2 Band. pagg. 639.   1766.
3 Band. pagg. 660.
4 Band. pagg. 633.   1767.
  Cum tabulis æneis.
Berlinische Sammlungen zur beförderung der arzneywissenschaft, der naturgeschichte, der haushaltungskunst, cameralwissenschaft und der dahin einschlagen-
den litteratur. (von *F. H. W.* Martini.)
(1 Band.) pagg. 666.   Berlin, 1768,9. 8.
2 Band. pagg. 674.   1770.
3 Band. pagg. 692.   1771.

4 Band. pagg. 708.	1772.
5 Band. pagg. 671.	1773.
6 Band. pagg. 695.	1774.
7 Band. pagg. 687.	1775.
8 Band. pagg. 724.	1776.
9 Band. pagg. 724.	1777.
10 Band. pagg. 352.	1779.

Cum tabulis æneis.

Allgemeines register zu den 10 Bänden der Berlinischen Sammlungen. impr. cum volumine ultimo, plag. Z— P p.

Stralsundisches Magazin, oder samlungen auserlesener neuigkeiten, zur aufnahme der naturlehre, arzneywissenchaft und haushaltungskunst.
1—6 Stück. pagg. 528. tabb. æneæ 12.
Berlin und Stralsund, 1767—1770. 8.
Volumen 2 desideratur.

Gemeinnüzige abhandlungen zur beförderung der erkenntniss und des gebrauches natürlicher dinge in absicht auf die wohlfahrt des staates und des menschlichen geschlechts uberhaupt, von *Johann Daniel* Titius.
1 Theil. pagg. 528. tabb. æneæ 3.
Leipzig, 1768. 8.

Georgical essays. (by a Society established in the North of England for the improvement of Agriculture; published by *Alexander* Hunter.)
Vol. 1. pagg. 208. tabb. æneæ 2. London, 1770. 8.
2. pagg. 227.   1771.
3. pagg. 203.   1772.
4. pagg. 181. tabb. 2.

Introduction aux observations sur la physique, sur l'histoire naturelle et sur les arts, par M. l'Abbé Rozier.
Tome 1. pagg. 704. Tome 2. pagg. 648.
Paris, 1777. 4.
Prima editio in duodecimo prodiit, a Julio 1771 ad Decemb. 1772.
Observations sur la physique, sur l'histoire naturelle et sur les arts, par M. l'Abbé Rozier. (Journal de Physique.)
Tome 1. (Janvier—Juin 1773.) pagg. 504.
2. Juillet—Decembre 1773. pagg. 523.

E 2

Tome 3. Janvier—Juin 1774. pagg. 467.
   4. Juillet—Decembre 1774. pagg. 509.
   5. Janvier—Juillet. 1775. pagg. 544.
   6. Juillet—Decembre 1775. pagg. 525.
   7. Janvier—Juin 1776. pagg. 544.
   8. Juillet—Decembre 1776. pagg. 498.
   9. Janvier—Juin 1777. pagg. 492.
   10. Juillet—Decembre 1777. pagg. 508.
   11. Janvier—Juin 1778. pagg. 548.
   12. Juillet—Decembre 1778. pagg. 492.
   Supplement Tome 13. par M. l'Abbé Rozier,
      et par M. *J. A.* Mongez. pagg. 490.
   (13.) Janvier—Juin 1779. pagg. 488
   14. Juillet—Decembre 1779. pagg. 516.
   15. Janvier—Juin 1780. pagg. 508.
   16. Juillet—Decembre 1780. pagg. 492.
   17. Janvier—Juin 1781. pagg. 492.
   18. Juillet—Decembre 1781. pagg. 507.
   19. Janvier—Juin 1782. pagg. 496.
   20. Juillet—Decembre 1782. pagg. 480.
   21. Supplement 1782. pagg. 480.
   22. Janvier—Juin 1783. pagg. 488.
   23. Juillet—Decembre 1783. pagg. 480.
   24. Janvier—Juin 1784. pagg. 498.
   25. Juillet—Decembre 1784. pagg. 480.
   26. Janvier—Juin 1785. pagg. 492.
   27. Juillet—Decembre 1785. par M. l'Abbé Ro-
      zier, par M. J. A. Mongez et par M. de la
      Metherie. pagg. 480.
   28. Janvier—Juin 1786. pagg. 480.
   29. Juillet—Decembre 1786. pagg. 476.
   30. Janvier—Juin 1787. pagg. 480.
   31. Juillet—Decembre 1787. pagg. 480.
   32. Janvier—Juin 1788. pagg. 480.
   33. Juillet—Decembre 1788. pagg. 484.
   34. Janvier—Juin 1789. pagg. 480.
   35. Juillet—Decembre 1789. pagg. 480.
   36. Janvier—Juin 1790. pagg. 480.
   37. Juillet—Decembre 1790. pagg. 480.
   Desiderantur Julius et Augustus.
   38. Janvier—Juin 1791. pagg. 480.
   39. Juillet—Decembre 1791. pagg. 488.
   40. Janvier—Juin 1792. pagg. 488.
   41. Juillet—Decembre 1792. pagg. 480.
   42. Janvier—Juin 1792. pagg. 480.

Tome 43. Juillet—Decembre 1792. pagg. 478.
Paris. 4.
Cum tabulis æneis, plerumque duabus unicuique
mensi additis.
Table des articles contenus dans les volumes in 4° de ce
recueil, imprimés depuis le commencement de 1773, et
dans les 18 volumes in 12, reimprimés en 2 volumes in
4° Tome 10. pag. 437—508.
Table generale des articles contenus dans les 20 volumes
de ce Journal, depuis 1778. Tome 29 pag. 401—476.
Journal de physique, de chimie et d'histoire naturelle, par
Jean Claude LAMETHERIE.
Tome 1. Nivose-Thermidor an 2. pag. 1—404. tabb.
7.   Paris. 4.

Immanuel Karl Heinrich BÖRNERS Sammlungen aus der
naturgeschichte, oekonomie-polizey-kameral-und fi-
nanzwissenschaft.
1 Theil. pagg. 567. tab. ænea 1.
Dresden, 1774. 8.

Scelta di opuscoli interessanti, tradotti da varie lingue.
Vol. 1—12.   Milano, 1775. 12.
Scelta di opuscoli interessanti, tradotti da varie lingue,
coll' aggiunta d'opuscoli nuovi Italiani.
Vol. 13—24.   1776.
     25—36.   1777.
     Singula volumina pagg. 120, cum tab. ænea ple-
     rumque 1, interdum 2.
Opuscoli scelti, sulle scienze e sulle arti, tratti dagli Atti
delle Accademie, e dalle altre collezioni filosofiche, e
letterarie, dalle opere più recenti Inglesi, Tedesche,
Francesi, Latine e Italiane, e da manoscritti originali, e
inediti.
Tomo 1. pagg. 432 et 48. tabb. æneæ 8.
                                        ib. 1778. 4.
       2. pagg. 432 et 48. tabb. 4.   1779.
       3. pagg. totidem. tabb. 9.   1780.
       4. pagg. totidem. tabb. 7.   1781.
       5. pagg. 424 et 48. tabb. 10.   1782.
       6. pagg. 432 et 48. tabb. 9.   1783.
       7. pagg. 424 et 48. tabb. 7.   1784.
       8. pagg. 432 et 48. tabb. 9.   1785.
       9. pagg. 434 et 48. tabb. 8.   1786.
      10. pagg. 436 et 48. tabb. 4.   1787.

54   *Collectanea : Opuscoli scelti.*

Tomo 11. pagg. 432 et 48. tabb. 4.   1788.
 12. pagg. totidem. tabb. 3.   1789.
 13. pagg. totidem. tabb. 7.   1790.
 14. pagg. totidem. tabb. 4.   1791.
 15. pagg. totidem. tabb. 5.   1792.
 16. pagg. totidem. tabb. 3.   1793.
 17. pagg. 448 et 40. tabb. 2.   1794.
 18. parte 1 e 2. pagg. 144 et 16. tabb. 3.
            1795.
Indice alfabetico degli Autori degli opuscoli contenuti ne'
 primi venti tomi di questa collezione, cioè ne' tre tomi
 della Scelta d'opuscoli interessanti, e ne' primi dicias-
 sette tomi degli Opuscoli scelti. Tomo 17. pag. 403
 —424.
Indice alfabetico delle materie. ib. p. 425—448.

Nicolai Josephi JACQUIN Miscellanea Austriaca ad botanicam, chemiam, et historiam naturalem spectantia.
 Vol. 1. pagg. 212. tabb. æneæ color. 21.
         Vindobonæ, 1778. 4.
 2. pagg. 423. tabb. 23.   1781.
N. J. Jacquin Collectanea ad botanicam, chemiam, et historiam naturalem spectantia.
 Vol. 1. pagg. 386. tabb. color. 22. ib. 1786. 4.
 2. pagg. 374. tabb. 18, quarum 13 color.
            1788.
 3. pagg. 306. tabb. 23, quarum 20 color.
            1789.
 4. pagg. 359. tabb. color. 27. 1790.
Supplementum. pagg. 171. tabb. color. 16. 1796.

Chemisches Journal für die freunde der naturlehre, arz-
 neygelahrtheit, haushaltungskunst und manufacturen,
 entworfen von *Lorenz* CRELL.
 1 Theil. pagg. 240.   Lemgo, 1778. 8.
 2 Theil. pagg. 250.   1779.
 3 Theil. pagg. 216.   1780.
 4 Theil. pagg. 252.
 5 Theil. pagg. 236.
 6 Theil. pagg. 228.   1781.
Die neuesten entdeckungen in der Chemie, gesamlet von
 Lorenz Crell.
 1 Theil. pagg. 250.   Leipzig, 1781. 8.
 2 Theil. pagg. 284.
 3 Theil. pagg. 272.

4 Theil. pagg. 282.   1782.
5 Theil. pagg. 274. tab. ænea 1.
6 Theil. pagg. 292.
7 Theil. pagg. 270.
8 Theil. pagg. 282.   1783.
9 Theil. pagg. 258. tab. 1.
10 Theil. pagg. 286.
11 Theil. pagg. 268.
12 Theil. pagg. 254; præter indicem.   1784.
Verzeichniss der in den 6 Bänden der neuen entdeckungen in der Chemie vorkommenden schriftsteller und
sachen. 6 Theil, p. 265—292.
Verzeichniss der in den 6 lezteren Bänden vorkommenden
schriftsteller und sachen. 12 Theil, p. 177 (post 254)
—210.
Chemische Annalen für die freunde der naturlehre, arz-
neygelahrtheit, haushaltungskunst und manufacturen,
von Lorenz Crell.
    1 Band. 1784. pagg. 580.   Helmstädt. 8.
    2 Band. 1784. pagg. 554.
    1 Band. 1785. pagg. 570.
    2 Band. 1785. pagg. 545.
    1 Band. 1786. pagg. 569.
    2 Band. 1786. pagg. 547.
    Reliqui anni integri non adsunt.
Beyträge zu den Chemischen Annalen, von Lorenz Crell.
    1 Band. pagg. 127, 127, 127 et 111. ib. 1785,6. 8.
    2 Band. pagg. 500.   1786,7.
    Reliqua volumina integra non adsunt.
Crell's chemical journal, giving an account of the latest
discoveries in chemistry, with extracts from various
foreign transactions; translated from the german with
occasional additions.
    Vol. 1. pagg. 310.   London, 1791. 8.
       2. pagg. 314.   1792.
       3. pagg. 388.   1793.

Genees-natuur-en huishoud-kundige Jaarboeken.
    1 Deel. pagg. 516, 190, 52 et 82. tabb. æneæ 6.
           Dordrecht en Amsterdam, 1778.   8.
    2 Deel. pagg. 532, 142 et 46. tab. 7—11. 1779.
    3 Deel. pagg. 433, 168 et 106. tab. 12—16.
                                1780.
    4 Deel. pagg. 448, 194 et 56. tab. 17—21. 1781.
    5 Deel. pagg. 376, 154 et 108. tab. 22, 23.

6 Deels 1—4 Stuk. pagg. 248, 148 et 20. tab. 24.
                                            1782.
  Fasciculi 2 ultimi desiderantur.
Algemeene bladwyzer der merkwaardigste zaaken vervat
  in de zes deelen der genees-natuur-en huishoudkundige
  Jaarboeken.   Pagg. 135.   1782.
Nieuwe genees natuur-en huishoud-kundige Jaarboeken.
  1 Deel. pagg. 344, 238 et 40. tabb. æneæ 2, sed desi-
    deratur prima.   1782.
  2 Deel. pagg. 340, 196 et 64. tab. 3tia.   1783.
  3 Deel. pagg. 332, 212 et 40. tab. 4ta.
  4 Deél. pagg. 291, 180 et 68. tab. 1.   1784.
  5 Deel. pagg. 316, 152 et 70.
Algemeene genees-natuur-en huishoud-kundige Jaarboeken.
  1 Deel. pagg. 258, 194 et 36. tabb. 2.   1785.
  2 Deel. pagg. 298, 172 et 18 tab. 1.
  3 Deel. pagg. 364 et 124. tabb. 3.   1786.
  4 Deel. pagg. 288 et 158. tabb. 5.
  5 Deel. pagg. 256, 96 et 88. tab. 1.   1787.
  6 Deel. pagg. 328, 96 et 8. tabb. 3.

Sammlungen zur physik und naturgeschichte.
  1 Band. pagg. 751. tabb. æneæ 3.
                            Leipzig, 1778,9. 8.
  2 Band. pagg. 754. tabb. 2.   1779—82.
  3 Band. pagg. 768. tabb. 2.   1783—87.
  4 Band. pagg. 775.   1788—92.

Göttingisches Magazin der wissenschaften und litteratur,
  herausgegeben von *Georg Christoph* LICHTENBERG
  und *Georg* FORSTER.
  1 Jahrgangs 1—3 Stück. pagg. 504.
                            Göttingen, 1780.
        4—6 Stück. pagg. 488.
  2 Jahrgangs 1—3 Stuck. pagg. 479.   1781.
        4—6 Stück. pagg. 463.   1781,2.
  3 Jahrgangs 1—3 Stück. pagg. 480.   1782,3.
        4—6 Stück. pagg. 483—956. 1783.
  4 Jahrgangs 1 und 2 Stück. pagg. 175 et 152.
                                            1785.
  Cum tabulis æneis.

London Medical Journal. (edidit *Samuel Foart* SIM-
  MONS.)

Vol. 1. January—June 1781. pagg. 444.
   2. July—December 1781. pagg. 426.
   3. 1782. pagg. 442.
   4. 1783. pagg. 440.
   5. for the year 1784. pagg. 440.
   6. for the year 1785. pagg. 448. tab. ænea 1.
   7. for the year 1786. pagg. 448.
   8. for the year 1787. pagg. 432. tab. 1.
   9. for the year 1788. pagg. 442.
  10. for the year 1789. pagg. 440. tab. 1.
  11. for the year 1790. pagg. 428. tabb. 3.
                                    London. 8.
Medical facts and observations. (edidit S. F. Simmons.)
Vol. 1. pagg. 224. tabb. æneæ 2.   ib. 1791. 8.
   2. pagg. 232. tabb. 2.   1792.
   3. pagg. et tabb. totidem.
   4. pagg. et tabb. totidem.   1793.
   5. pagg. et tabb. totidem.   1794.
   6. pagg. 233. tabb. 2.   1795.
   7. pagg. 389. tabb. 3.   1797.

Neue Nordische beyträge zur physikalischen und geogra-
phischen erd und volkerbeschreibung, naturgeschichte
und oekonomie. (edidit *Petrus Simon* Pallas.)
  1 Band. pagg. 342. tabb. æneæ 3.
              St. Petersburg und Leipzig, 1781. 8.
  2 Band. pagg. 375. tabb. 5, quarum 4 color.
  3 Band. pagg. 409. tabb. 4, quarum 2 color.
                                        1782.
  4 Band. pagg. 404. tabb. 3, quarum 1 color.
                                        1783.
  5 Band. pagg. 343. tabb. 4.   1793.
  6 Band. pagg. 264. tabb. 2, quarum 1 color.
  7 Band. pagg. 447. tab. color. 1.   1796.
   Ultimis 3 voluminibus tituli etiam præfixi: Neueste
   Nordische beytrage 1. 2. 3. Band.

Leipziger Magazin zur naturkunde, mathematik und
oekonomie, herausgegeben von *C. B.* Funk, *N. G.*
Leske und *C. F.* Hindenburg.
   Jahrgang 1781. pagg. 552. tabb. æneæ 4.
            1782. pagg. 560. tabb. 4.
            1783. pagg. 548. tabb. 8.
            1784. pagg. 536. tabb. 7.   Leipzig. 8.
Register über die in den jahrgangen 1781—1784 enthal-

tene abhandlungen, und angezeigte schriften ; und über
die merkwurdigsten sachen. Jahrg. 1784. p. 521—536.
Leipziger Magazin zur naturkunde und oekonomie, herausgegeben von *Nathanael Gottfried* Leske.
    Jahrgang 1786. pagg. 520. tabb. æneæ 6.   Deside-
        ratur titulus et elenchus.
herausgegeben von einer gesellschaft von gelehrten
    (mortuo Leskeo.)
    Jahrgang 1787. pagg. 516. tabb. 3.
        1788. 1 und 2 Stück. pagg. 248. tabb. 2.
                                    Leipzig. 8.

Magazin für das neueste aus der physik und naturge-
    schichte, herausgegeben von (*Ludwig Christian*) Lich-
    tenberg.
    1 Band. pagg. 188, 112, 160 et 228.
                        Gotha, 1781—83. 8.
    2 Band. pagg. 244, 193, 211 et 228.   1783,4.
    3 Band. pagg. 182, 192, 196 et 219.   1785,6.
fortgesezt von (*Johann Heinrich*) Voigt.
    4 Band. pagg. 192, 192, 186 et 188.   1786,7.
    5 Band. pagg. 186, 192, 186 et 194.   1788,9.
    6 Band. pagg. 183, 192, 184 et 184.   1789,90.
    7 Band. pagg. 184. 184, 184 et 202.   1790,92.
    8 Band. pagg. 186, 184, 184 et 184.   1792,3.
    9 Band. pagg. 184, 184, 184 et 184.   1794.
    10 Band. pagg. 184, 164, 184 et 176.   1795,6.
    11 Bandes 1—3 Stück. pagg. 183, 184 et 184. 1796,7.
        Cum tabulis æneis, plerumque 3 unicuique fasciculo
        adjectis.

Ungrisches Magazin, oder beyträge zur Ungrischen ge-
    schichte, geographie, naturwissenschaft und der dahin
    einschlagenden litteratur. (herausgegeben von *Karl
    Gottlieb* von Windisch.)
    1 Band. pagg. 488. tab. ænea color. 1.
                        Pressburg, 1781. 8.
    2 Band. pagg. 510. tabb. æneæ 4.   1782.
    3 Band. pagg. 512. tabb. 3.   1783.

Physikalische arbeiten der einträchtigen freunde in Wien,
    aufgesammelt von *Ignaz Edlen* von Born.
    1 Jahrganges 1 Quartal. pagg. 107. tabb. æneæ 2.
                        Wien, 1783. 4.
        2 Quartal. pagg. 87. tabb. 2. 1784.

Ultima 2 trimestria desiderantur.
2 Jahrgangs 1 Quartal. pagg: 128.   1786.
     2 Quartal. pagg. 104. tab. 1.   1787.

Hessische beiträge zur gelehrsamkeit und kunst.
1 Band. pagg. 695. tabb. æneæ 2.
                  Frankfurt am Main, 1785.   8.
2 Bandes 1 und 2 Stück. pagg. 372.   1786.

Beyträge zur physik, oekonomie, mineralogie, chemie, technologie und zur statistik besonders der Russischen und angranzenden länder, von *Bened. Franz* HER-MANN.
1 Band. pagg. 375.   Berlin u. Stettin, 1786.   8.
2 Band. pagg. 368.   1787.
3 Band. pagg. 376.   1788.

Oberdeutsche beyträge zur naturlehre und oekonomie, für das jahr 1787, gesammelt und herausgegeben von *Karl Ebrenbert* VON MOLL.
Pagg. 72 et 293. tabb. æneæ 6.   Salzburg, 1787.   8.

Magazin für die naturkunde Helvetiens, herausgegeben von *Albrecht* HÖPFNER.
1 Band. pagg. 356. tabb. æneæ 2.   Zürich, 1787.   8.
2 Band. pagg. 390. tabb. 3.   1788.
3 Band. pagg. 440.
4 Band. pagg. 572. tabb. 4.   1789.

Annales de Chimie, ou recueil de memoires concernant la chimie et les arts qui en dependent, par M. M. DE MORVEAU, LAVOISIER, MONGE, BERTHOLLET, DE FOURCROY, *le Baron* DE DIETRICH, HASSENFRATZ et ADET.
Tome 1. pagg. 312.   Paris, 1789.   8.
      2. pagg. 314. tab. ænea 1.
      3. pagg. 315.
      4. pagg. 299.   1790.
      5. pagg. 283. tab. 1.
      6. pagg. 314. tab. 1.
      7. pagg. 298. tab. 1.
      8. Janvier—Mars 1791. pagg. 336.
      9. Avril—Juin 1791. pagg. 354.
    10. Juillet—Sept. 1791. pagg. 354.
    11. Octobre—Dec. 1791. pagg. 336.

Tome 12. Janv.—Mars 1792. pagg. 352. tabb. 3.
13. Avril—Juin 1792. pagg. 336. tabb. 3.
14. Juillet—Sept. 1792. pagg. 335. tabb. 3.
15. Oct.—Dec. 1792. pagg. 336. tab. 1.
16. Janv —Mars 1793. pagg. 335.
17. Avril—Juin 1793. pagg. 335. tabb. 7.
18. Juillet—Sept. 1793. pagg. 328.
19 et 20 nondum prodierunt.

Annales de Chimie - - - par les Citoyens GUYTON,
MONGE, BERTHOLLET, FOURCROY, ADET, SEGUIN,
VAUQUELIN, PELLETIER, C. A. PRIEUR, CHAP-
TAL et VAN-MONS.

Tome 21. pagg. 336. tab. 1.   1797.
22. pagg. 332 tabb. 2.
23. No. 67 et 68. pagg. 224. tab. 1.

Table des matieres contenues dans les 10 premiers volumes des Annales de Chimie. Tome 12. p. 337—
352.

La medecine eclairée par les sciences physiques, ou Journal des decouvertes relatives aux differentes parties de
l'art de guerir : redigé par M. FOURCROY.

Tome 1. pagg. 396.   Paris, 1791. 8.
2. pagg. 400. Bibliographie. pagg. 40.
3. pagg. 391. Bibliogr. pag. 41—88.
                                      1792.
4. pagg. 359. Bibliogr. pag. 89—136.

Neue entdeckungen und beobachtungen aus der physik,
naturgeschichte und oekonomie, herausgegeben von
Bernhard Sebastian NAU.

1 Band. pagg. 364. tabb. æneæ 7, quarum 4 color.
                        Frankfurt am Main, 1791. 8.

Sammlung physikalischer aufsäze, besonders die Böhmische naturgeschichte betreffend, von einer gesellschaft Böhmischer naturforscher; herausgegeben von
Johann MAYER.   Dresden, 1791. 8.

1 Band. pagg. 270. tabb. æneæ 4.
2 Band. pagg. 361. tabb. 3.   1792.
3 Band. pagg. 408. tabb. 3.   1793.
4 Band. pagg. 409. tabb. 2.   1794.

Oriental repertory, published by *Alexander* DALRYM-
PLE.

Vol. 1. pagg 578. tabb. æneæ 16.
  London, 1791—93. 4.
2 No. 1—4. pagg. 576. tabb. 13. 1794—97.
Abhandlungen einer privatgeselischaft von Naturforschern
  und Oekonomen in Oberdeutschland, herausgegeben
  von *Franz von Paula* SCHRANK.
1 Band. pagg. 339. tabb. æneæ 6.
  München, 1792. 8.

Journal des Mines, publié par le Conseil des Mines de la
  Republique.
4 Trimestre. an. 4. No. 22—24. pagg. 80, 85 et 80.
  tabb. æneæ 16, 17.
1 Trimestre. an 5. No. 25—27. pagg. 245. tabb. 18,
  19.
2 Trimestre. an 5. No. 28, 29. pag. 249—414. tabb.
  20, 21. Paris. 8.
7 prima trimestria desiderantur.

Magazin encyclopedique, ou Journal des sciences, des
  lettres et des arts, redigé par MILLIN, NOEL et WA-
  RENS.
  Tomes 6. Paris, l'an 3 et 4. (1795.) 8.
Seconde année, par *A. L.* MILLIN.
  Tomes 6. l'an 4 et 5 (1796.)
Troisieme année.
  Tome 1 et 2. l'an 5. 1797.
    Singuli pagg 576; cum tabb. æneis.

Essays, by a Society of Gentlemen, at Exeter.
  Pagg. 573. tabb. æneæ 5. Exeter, (1796.) 8.

70. *Operum vel Opusculorum Auctoris cujusdam
    Collectiones.*

ARITOTELES *Stagirita.*
  Operum nova editio, græce et latine, ex bibliotheca Is.
    Casauboni. Lugduni, 1592. fol.
  Tom. 1. pagg 755. Tom. 2. pagg. 595.
  Operum Tomus quartus. Libri omnes, quibus historia,
    partes, incessus, motus, generatioque animalium, atque
    etiam plantarum naturæ brevis descriptio pertractan-
    tur; latine. Pagg. 842. ib. 1579. 12.

Theophrastus *Eresius.*

Opera omnia; græce.

Pagg. 271.   Basileæ, (1541.)   fol.

———— Tomus 6. (Operum Aristotelis.)

Pagg. 652.   Venetiis, 1552.   8.

———— græce et latine.   Dan. Heinsius recensuit.

Pagg. 508.   Lugd. Batav. 1613.   fol.

Petrus Andreas **Matthiolus.**

Opera quæ extant, omnia; edidit Casp. Bauhinus.

        Francofurti, 1598.   fol.

Pagg. 1027 et 236; cum figg. ligno incisis.

———— Editio altera   Basileæ, 1674.   fol.

Pagg. totidem; cum figg. ligno incisis.

Antonius **Deusingius.**

Fasciculus dissertationum selectarum, ab autore collectarum ac recognitarum.

Pagg. 644   Groningæ, 1660.   12.

Franciscus **Redi.**

Opusculorum pars prior. Pagg. 216; præter J. F. Lachmund de ave Diomedea.

Tomus alter. Pagg. 312.

Cum tabb æneis.   Amstelædami, 1686.   12.

Michael Bernhardus **Valentini.**

Polychresta exotica, accedunt seorsim olim editæ, nunc autem conjunctim denuo prodeuntes Dissertationes epistolicæ varii argumenti.

Pagg. 293.   Francof. ad Moenum, 1701.   4.

* * *

Fasciculus Dissertationum medicarum selectiorum; *Theodorus* **Zvingeres,** cujus privata cura, institutione et auxilio, a suis quæque auctoribus conscriptæ, publiceque ventilatæ fuerunt, revidit, emendavit, auxit.

Pagg. 649.   Basileæ, 1710.   8.

Olaus **Borrichius.**

Dissertationes, seu Orationes academicæ selectioris argumenti; edidit Sev. Lintrupius.   Havniæ, 1715.   8.

Tom. 1. pagg. 524.   Tom. 2. pagg. 527.

Franciscus Ernestus **Bruckmann.**

Centuria epistolarum itinerariarum.

      Wolffenbuttelæ, 1742. (1728—1741.)   4.

Supplementum ad Centuriam epistolarum itinerariarum.

Pagg. 48. tab. ænea 1.

Centuria secunda; accedit Museum Closterianum.

       1749. (1744—48.)

Pagg. 1296 et 60. tabb. æneæ 44.

Centuriæ tertiæ Epist. 1—75.
Pagg. 998. tabb. 27.   1750—53.
Theodorus Hasæus.
Dissertationum et observationum philologicarum sylloge.
Pagg. 650; cum tabb. æneis.   Bremæ, 1731. 8.
Antonio Vallisneri.
Opere fisico-mediche, raccolte da Antonio suo figlivolo.
Venezia, 1733. fol.
Tomo 1. pagg. lxxxii et 469. tabb. æneæ 52. Tomo
2. pagg. 551. tabb. 36. Tomo 3. pagg. 676. tabb.
6.
Deslandes.
Recueil de differens traitez de physique et d histoire na-
turelle. Pagg. 272.   Paris, 1736. 12.
————— augmenté d'un traité des vents.
Pagg. 310.   Bruxelles, 1736. 8.
Tome 2. 2de edition. pagg. 302.   Paris, 1753. 12.
3. pagg. 286.   1753.
Cum tabb. æneis.
Georgii Bernhardi Bilfingeri
Varia in fasciculos collecta.
Pagg. 308.   Stuttgardiæ, 1743. 8.
Fasciculus 2. pagg. 275. tabb. æneæ 4.
Carlo Taglini.
Lettere scientifiche sopra vari dilettevole argomenti di fi-
sica.
Pagg. 304.   Firenze, 1747. 4.
Carolus Linnæus.
Amœnitates Academicæ, seu Dissertationes variæ phy-
sicæ, medicæ, botanicæ, antehac seorsim editæ, nunc
collectæ et auctæ.   Holmiæ et Lipsiæ, 1749. 8.
(Vol. 1.) pagg. 563. tabb. æneæ 17.
————— (edidit P. Camper.) pagg. 610; cum tabb.
æneis.   Lugduni Bat. 1749. 8.
Opusculorum ordo diversus, ab editione auctoris.
————— Editio 3tia, curante J. C. D. Schrebero.
Pagg. 571. tabb. 17.   Erlangæ, 1787. 8.
Vol. 2. pagg. 478. tabb. 4.
Amstelod. 1752. (Holmiæ, 1751.) 8.
————— Editio 2da, aucta. pagg. 444. tabb. 4.
Holmiæ, 1762.
————— Editio 3tia, curante J. C. D. Schrebero.
Pagg. 472. tabb. 4.   Erlangæ, 1787.
Vol. 3. pagg. 464. tabb. 4.
Amstelæd. (Holmiæ) 1756.

———— Editio 2da (3tia) curante J. C. D. Schrebero.
Pagg. et tabb. totidem.   Erlangæ, 1787.
Vol. 4. pagg. 600. tabb. 4.
            Lugduni Bat. 1760. (Holmiæ, 1759.)
———— Editio 2da, curante J. C. D. Schrebero.
Pagg. et tabb. totidem.   Erlangæ, 1788.
Vol. 5. pagg. 483. tabb. 3.
            Lugduni Bat. (Holmiæ) 1760.
———— Editio 2da, curante J. C. D. Schrebero.
Pagg. et tabb. totidem.   Erlangæ, 1788.
Vol. 6. pagg. 486. tabb. 5.
            Lugduni Bat. 1764. (Holmiæ, 1763.)
———— Editio 2da, curante J. C. D. Schrebero.
                                        Erlangæ, 1789.
Pagg. 486. tabb. 6, quarum ultima ad Vol. 5. perti-
nct.
Vol. 7. pagg. 506. tabb. 7.
            Lugd. Bat. (Holmiæ) 1769. 8.
———— Editio 2da, curante J. C. D. Schrebero.
Pagg. et tabb. totidem.   Erlangæ, 1789.
Vol. 8. edidit J. C. D. Schreberus.
Pagg. 332. tabb. 8.   ib. 1785.
Vol. 9. edidit J. C. D. Schreberus.
Pagg. 331.   ib. 1785.
Vol. 10. accedunt.*C. A LINNE fil.* Dissertationes bota-
nicæ collectæ, curante J. C. D. Schrebero.
Pagg. 148 et 131. tabb. 6.   ib. 1790.
Selectæ ex Amoenitatibus academicis C. Linnæi Disser-
tationes ad universam naturalem historiam pertinentes,
quas edidit et additamentis auxit L. B. e S. J.
Pagg. 316. tabb. æneæ 2.   Græcii, 1764. 4.
Continuatio. pagg. 297. tab. 1.   1766.
Continuatio altera. pagg. 277. tabb. 4.   1769.
Miscellaneous tracts relating to natural history, husban-
dry and physick, translated from the latin, with notes
by Benj. Stillingfleet.
Pagg. 230.   London, 1759. 8.
———— 2d edition. pagg. 391. tabb. æneæ 11.
                                        ib. 1762. 8.
Select Dissertations from the Amoenitates academicæ, a
supplement to Mr. Stillingfleet's tracts relating to natural history; translated by the Rev. F. J. Brand.
Vol. 1. pagg. 480.   ib. 1781. 8.

Opera varia, in quibus continentur Fundamenta botanica,
Sponsalia plantarum, et Systema naturæ.
Pagg. 376. tab. ænea 1. Lucæ, 1758. 8.
DE SECONDAT.
Observations de physique et d'histoire naturelle.
Pagg 205. Paris, 1750. 8.
Kiliani S T O B Æ I
Opera, in quibus petrefactorum, numismatum et antiqui-
tatum historia illustratur, in unum volumen collecta.
Dantisci, 1753. 4.
Pagg. 327. tabulæ, partim æneæ, partim ligno incisæ,
17.
Balthasar S P R E N G E R.
Opuscula physico-mathematica.
Pagg. 136. Hannoveræ, 1753. 8.
Michael Christoph H A N O W.
Seltenheiten der natur und oekonomie, nebst deren kur-
zen beschreibung und erörterung, aus den Danziger
erfahrungen und nachrichten ausgezogen und heraus-
gegeben von Joh. Dan. Titius.
1 Band. pagg. 653. 2 Band. pagg. 870.
Leipzig, 1753. 8.
3 Band. pagg. 688. tabb. æneæ 6. 1755.
Friedrich Christian L E S S E R.
Einige kleine schriften, theils zur geschichte der natur,
theils zur physicotheologie gehörig.
Pagg. 197. Leipzig u. Nordhausen, 1754. 8.
Bernhardus Sigfrid A L B I N U S.
Academicarum annotationum
Lib. 1. pagg. 104. tabb. æneæ 7. Leidæ, 1754. 4.
2. pagg. 114. tabb. 7. 1755.
3. pagg. 120. tabb. 7. 1756.
4. pagg. 118. tabb. 7. 1758.
5. pagg. 150. tabb. 2. 1761.
6. pagg. 166. tabb. 4. 1764.
7. pagg. 111. tabb. 3. 1766.
8. pagg. 88. 1768.
Pierre Louis Moreau D E M A U P E R T U I S.
Oeuvres de M. de Maupertuis. Lyon, 1756. 8.
Tome 1. pagg. 309. Tome 2. pagg. 399. Tome 3.
pagg. 468. tab. ænea 1. Tome 4. pagg. 346.
John R A Y.
Select remains of J. Ray, with his life by William Derham, published by George Scott.
Pagg. 336. London, 1760. 8.
TOM. 1. F

Johann August UNZER.
Sammlung kleiner schriften von J. A. Unzer. Physica-
lische.
    Pagg 440.   Rinteln und Leipzig, 1766. · 8.
    Zwote sammlung. Pagg. 410.   1769.
Jean Etienne GUETTARD.
Memoires sur differentes parties des sciences et arts.
    Tome 1. pagg. cxxvj et 439. tabb. æneæ 18.
                            Paris, 1768.   4.
      2. pagg. lxxxv, lxxij et 530.   1770.
      3. pagg. 544. tabb. 71.
      4. pagg. 687. tabb. 115.   1783.
      5. pagg. 446. tabb. 54.
George EDWARDS.
Essays upon natural history, and other miscellaneous sub-
jects.
    Pagg. 231.   London, 1770. 8.
Joannes Fridericus CARTHEUSER.
Dissertationes physico-chymico-medicæ annis nuperis de
    quibusdam materiæ medicæ subjectis exaratæ ac pub-
    lice habitæ, nunc iterum recusæ.
    Pagg. 168.   Francof. ad Viadrum, 1774. 8.
Dissertationes nonnullæ selectiores physico-chymicæ ac
    medicæ varii argumenti, post novam lustrationem ad
    prelum revocatæ. Pagg. 366.   ib. 1775. 8.
Johann Christian Polykarp ERXLEBEN.
Physikalisch-chemische abhandlungen.
    1 Band. pagg. 357.   Leipzig, 1776. 8.
Charles BONNET.
Oeuvres d'histoire naturelle et de philosophie.
    Tome 1. pagg. 574. tabb. æneæ 6.
                    Neuchatel, 1779. 4.
      2. pagg. 524. tabb. 34.
      3. pagg. 579.
      4. 1 partie. pagg. 396.   1781.
         2 partie. pagg. 502.
      5. 1 partie. pagg. 395. tabb. 8.
         2 partie. pagg. 412.
    Reliqua 3 volumina, philosophici argumenti, non
    adsunt.
Torbern BERGMAN.
Opuscula physica et chemica, pleraque antea seorsim edi-
ta, jam ab auctore collecta, revisa et aucta.
    Vol. 1. pagg. 411. tabb. æneæ 2.
              Holmiæ, Upsal. et Aboæ, 1779. 8.

Vol. 2. pagg. 510. tabb. 2.   Upsaliæ, 1780.
   3. pagg. 490. tabb. 3.   1783.
   4. editionis curam, post auctoris mortem, gessit
   Ern. Benj. Gottl. Hebenstreit.
   Pagg. 392.   Lipsiæ, 1787.
   5. pagg. 421. tabb. 6.   1788.
   6. pagg. 214. tabb 2 ; præter indicem. 1790.
Johannes Gotschalk W ALLERIUS.
   Disputationum academicarum fasciculus 1 continens phy-
   sico chemicas et chemico pharmaceuticas emendatas et
   correctas, nec non necessariis observationibus et annotationibus illustratas.
   Pagg. 422.   Holmiæ et Lipsiæ, 1780. 8.
   Fasciculus 2. continens chemico mineralogicas et metal-
   lurgicas.
   Pagg. 367.   1781.
Daines BARRINGTON.
   Miscellanies.
   Pagg. 557. tabb. æneæ 4.   London, 1781.   4.
Peter CAMPERS
   Kleinere schriften die arzneykunst und fürnehmlich die
   naturgeschichte betreffend, aus dem holländischen übersezt, mit vielen neuen zusäzen und vermehrungen des
   verfassers bereichert, und mit einigen anmerkungen
   versehen, herausgegeben voñ I. F. M. Herbell.
         Leipzig, 1782. 8.
   1 Bändchen. pagg. 157. tabb. æneæ 4.
   1 Bandes 2 Stück. pagg. 184. tabb. 6.   1784.
   2 Bandes 1 Stück. pagg. 183. tabb. 4.   1785.
      2 Stück. pagg. 182. tabb. 4.   1787.
   3 Bandes 1 Stück. pagg. 221. tabb. 4.   1788.
      2 Stück. pagg. 183. tabb. 3.   1790.
Johann BECKMANN.
   Beyträge zur geschichte der erfindungen.
   1 Band. pagg. 577.   Leipzig, 1780—82. 8.
   2 Band. pagg. 639.   1784—88.
   3 Band. pagg. 622.   1790—92.
   4 Bandes 1 und 2 Stück. pagg. 313.   1795, 96.
Heinrich SANDERS
   Kleine schriften, nach dessen tode herausgegeben von Ge.
   Fried. Gotz.
   1 Band. pagg. 383.   Dessau u. Leipzig, 1784. 8.
   2 Band. pagg. 326.   1785.
Joannis Andreæ MURRAY
   Opuscula, in quibus commentationes varias, tam medicas,
         F 2

quam ad rem naturalem spectantes, retractavit, emen-
davit, auxit.   Gottingæ, 1785. 8.
Vol. 1. pagg. 392. tabb. æneæ 2.
       2. pagg. 500. tabb. 3.   1786.
Friedrich EHRHART.
Beitrage zur naturkunde, und den damit verwandten
    wissenschaften, besonders der botanik, chemie, haus-
    und land-wirthschaft, arzneigelahrtheit und apotheker-
    kunst.   Hannover u. Osnabrück, 1787. 8.
    1 Band. pagg. 192.
    2 Band. pagg. 182.   1788.
    3 Band. pagg. 183.
    4 Band. pagg. 184.   1789.
    5 Band. pagg. 184.   1790.
    6 Band. pagg. 184.   1791.
    7 Band. pagg. 184.   1792.

71. *Observationes medicæ et historico-naturales.*

Nicolaus TULPIUS.
Observationes medicae.   Amstelredami, 1652. 8.
    Pagg. 403; cum figg. æri incisis.
Thomas BARTHOLINUS.
Historiarum anatomicarum rariorum
    Centuria 1 et 2. pagg. 314.
                              Hagæ Comitum, 1654. 8.
        3 et 4. pagg. 430.   Hafniæ, 1657. 8.
        5 et 6. pagg. 386.   ib. 1661. 8.
            Cum tabulis æneis.
Petrus BORELLUS.
Historiarum et observationum medicophysicarum Centu-
    riæ 4.   Parisiis, 1656. 8.
    Pagg. 384; præter Cattierii observationes medicinales,
        et Borelli vitam Cartesii.
    ————————   Francof. et Lipsiæ, 1676. 8.
    Pagg. 352; præter eosdem, et alios libellos.
Johannes VESLINGIUS.
Observationes anatomicæ, et epistolæ medicæ, ex schedis
    posthumis selectæ et editæ a Th. Bartholino.
    Pagg. 248.   Hafniæ, 1664. 8.
    ——————— Pagg. 248.   Hagæ Comitum, 1740. 8.
Georgius Hieronymus VELSCHIUS.
Hecatosteæ 2 observationum physico-medicarum.
                              Augustæ Vindel. 1675. 4.
    Pagg. 130 et 69; tabb. æneæ 12.

Antonius DE HEIDE.
Centuria observationum medicarum. impr. cum ejus
Anatome Mytuli; p. 49—199.
Amstelodami, 1684. 8.
Johannes Jacobus HARDERUS.
Apiarium observationibus medicis C, ac physicis experi-
mentis plurimis refertum.
Pagg. 376. tabb. æneæ 4. Basileæ, 1687. 4.
Cornelius STALPART VANDER WIEL.
Observationum rariorum medic. anatomic. chirurgica-
rum Centuria prior. Pagg. 516.
Centuriæ posterioris pars prior. Pagg. 568.
Cum tabb. æneis. Leidæ, 1727. 8.
Johann Heinrich LANGE.
Briefe über verschiedene gegenstände der naturgeschichte
und arzneykunst.
Pagg. 192. Lüneburg u. Leipzig, 1775. 8.
Michael Franciscus BUNIVA
Publice disputabat in R. Taurinensi Lyceo 1788 die 7
Maji.
Pagg. 332. Augustæ Taurinorum. 8.

72. *Epistolæ.*

Joannis MANARDI
Epistolarum medicinalium libri 20.
Venetiis, 1542. fol.
Pagg. 407; præter annotationes in Mesue simplicia, de
quibus infra, Parte 2; et annotationes in Mesue com-
posita, non hujus loci.
Ex his epistolis excerptæ Censuræ de quibusdam sim-
plicibus, vide Tom. 3. pag. 70.
Petri Andreæ MATTHIOLI
Epistolarum medicinalium libri 5. Pragæ, 1561. fol.
Pagg. 395; cum figg. ligno incisis.
——— Lugduni, 1564. 8.
Pagg. 652; cum figg. ligno incisis, minoribus.
——— in Operibus ejus, Parte 2. pag. 41—218; cum
figg. ligno incisis.
Conradi GESNERI
Epistolarum medicinalium libri 3, per Casp. Wolphium
in lucem dati. Tiguri, 1577. 4.
Foll. 140; præter Asseverationem. de Aconito primo
Dioscoridis, de qua Tomo 3. pag. 56.

Epistolarum medicinalium liber quartus. (ad Joh. Kent-
mannum ; edidit Sim. Gronenbergius.)
  Plagg. 6¼.   Vitebergæ, 1584. 4.
Epistolæ (plurimæ ad Jo. Bauhinum) a Casp. Bauhino
  nunc primum editæ. impr. cum Jo. Bauhino de plan-
  tis a Divis nomen habentibus ; p. 91—163.
                                      Basileæ, 1591. 8.
Joannis LANGII
  Epistolarum medicinalium volumen tripartitum.
  Pagg 1131.   Francofurdi, 1589. 8.
  ————— Pagg. 1020.   Hanoviæ, 1605. 8.
  Epistola 49. libri 2di, an auri et argenti et gemmarum
  usus in medicina sit salutaris, impr. cum Baccio de
  gemmis ; p 220—231.   Francofurti, 1603. 8.
Laurentii PIGNORII
  Symbolarum epistolicarum liber primus.
                                      Patavii, 1629. 8.
  Pagg. 224 ; cum figg. ligno incisis.
Olai WORMII
  et ad eum doctorum virorum epistolæ. (1610—1654.)
                                      Havniæ, 1751. 8.
  Tom. 1. pagg. 590. Tom. 2. pag. 591—1134.
Thomæ BARTHOLINI
  Epistolarum medicinalium, a doctis vel ad doctos scripta-
  rum
  Centuria 1. pagg. 416. Cent. 2. pag. 417—739.
  Cent. 3. pagg. 442. Cent. 4. pagg. 512.
                                      Hagæ Comitum, 1740. 8.
  (Editio prima prodiit Hafniæ 1663 et 1667.)

● ● ●

Philosophical letters between the late learned Mr. (*John*)
  RAY, and several of his ingenious correspondents, to
  which are added those of *Francis* WILLUGHBY, Esq.;
  published by W. Derham.
  Pagg. 376.   London, 1718. 8.
  Letters of Mr. Ray to Mr. Derham. printed with Ray's
  select remains (vide supra pag. 65.) p. 320—330.

Memorie concernenti la storia naturale, e la medicina,
  tratte dalle lettere inedite di *Giacinto* CESTONI (mort.
  1718) al Cav. Antonio Vallisnieri.
  Opuscoli scelti, Tomo 10. p. 149—172, p. 245—276,
  p. 325—341, et p. 365—379.

Copies of letters written by Dr. *Patrick* BLAIR, and of
letters written to him, 1725—1727.
    Mscr. Foll. 17.   fol.

Joannis Jacobi BAJERI
    Epistolæ ad viros eruditos, eorundemque responsiones,
    (1700—1733) curante filio Ferd. Jac. Bajero.
    Pagg. 242.   Francof. et Lipsiæ, 1760. 4.

Hermanni BOERHAAVE
    Epistolæ ad Joannem Baptistam Bassand. (1714—1738.)
    Pagg. cclxxvi.   Vindobonæ, 1778. 8.

Jodoci Hermanni NUNNINGII et *Johannis Henrici* Co-
HAUSEN
    Commercii litterarii Dissertationes epistolicæ, cum præ-
    fatione epicritica Salentini Ern. Eugen. Cohausen.
    Pagg. 280.   Francof ad Moenum, 1746. 8.
    Tomus 2. pagg. 299; cum tabb. æneis.   1750.

John BARTRAM.
    7 original letters to Dr. John Fothergill, from Aug. 12.
    1769 to Sept. 30. 1771.

*   *   *

    Epistolarum ab eruditis viris ad *Alb.* HALLERUM scrip-
    tarum Pars 1. Latinæ.
    Vol. 1. 1727—1739. pagg. 435.   Bernæ, 1773. 8.
        2. 1740—1748. pagg. 434.
        3. 1749—1755. pagg. 530.   1774.
        4. 1756—1760. pagg. 352. tab. ænea 1.
        5. 1761—1768. pagg. 348. tab. 1.
        6. 1769—1774. Operum Alb. v. Haller catalo-
        gus. Index realis a P. R. Vicat digestus. pagg.
        541. tab. 1.   1775.
    Einiger gelehrter freunde deutsche briefe an den Herrn
    von Haller.
    1 Hundert von 1725 bis 1751.
    Pagg. 323.   ib. 1777. 8.

Carolus A LINNE'.
    Epistolæ ad Dominicum Vandelli, impr. cum hujus Flora
    Lusitanica; p. 73—92.   Conimbricæ, 1788. 4.
    Collectio epistolarum, quas ad viros illustres et clarissi-
    mos (Hallerum, Pennantium, Acad. Scient. Parisinam,
    Thunbergium, Gisekium et E. C. Schulz) scripsit;
    edidit Diet. Henr. Stoever.   Hamburgi, 1792. 8.
    Pagg. 118; præter opuscula pro et contra Linnæum,
    de quibus infra Parte 2.

Charles Bonnet.

Lettres sur divers sujets dihistoire naturelle.
Tome 5me, 2de partie de ses Oeuvres.

Johann Gerhard König.

Auszug eines briefes aus Tranquebar vom 6ten Februar
1771. Beschaft. der Berlin. Ges. Naturf. Fr. 2 Band,
p. 536—541.

Auszug eines schreibens aus Trankebar vom 28 März
1783. Naturforscher, 21 Stück, p. 107—112.

Auszüge merkwurdiger, naturhistorische gegenstände be-
treffender briefe an A. J. Retzius und andere. ibid,
25 Stück, p. 170—188.
26 Stück, p. 166—173.

73. *De variis disciplinis Scriptores miscelli, qui res naturales etiam attingunt.*

Cajus Plinius Secundus.

Naturalis historiæ libri 37.

(Editio Princeps.) Foll. 354.   Venetiis, 1469. fol.
Folium primum libri 2di, et 2dum libri ultimi, recen-
tioris sunt impressionis.

————— (Editio secunda.)   Rome, 1470. fol.
Folia adsunt 373, sed desiderantur duo, ad finem libri
23 et initium libri 24.

————— (Editio tertia.)   Foll. 356.
Venetiis, 1472. fol.

————— (Editio quarta.) Foll. 400.
Rome, 1473. fol.

—————   Parmæ, 1451. fol.
Quaterniones 27, Trierniones 8, et Duernio 1.

—————   Venetiis, 1483. fol.
Quinquerniones 25, et Quaterniones 12.

—————   ib. 1487. fol.
Quinquernio 1, Quaterniones 32, et Triernio 1.

—————   ib. 1491. fol.
Quarterniones 37, et Trierniones 2.

————— ab Alexandro Benedicto emendatiores redditi.
Foll, 280.   ib. 1507. fol.

————— Foll. cclxij.
Lutecie Parrhis. Nic. de Pratis. 1511. fol.

————— Foll. cclxij.
Parisiis, per Nic. de Pratis, 1516. fol.
Editio priori similis, sed diversa.

———— Foll. cclxxiiij.

Lutetiæ, impensis Ber. et Regin. Chalderii, 1516. fol.
———— Venetiis, 1525. fol.

Foll. ccxix; præter Jo. Camertis indicem, quatern. 9.
———— Basileæ, 1530. fol.

Pagg. 671 ; præter indicem ad exemplum Jo. Camertis, quatern. 2, et triern. 12.
———— Parisiis, 1532. fol.

Pagg. 671 ; præter indicem ad exemplum Jo. Camertis, triern. 15, et duern. 1.
———— Basileæ, 1539. fol.

Pagg. 671 ; præter S. Gelenii annotationes, plagg. 13, et indicem ad exemplum J. Camertis, quatern. 2, et triern. 12.
———— ib. 1545. fol.

Pagg. 671; præter S. Gelenii annotationes, plagg. 15, et indicem ut in priori.
———— ib. 1554. fol.

Pagg. 663 ; præter Gelenii annotationes, plagg. 15, et indicem ad exemplum Camertis, triern. 13.
———— a Paulo Manutio emendati.
Venetiis, 1559. fol.

Coll. 976 ; præter Gelenii annotationes, triern. 3, et indicem ad exemplum Camertis, triern. 11.
———— Francofurti ad Moen. 1582. fol.

Pagg 528 ; præter Gelenii annotationes, plagg. 13, et indicem, duern. 23.
———— opera Jac. Dalechampii. ib. 1599. fol.

Pagg. 904; præter Gelenii annotationes, quatern. 3, et indicem, quatern. 1, et triern. 11.
———— ———— Aureliæ Allobrogum 1606. fol.

Pagg. 792 ; præter Gelenii annotationes, triern. 4, et indicem, triern. 14 et duern. 1.
———— ———— accedunt Pauli Cigalini prælectiones duæ. Francofurti, 1608. 8.

Tom 1. pagg. 752. Tom. 2. pagg. 753—1688; præter indicem, plagg. 12.
———— interpretatione et notis illustravit Joannes Harduinus, in usum Delphini; editio altera emendatior et auctiór. Parisiis, 1723. fol.

Tom. 1. pagg. 790. Tom. 2. pagg. 1289.
———— : Historia naturale tradocta di lingua latina in Fiorentina per Christophoro Landino.
Trierniones 34. Venesia, 1501. fol.
———— : L'histoire du monde, enrichie d'annotations, à

quoy a esté adjousté un traité des poix et mesures an-
tiques, le tout mis en francois par Antoine du Pinet.
Lyon, 1566. fol.

1 Tome. pagg. 678; præter indicem, triern. 13.
Tome 2. pagg. 745; index triern. 8, et duern. 1.

———: The historie of the world, commonly called, the
naturall historie of C. Plinius, translated into english
by Philemon Holland. London, 1601. fol.

1 Tome. pagg. 614. index sign. G g g ij—K k k iv.
2 Tome. pagg. 632. index sign. I i i—P p p vi.

——————————— Pagg. totidem. ib. 1635. fol.

A summarie of the antiquities, and wonders of the worlde,
abstracted out of the sixtene first bookes of Plinie, translated oute of French.

Plagg. 8. London, by Henry Denham. 8.

Versio, ni fallor, libri gallici, cui titulus: Sommaire
des singularités de Pline, extrait des 16 premiers livres,
par Pierre de Changy. Paris, 1542. 12. *Seguier bibl.
pag. 147.*

Histoire de la Peinture ancienne, extraite de l'hist. naturelle de Pline liv. 35. avec le texte latin, corrigé sur les
MSS. de Vossius, et sur la 1. ed. de Venise, et eclairci
par des remarques nouvelles (par *Dav.* Durand.)

Pagg. 308. Londres, 1725. fol.

Hermolaus Barbarus.

Castigationes Plinii. (1492.) fol.

Quaterniones 10, trierniones 7, et duernio 1.
Secunda editio castigationum Plinianarum.

Quatern. 3, tern. 1, et duern. 1. (1493.) fol.

——— ——— Pagg. 523. Basileæ, 1534. 4.

Stephanus Aquæus.

In omnes C. Plinii Secundi naturalis historiæ libros com-
mentaria.

Foll. ccclix. Parrisiis, 1530. fol.

Nicolaus Leonicenus.

De Plinii et aliorum medicorum erroribus liber.
Basileæ, 1529. 4.

Pagg. 244; præter opus de Serpentibus, de quo Tom.
2. p. 162.

——— excerpta sub titulo: De falsa quarundam herbarum inscriptione a Plinio. in Brunfelsii Herbarii
Tomo 2. edit. 1531. Append. p. 44—89.

edit. 1536. p. 140—205.

Pandulphus COLLINUTIUS.
Adversus Nic. Leonicenum Pliniomastigen defensio.
ibid. edit. 1531. Append. p. 89—116.
edit. 1536. p. 205—232.
Claudius SALMASIUS.
De Plinio judicium. impr. cum ejus Præfatione in librum
de homonymis; p. 71—110.   Divione, 1668. fol.

Cajus Julius SOLINUS.
Polyhistor. impr. cum sequenti libro. Pagg. 63.
Claudius SALMASIUS.
Plinianæ exercitationes in Solini polyhistora.
Trajecti ad Rhenum, 1689. fol.
Tom. 1. pagg. 625; præter Solinum et prolegomena.
Tom. 2. pag. 625—943; index pagg. 157; præter
Exercitationes de homonymis, de quibus Tomo 3. p.
200.

ATHENÆUS.
Δειπνοσοφιϛων βιβλια πεντεκαιδεκα, græce, cum latina inter-
pretatione Jac. Dalechampii, recensuit Is. Casaubonus.
Pagg. 702.   Apud Hieron. Commelinum, 1598. fol.
Isaacus CASAUBONUS.
Animadversionum in Athenæi Deipnosophistas libri 15.
Pagg 648.   Lugduni, 1600. fol.

ISIDORUS *Hispalensis Episcopus.*
Originum libri 20, variis lectionibus et scholiis illustrati
opera Bonav. Vulcanii.   Basileæ, (1577.) fol.
Coll. 496; præter Veteres grammaticos et Martianum
de nuptiis Philologiæ et Mercurii.
Lib. 12. de animalibus, 16. de mineralibus, 17. de plan-
tis.
ANON.
Kongs-skugg-sio utlögd a daunsku og latinu. Speculum
regale cu n interpretatione danica et latina. udgivet af
Halfdan Einersen.
Pagg. 804.   Soröe, 1768.   4.
VINCENTIUS *Bellovacensis.*
Speculum naturale.   Venetiis, 1494. fol.
Quaterniones 54, Triernio 1.
BARTHOLOMÆUS *Anglicus.*
Opus de rerum proprietatibus.
per Frider. Peypus civem Nuremberg. 1519. fol.
Trierniones 30.

———— Codex membranaceus, exeunte sec. xivto vel ineunte sec. xvto scriptus; anno 1446 emtus a Ja. Angely pro xv ▽ auri. Foll. 267.   fol.

———— anglice; in calce hæc leguntur:

Endlesse grace. blysse. thankyng and praysyng vnto our lorde god Omnipotent be gyuen by whoos ayde and helpe this translacion was endyd at Berkeleye the syxte daye of Feuerer. the yere of our lorde. M.ccc.lxxxxviij. the yere of ye reyne of kynge Rycharde the seconde after the Conqueste of Englonde. xxij. The yere of my lordes aege syre Thomas lorde of Berkeleye that made me to make this Translacion. xlvij.

(London,) Wynken de Worde.   fol.

Vol. 1. quaterniones 24, et trierniones 2. Vol. 2. quaterniones 28, trierniones 8, et duernio 1.

———— ———— Foll. ccclxxxvi.

(London,) Th. Berthelet. xxvii of Henry VIII.   fol.

———— : Batman uppon Bartholome, his booke de proprietatibus rerum, newly corrected, enlarged and amended, with such additions as are requisite, unto every severall booke.

Foll. 426.   ib. 1582.   fol.

Polydorus Vergilius et *Alexander* Sardus.

De rerum inventoribus.   Neomagi, 1671.   12.

Vergilius pagg. 682. Sardus pagg. 63.

Conradus Gesnerus.

Pandectarum sive partitionum universalium libri 21.

Foll. 374.   Tiguri, 1548. fol.

Hieronymus Cardanus.

De subtilitate libri 21.

Pagg. 603.   Basileæ, 1560. fol.

———— addita insuper apologia adversus calumniatorem. Pagg. 1148.   ib. 1582.   8.

Julii Cæsaris Scaligeri

Exotericarum exercitationum liber quintus decimus de subtilitate, ad Hier. Cardanum,

Foll. 476.   Lutetiæ, 1557. 4.

———— Pagg. 1076.   Hanoviæ, 1634. 8.

Thomaso Thomai.

Idea del giardino del mondo.

Pagg. 154.   Bologna, 1586. 4.

Simon Majolus.

Dies caniculares, hoc est colloquia physica nova et admiranda.

Pagg. 1060.   Moguntiæ, 1614. fol.

Guido PANCIROLLUS.

Rerum memorabilium sive deperditarum, Pars prior, commentariis illustrata, et aucta ab Henr. Salmuth.
    Pagg. 349.

Nova reperta sive rerum memorabilium recens inventarum et veteribus incognitarum, Pars posterior, ex italico latine reddita, nec non commentariis illustrata et aucta ab. H. Salmuth. Pagg. 313. Francofurti, 1631. 4.

Olaus BORRICHIUS.

Oratio de deperditis Pancirolli, habita anno 1685. in ejus Dissertation. edit. a Lintrupio, Tóm. 2. p. 97—145.

Thomas BROWN.

Pseudodoxia epidemica, or enquiries into very many received tenents, and commonly presumed truths.
                            London, 1659. fol.
    Pagg. 329; præter Religionem medici.

John WILKINS.

An essay towards a real character, and a philosophical language.   London, 1668. fol.
    Pagg. 454; præter Dictionarium.

Georgii HORNII

Historiæ naturalis et civilis libri 7.
    Pagg. 374.   Lugduni Bat. 1670. 12.

Olaus BORRICHIUS.

Hermetis, Ægyptiorum, et chemicorum sapientia ab Herm. Conringii animadversionibus vindicata.
    Pagg. 448.   Hafniæ, 1674. 4.

Joannes ZAHN.

Specula physico-mathematico-historica notabilium ac mirabilium sciendorum, in qua mundi mirabilis oeconomia proponitur.   Norimbergæ, 1696. fol.
    Tom. 1. pagg. 448. Tom. 2. pagg. 460. Tom. 3. pagg. 248; cum tabb. æneis.

(*Noel Antoine* PLUCHE.)

Le spectacle de la nature.
    1 partie. pagg. 528.   Paris, 1732. 12.
    Tome 2. pagg. 486.   1735.
        3. pagg. 574.   1735.
        4. pagg. 599.   1739.
        5. pagg. 596.   1746.
        6. pagg. 571.   1746.
        7. pagg. 555.   1746.
        8. 1 partie. pagg. 436.   1751.
           2 partie. pagg. 388.
           Cum tabulis æneis.

William Cooper.
Reflections on the intercourse of nations.
Pagg. 63. Eainburgh, 1782. 8.

74. *Physici.*

Naturbüch, vonn nutz, eigenschaft, wunderwirckung unnd
gebrauch aller geschópff, element unnd creaturn, dem
menschen zu gut beschaffen; beschriben, verordnet und
verteutschet durch Conradum Mengenberger.
Franckenfurt am Meyn, 1536. fol.
Foll. lxvi; cum figg. ligno incisis.
Francis Bacon *Lord Verulam Viscount St. Alban.*
Sylva sylvarum, or a naturall historie, published after the
authors death by William Rawley.
Pagg. 266. London, 1627. fol.
——— Ninth edition. ib. 1670. fol.
Pagg. 215; præter History of life and death, Articles of
enquiry, touching metals and minerals, et New Atalantis.
——— : Sylva sylvarum, sive historia naturalis, latio
transscripta a Jac. Grutero. Lugduni Bat. 1648. 16.
Pagg. 612; præter Novum Atlantem.
Daniel Widdowes.
Naturall philosophy, or a description of the world, and of
the severall creatures therein contained.
Pagg. 65. London, 1631. 4.
Athanasius Kircher.
Magnes, sive de arte magnetica opus tripartitum.
Editio secunda. Coloniæ Agripp. 1643. 4.
Pagg. 797; cum figg. ligno incisis.
Mundus subterraneus. Amstelodami, 1668. fol.
Tom. 1. pagg. 346. Tom. 2. pagg. 487; cum tabb.
æneis, et figuris ligno et æri incisis.
——— Editio tertia. ib. 1678. fol.
Tom. 1. pagg. 366. Tom. 2. pagg 507; cum tabb.
æneis, et figg. ligno et æri incisis.
Joachimus Jungius.
Doxoscopiæ physicæ minores, ex recensione et distinctione
M. F. (Fogelii.) Hamburgi, 1662. 4.
Alphab. 3. plagg. 12, et plagg. 16.
Gaspar Schottus.
Physica curiosa, sive mirabilia naturæ et artis.
Editio altera. Herbipoli, 1667. 4.
Pars 1. pagg. 676. tabb. æneæ 22.
2. pagg. 677—1389. tab. 23—57.

Physici.

Antonius LE GRAND.

Historia naturæ, variis experimentis et ratiociniis eluci-
data. Pagg. 416. Londini, 1673. 8.
Franciscus BAYLE.

Dissertationes physicæ.
Pagg. 208. tab. ænea 1. Hagæ Comitis, 1678. 12.
Daniel ACHRELIUS.

Contemplationum mundi libri 3.
Pagg. 370. Aboæ, 1682. 4.
George SINCLAR.

Natural philosophy improven by new experiments.
Pagg. 319; cum tabb. æneis. Edinburgh, 1683. 4.
Haraldo VALLERIO

Præside, Dissertatio de phænomenis historiæ naturalis.
Resp. Mart. Brytzenius.
Pagg. 55. Upsaliæ, 1700. 8.
(BOUGEANT. Hall. bibl. bot. 2. p. 160.)

Observations curieuses sur toutes les parties de la phy-
sique, extraites et recueilles des meilleurs memoires.
Pagg. 507. Paris, 1719. 12.
(Tome 2.) Pagg. 541. 1726.
Tome 3. pagg. 586. 1730.
Ludwig Philipp THÜMMIG.

Versuch einer gründlichen erläuterung der merckwürdigsten begebenheiten in der natur.
1—3 Stuck. pagg. 270. Halle, 1723. 8.
ANON.

La science naturelle, ou explication des differens effets de
la nature terrestre et celeste.
Pagg. 460. Paris, 1724. 12.
Joannes Melchior VERDRIES.

Physica sive in naturæ scientiam introductio.
Pagg. 560. Gissæ, 1728. 4.
COLONNE.

Histoire naturelle de l'univers. Paris, 1734. 12.
Tome 1. pagg. 404. Tome 2. pagg. 522. Tom. 3.
pagg. 396. Tom. 4. pagg. 418: cum tabb. æneis.
Johann Friedrich CARTHEUSER.

Amoenitatum naturæ sive historiæ naturalis Pars 1. gene-
ralior, oder der abhandlung aller merckwürdigkeiten der
natur 1 Theil.
Pagg. 424. Halle, 1735. 4.
Michael Christoph HANOW.

Erläuterte merkwürdigkeiten der natur.
Pagg. 416. Danzig, 1737. 4.

Joannes David HAHN.
Sermo academicus de Scientia naturali ab observationum
et experimentorum sordibus repurganda.
Pagg. 53. Trajecti ad Rhen. 1753. 4.
LAMBERT.
Bibliotheque de physique et d'histoire naturelle.
Paris, 1758. 12.
Tome 1. 1·partie. pagg. 420. 2 partie. pagg. 320. Tome
2. pagg. 394. Tome 3. pagg. 415. Tome 4. pagg.
432.
ANON.
The young Lady's introduction to natural history.
Pagg. 287. London, 1766. 12.
Charles BONNET.
Contemplation de la nature.
Seconde edition. Amsterdam, 1769. 8.
Tome 1. pagg. 244. Tome 2. pagg. 301.
————— Tome 4me de ses Oeuvres.
Torbern BERGMAN.
Physisk beskrifning öfver jordklotet. Andra uplagan.
Förra bandet. pagg. 470. tabb. æneæ 3.
Upsala, 1773. 8.
Senare bandet. pagg. 535. tabb. 4. 1774.
HAÜY.
Observations sur le cinquieme chapitre de la geographie
physique de T. Bergman, insere dans les Nos. 15 et 16
de ce Journal. (Fasciculi hi desiderantur.)
Journal des Mines, an 4. Prairial, p. 21—32.
Johann Jacob EBERT.
Naturlehre für die jugend.
1 Band. pagg. 384. tabb. æneæ color. 22.
Leipzig, 1776. 8.
2 Band. pagg. 342. tab. 23—34. 1777.
3 Band. pagg. 368. tab. 35—49. 1778.
J. DE VRIES.
Natuurkundige en ophelderende aanmerkingen over J. F.
Martinet's katechismus der natuur.
1 Deel. pagg. 188. 2 Deel. pagg. 198.
Amsterdam, 1778. 8.
3 Deel. pagg. 200. 4 Deel. pagg. 192. 1779.
Giovanni TARGIONI TOZZETTI.
Atti e memorie inedite dell' Accademia del Cimento, e
notizie aneddote dei progressi delle scienze in Toscana. Firenze, 1780. 4.

Tomo 1. pagg. 531. Tomo 2. parte 1. pagg. 376. parte 2. pag. 377—800. tabb. æneæ 11. Tomo 3. pagg. 422.
Est historia scientiarum physicarum in Etruria, cui appendicis loco adjecta sunt, inter alia, acta Academiæ del Cimento dictæ.

Christian Gottlieb ATZE.
Naturlehre für frauenzimmer.
Pagg. 560.   Bresslau u. Leipzig, 1781. 8.

75. *Itineraria et Topographiæ.*

Carolus Linnæus.
Oratio qua peregrinationum intra patriam asseritur necessitas. Pagg. 18. Upsaliæ, 1741. 4.
————— Lugduni Bat. 1743. 8.
Pagg. 28; præter elenchum animalium Sveciæ, Browallii
examen epicriseos Siegesbeckianæ, et Joh. Gesneri Dissertationes.
————— Amoenit. Acad. Vol. 2. ed. 1. p. 408—429.
ed. 2. p. 378—401.
ed. 3. p. 408—429.
————— Select. ex Amoenitat. Academ. Dissertat. p.
233—259.
————— Fundam botan. edit. a Gilibert, Tom. 2. p. 713
—732.
—————: An oration concerning the necessity of tra-
velling in one's own country, translated by Stillingfleet,
in his Miscellaneous tracts, 1st edition, p. 1—30.
2d edition, p. 1—35.
Dissertatio: Instructio peregrinatoris. Resp. Er. And.
Nordblad. Pagg. 15. Upsaliæ, 1759. 4.
————— Amoenitat. Academ. Vol. 5. p. 298—313.
Andreas Sparrman.
Tal om den tilvàxt och nytta, som vetenskaperne i all-
manhet, särdeles natural-historien, redan vunnit och
ytterligare kunna vinna, genom undersökningar i Sö-
der-hafvet.
Pagg. 39. Stockholm, 1778. 8.
Besson.
Observations sur les moyens de rendre utiles les voyages
des naturalistes.
Journal d Hist. Nat. Tome 2. p. 185—210.

76. *Bibliothecæ itinerariæ.*

White Kennett.
Bibliothecæ Americanæ primordia. An attempt towards
laying the foundation of an American library, in several
books, papers, and writings, humbly given to the So-
ciety for propagation of the Gospel in foreign parts.
London, 1713. 4.
Pagg. 275. Index C c c c—L 11111.
(Itinera in Asiam, Africam et Americam, præter alia.)

Georg Friederich Casimir SCHAD.
Litteratur der Reisen.
   1 Bandes 1 Heft. pagg. 72 et 23. Nürnberg, 1784.   8.
Gottlieb Heinrich STUCK.
Verzeichnis von ältern und neuern Land-und Reisebe-
schreibungen. Pagg. 504.   Halle, 1784.   8.

77. *Collectiones et Historiæ Itinerum.*

Simon GRYNÆUS.
Novus orbus regionum ac insularum veteribus incogni-
tarum. Pagg. 586.   Basileæ, 1532.   fol.
Gio. Battista RAMUSIO.
Navigationi et viaggi raccolte da G. B. Ramusio.
   Vol. 1. foll. 394. 5ta impressione. Venetia, 1613.   fol.
   Vol. 2. foll. 18, 256 et 90. nuova editione.   1583.
   Vol. 3. foll. 430. di nuovo stamp.   1606.
Theodorus de BRY, et filii, *Joannes Theodorus,* et *Joannes
Israel de* BRY.
   Americæ Partes 13.   Francofurti, 1590—1634.   fol.
   Indiæ Orientalis Partes 12.   ib. 1598—1628.   fol.
   Collectionem hanc, cujus exempla integra rarissima
   sunt, accurate descripsit De Bure in Bibliotheque in-
   structive. In nostro exemplo desiderantur tantum Elen-
   chus itinerum in Americæ partibus contentorum, mappa
   Oceani indici in 1oma parte Americæ, et mappa Novæ
   Zemblæ in parte 3tia Indiæ Orientalis. Ex descriptione
   Burei, genuinæ editionis sunt partes omnes, præter tabu-
   las 4tæ, et textum 5tæ partis Americæ.
Richard HAKLUYT.
   The principal navigations, voyages, traffiques and dis-
   coveries of the English nation, made by sea or overland.
   Vol. 1. pagg. 620.   London, 1599.   fol.
   Vol. 2. Part 1. pagg. 312. Part 2. pagg. 204.
   Vol. 3. pagg. 868.   1600.
John Huighen VAN LINSCHOTEN.
   Discours of voyages into the Easte and West Indies.
                           London, 1598.   fol.
   Pagg. 462; cum mappis geographicis plurimis.
   Pars 1, quæ itinera auctoris continet, latine adest in
   India Orientali de Bry, in parte 2da integra, et 3tia,
   p. 1—54. In parte 4ta, p. 1—90 descriptiones anima-
   lium, arborum, &c. quæ in versione anglica capite 45to
   ad 91mum traduntur.
                   G 2

Samuel PURCHAS
His Pilgrimes.   London, 1625. fol.
    1 Part. pagg. 748. 2 Part. pag. 749—1860. 3 Part.
    pagg. 1140. 4 Part. pag. 1141—1973.
ANON.
    Relations veritables et curieuses de l'isle de Madagascar
    et du Bresil, avec l'histoire de la derniere guerre fait au
    Bresil, trois relations d'Egypte, et une du Royaume de
    Perse.   Paris, 1651. 4.
    Pagg. 307, 212 et 158. tabb. æneæ 2.
THEVENOT.
    Relations de divers voyages curieux.
    1 Partie. pagg. xxv, 52, 26, 17—40, 12, 80, 30, 24,
        35, 56 et 9.   Paris, 1663. fol.
    2 Partie. pagg. 20, 60, 128, 40, 16, 48, 4 et 30.
                                                          1664.
    Cum tabulis æneis. Tres reliquæ partes desiderantur.
ANON.
    Een kort beskriffning uppå trenne resor och peregrina-
        tioner. Pagg. 257.   Wisingsborgh, 1667. 4.
    Recueil de divers voyages faits en Afrique et en l'Ame-
        rique.   Paris, 1684. 4.
    Pagg. 262, 35, 23, 49 et 81 ; cum mappis geographi-
    cis, et aliis quibusdam tabb. æneis.
    A collection of curious travels and voyages, in two tomes.
                                           London, 1693. 8.
    1 Tome. pagg. 396. 2 Tome. pagg. 186; præter
    Raji catalogos stirpium Orientalium, de quibus Tomo
    3. p. 174.
    ———— the second edition, published with Ray's Tra-
    vels, under the title of the 2d volume.   ib. 1738. 8.
    Pagg. 489; præter catalogos stirpium Orientalium.
    An account of several late voyages and discoveries to the
        south and north.   London, 1694. 8.
    Pagg. 196 et 207; cum tabb. æneis.
Adami OLEARII
    Colligirte und viel vermehrte reise-beschreibungen.
                                            Hamburg, 1696. fol.
    Pagg. 403, 76, 174, 175, 112, 119 et 120 ; cum tabb.
    æneis et figg. æri incisis.
DU PERIER.
    Histoire universelle des voyages faits par mer et par terre
    dans l'ancien et dans le nouveau monde.
    Pagg 458 ; cum tabb. æneis. Amsterdam, 1708. 12-

————: A general history of all voyages and travels throughout the old and new world ; made English from the Paris edition.   London, 1708. 8.
Pagg. 364; cum tabb. æneis.

ANON.
A collection of voyages, in 4 volumes.
                                London, 1729. 8.
Vol. 1. pagg. 550. Vol. 2. pagg. 184, 132 et 112.
Vol. 3. pagg. 463. Vol. 4. pagg. 208 et 175; cum mappis geographicis, aliisque tabb. æneis pluribus.

Voyages faits principalement en Asie dans les 12, 13, 14, et 15 siecles, accompagnes de l'histoire des Sarasins et des Tartares, et precedez d'une introduction concernant les voyages et les nouvelles decouvertes des principaux voyageurs, par *Pierre* BERGERON.
Tomes 2.   La Haye, 1735. 4.
Coll. 161, 67, 82, 161, 136, 69, 38, 185, 96, 26 et 62 ; cum tabb. æneis.

John HARRIS.
Navigantium atque itinerantium bibliotheca, or a complete collection of voyages and travels; now revised, with large additions.
Vol 1. pagg. 984. tabb. æn. 27. London, 1744. fol.
Vol. 2. pagg. 1056. tabb. 34.   1748.

ANON.
A collection of voyages and travels, some now first printed from original manuscripts, others now first published in english. (CHURCHILL's collection.) Third edition.
Vol. 1. pagg. 668.   London, 1744. fol.
     2. pagg. 743.
     3. pagg. 793.   1745.
     4. pagg. 780.
     5. pagg. 708.   1746.
     6. pagg. 824.
     Cum tabb. æneis.

A collection of voyages and travels, compiled from the curious and valuable library of the late Earl of Oxford.
                                London, 1745. fol.
Vol. 1. pagg. 873. Vol. 2. pagg. 931; cum tabb. æneis.

(DE BROSSE.)
Histoire des navigations aux terres australes.
                                Paris, 1756. 4.
Tome 1. pagg. 463. Tome 2. pagg. 513. mappæ geographicæ, æri incisæ 7.

ANON.

New discoveries concerning the world and its inhabitants.
Pagg. 408. tabb. æneæ 3.　　　London, 1778. 8.

78. *Itineraria et Topographiæ variarum Orbis*
partium.

Samuel BRUNO.

Navigationes quinque. Appendix regni Congo in Col-
lectione itinerum de Bry.　　　Francofurti, 1625. fol.
Pagg. 86; cum figg. æri incisis.

Cesar Egasse DE LA BOULLAYE-LE-GOUZ.

Voyages et Observations en Europe, Asie, et Afrique.
　　　　　　　　　　　　　Paris, 1653. 4.
Pagg. 495; cum figg. ligno incisis. Deest titulus in
nostro exemplo.

(PLEYER. Hall. bibl. bot. 1. p. 490.)

Artificiosa hominum, miranda naturæ, in Sina et Europa.
Pagg. 1505.　　　　　Francof. ad Moen. 1655. 12.

DE MONCONYS.

Journal de ses voyages, publié par le Sieur de Liergues
son fils.
1 Partie. pagg. 491.　　　　　Lyon, 1665. 4.
2 Partie. pagg. 503.　　　　　　　　1666.
3 Partie. pagg. 60; præter epistolas, poemata, et alia
non hujus loci; cum tabb. æneis.

Nils Matson KIÖPING.

En reesa genom Asia, Africa och många andra hedniska
konungarijken, sampt öijar. i Beskrifning uppå trenne
resor, p. 1—136.　　　　Wisingsborgh, 1667. 4.

John OGILBY.

Africa, being an accurate description of the regions of
Ægypt, Barbary, Lybia, and Billedulgerid, the land of
Negroes, Guinee, Æthiopia, and the Abyssines, with
all the adjacent islands.
Pagg. 767.　　　　　　　London, 1670. fol.
America, being the latest and most accurate description
of the new world.
Pagg. 674.　　　　　　　　　　ib. 1671. fol.
Asia, the first part, being an accurate description of Persia,
the vast empire of the Great Mogol, and other parts of
India.
Pagg. 253.　　　　　　　　　ib. 1673. fol.
Cum tabb. æneis, et figg. æri incisis.

A<small>NON</small>.
Viridarium Adriaticum, oder der um den Venetianischen
golfo florierende lust-garten.
Pagg. 110; cum tabb. æneis.   Augsburg, 1686. 8.
Artedi, et ex eo Gronovius, in Bibliothecis, hunc li-
brum Thomæ Assaler vel Asseler perperam tribuunt,
est enim Typographi nomen, quod rectius Astaler.
Cyaneæ, oder die am Bosphoro Thracico ligende hohe
stein-klippen, von welchen zu sehen seyn Propontis und
Pontus Euxinus, mit denenselben umbligenden ländern.
Pagg. 74; cum tabb. æneis.   ibid. 1687. 8.
C. B<small>IRON</small>.
Curiositez de la nature et de l'art, aportées dans deux
voyages, l'un aux Indes d'Occident en 1698 et 1699, et
l'autre aux Indes d'Orient en 1701 et 1702, avec une
relation abregée de ces deux voyages.
Pagg. 282; cum tabb. æneis.   Paris, 1703. 12.
François L<small>EGUAT</small>.
Voyage et avantures de Fr. Leguat et de ses campagnons.
                    Londres, 1720. 12.
Tome 1. pagg. 164. Tome 2. pagg. 180; cum tabb.
æneis.
(*Pierre* P<small>OIVRE</small>.)
Voyages d'un philosophe, ou observations sur les moeurs
et les arts des peuples de l'Afrique, de l'Asie et de
l'Amerique.
Pagg. 142.   Yverdon, 1768. 12.
———— Pagg. 151.   Maestricht, 1779. 12.
Thomas P<small>ENNANT</small>.
Of the Arctic world: introduction to his Arctic Zoology.
Pagg. cc. tab. 1—6.   London, 1784. 4.
————: Le Nord du Globe, ou tableau de la nature
dans les contrees septentrionales.   Paris, 1789. 8.
Tome 1. pagg. 376. tab. ænea 1. Tome 2. pagg. 375.
tab. 1.
Carl Peter T<small>HUNBERG</small>.
Resa uti Europa, Africa, Asia, förrättad åren 1770—1779.
1 Delen. pagg. 389. tabb. æneæ 2. Upsala, 1788. 8.
2 Delen. pagg. 384. tabb. 4.   1789.
3 Delen. pagg. 414.   1791.
4 Delen. pagg. 341. tabb. 4.   1793.
————: Travels in Europe, Africa, and Asia.
Vol. 1. pagg. 317. tabb. æneæ 2. Vol. 2. pagg. 316.
tabb. 4. Vol. 3. pagg. 285 et 31. London, (1794.) 8.
Vol. 4. pagg. 293. tabb. 4.   1795.

79. *Circumnavigationes.*

Massimiliano TRANSILVANO.

Epistola scritta al Sign. Cardinal Salzburgense, della ammirabile et stupenda navigatione fatta per li Spagnuoli lo anno 1519. attorno il mondo.

Viaggi raccolte da Ramusio, Vol. 1. fol. 346 verso— 352.

Antonio PIGAFETTA.

Viaggio atorno il mondo, (1519—1522) tradotto di lingua Francese. ibid. fol. 352 verso—370.

Olevier A NOORT.

Descriptio navigationis, quam per fretum Magellanicum confecit, qui triennii spatio (1598—1601) velis universum terræ globum obivit, e Germanico latinitate donata, Additamentum 9næ partis Americæ de Bry.

Pagg. 100.   Francofurti, 1602. fol.

William DAMPIER.

A new voyage round the world.

Pagg. 550; cum tabb. æneis.   London, 1697. 8.

———— the first volume of a Collection of voyages in 4 Vols.

Pagg. et tabb. totidem.   ib. 1729. 8.

A supplement to the voyage round the world. in the 2d volume of the same collection. Pagg. 184.

William FUNNELL.

A voyage round the world, being an account of W. Dampier's expedition into the South Seas (1703—1706.) in the 4th vol. of the same collection.

Pagg. 208; cum tabb. æneis.

Edward COOKE.

A voyage to the South Sea and round the world, performed the years 1708—1711.   London, 1712. 8.

Vol. 1. pagg. 456. Vol. 2. pagg. 328; cum tabb. æneis.

George SHELVOCKE.

A voyage round the world by the way of the great South Sea, performed in the years 1719—1722.

Pagg. 468; cum tabb. æneis.   London, 1726. 8.

Richard WALTER.

A voyage round the world in the years 1740—44 by George Anson.

2d edition.   London, 1748. 8.

Pagg. 548. mappæ geogr. æri incisæ 3.

——— 9th edition. ib. 1756. 4.
Pagg. 417. tabb. æneæ 42.
ANON.
Viage del Comandante Byron al rededor del mundo, tra-
ducido del Ingles, con notas por Don Cas. de Ortega.
Segunda edicion. Madrid, 1769. 4.
Pagg. 176. tabb. æneæ 2; præter historiam itineris
Ferd. Magellan.
Louis DE BOUGAINVILLE.
Voyage autour du monde, en 1766—1769.
Pagg. 417. tabb. æneæ 19. Paris, 1771. 4.
——— : A voyage round the world, translated by J.
R. Forster.
Pagg. 476. tabb. æneæ 6. London, 1772. 4.
Sydney PARKINSON.
A journal of a voyage to the South Seas, in his Majesty's
ship, the Endeavour.
Pagg. 212. tabb. æneæ 27. London, 1773. 4.
John FOTHERGILL.
Explanatory remarks on the preface to Sydney Parkinson's
journal of a voyage to the South-Seas. Pagg. 22. 4.
John HAWKESWORTH.
An account of the voyages undertaken by the order of his
present Majesty for making discoveries in the Southern
hemisphere, and successively performed by Commodore
Byron, Capt. Wallis, Capt. Carteret, and Capt. Cook,
in the Dolphin, the Swallow, and the Endeavour.
London, 1773. 4.
Vol. 1. pagg. 676. Vol. 2. pagg. 410. Vol. 3. pag.
411—799. tabb. æneæ 23; præter mappas geogr. æri
incisas.
DE FREVILLE.
Berättelse om de nya uptäckter, som blifvit gjorde i Sö-
derhafvet, åren 1767—1770, öfversatt ifrån Fransyska.
Upsala, 1776. 8.
1 Delen. pagg. 308. 2 Delen. pagg. 330. mappa geogr.
æri incisa 1.
James COOK.
A voyage towards the South Pole, and round the world,
performed in his Majesty's ships the Resolution and
Adventure, in the years 1772—1775, in which is inclu-
ded Captain Furneaux's narrative of his proceedings in
the Adventure, during the separation of the Ships.
London, 1777. 4.
Vol. 1. pagg. 378. Vol. 2. pagg. 396. tabb. æneæ 62.

————: Voyage dans l'hemisphere austral, et autour
du monde, dans lequel on a inseré la relation du Capi-
taine Furneaux, et celle de MM. Forster.
Paris, 1778.   4.

Tome 1. pagg. 458. tabb. æneæ 17. Tome 2. pagg.
432. tab. 18—37. Tome 3. pagg. 374. tab. 38—58.
Tome 4. pagg. 413. tab. 59—65. Tomum 5, vide mox
infra.

————: Sammandrag af Cap. J. Cooks åren 1772—
1775 omkring Södra Polen förrättade resa, hvarvid Her-
rar Forsters och Furneaux journaler blifvit jamförde
och nyttiade.

Pagg. 366.   Upsala, 1783.   8.

George FORSTER.

A voyage round the world, in his Britannic Majesty's sloop,
Resolution, commanded by Capt. James Cook, during
the years 1772—1775.   London, 1777.   4.
Vol. 1. pagg. 602. mappa geogr. æri incisa 1. Vol. 2.
pagg. 607.

————: Reise um die Welt, aus dem Englischen übersezt vom Verfasser, mit zusäzen für den deutschen leser
vermehrt.   ◦Berlin, 1778.   4.
1 Band. pagg. 451. tabb. æneæ 8. 2 Band. pagg. 467.
tab.9—12.

William WALES.

Remarks on Mr. Forster's account of Capt. Cook's last
voyage round the world.
Pagg. 110.   London, 1778.   8.

George FORSTER.

Reply to Mr. Wales's remarks.
Pagg. 53.   ib. 1778.   4.

John Reinold FORSTER.

Observations made during a voyage round the world, on
physical geography, natural history, and ethic philosophy. Pagg. 649.   London, 1778.   4.
————: Observations faites, pendant le second voyage
de M. Cook, dans l'hemisphere austral, et autour du
monde, sur la geographie, l'histoire naturelle, et la
philosophie morale. Tome 5me du Voyage de Cook.
Pagg. 510.   Paris, 1778.   4.

DE PAGE'S.

Voyages autour du monde, et vers les deux poles, par terre
et par mer, pendant les années 1767—1776.
Paris, 1782.   8.
Tome 1. pagg. 432. Tome 2. pagg. 272. tabb. æneæ 9.

(Rochon.)
Nouveau voyage à la mer du sud, commencé sous les
ordres de M. Marion, et achevé, après la mort de cet
officier, sous ceux de M. le Chev. Duclesmeur, redigé
d'après les plans et journeaux de M. Crozet.
Pagg. 290. tabb. æneæ 7.   Paris, 1783. 8.
W. Ellis.
Narrative of a voyage performed by Capt. Cook and Capt.
Clerke, in his Majesty's ships Resolution and Discovery,
during the years 1776—1780.   London, 1782. 8.
Vol. 1. pagg. 358. tabb æneæ 9. Vol. 2. pagg. 347.
tabb. 13.
James Cook and *James* King.
A voyage to the pacific Ocean, undertaken, by the command of his Majesty, for making discoveries in the north-
ern hemisphere, to determine the position and extent of
the west side of North America, its distance from Asia,
and the practicability of a northern passage to Europe;
performed under the direction of Captains Cook, Clerke
and Gore, in his Majesty's ships the Resolution and
Discovery, in the years 1776—1780.
London, 1784. 4.
Vol. 1. pagg. xcvi et 421. Vol. 2. pagg. 549. Vol. 3.
pagg. 558. tabb. æneæ 87.
——— Second edition.   ib. 1785. 4.
Vol. 1. pagg. xcvi et 421. Vol. 2. pagg. 548. Vol. 3.
pagg. 564. tabb. eædem.
——— : Troisieme voyage de Cook.
Paris, 1785. 4.
Tome 1. pagg. 437. tabb. æneæ 21. Tome 2. pagg.
422. tab. 22—35. Tome 3. pagg. 488. tab. 36—62.
Tome 4. pagg. 552. tab. 63—81.
——— : Dritte entdeckungs reise, übersezt von Georg
Forster, mit zusäzen für den deutschen leser, ingleichen
mit einer einleitung des übersezers. Berlin, 1787. 4.
1 Band. pagg. 114 et 504. 2 Band. pagg. 532; cum
tabb. æneis.

80. *Itinera per varias Europæ regiones.*

Edward Brown.
A brief account of some travels in Hungaria, Servia, Bul-
garia, Macedonia, Thessaly, Austria, Styria, Carinthia,
Carniola and Friuli.
Pagg. 144. tabb. æneæ 3.   London, 1673. 4.

John RAY.

Observations topographical, moral, and physiological;
made in a journey through part of the Low-Countries,
Germany, Italy, and France.   London, 1673. 8.
Pagg. 465 : cum tabb. æneis; præter iter hispanicum
Willughbei, et Raji catalogum stirpium in exteris re-
gionibus.

————— 2d edition.   ib. 1738. 8.
Pagg. 399; cum tabb. æneis; præter additamenta eadem
ac in priori editione. Huic addita est, nomine voluminis secundi, collectio itinerum in Orientem, de qua supra pag. 84.

Maximilien MISSON.

Nouveau voyage d'Italie.   (par la Hollande et l'Allemagne.)
Seconde edition.   la Haye, 1694. 12.
Tome 1. pagg. 348. Tome 2. pagg. 352; cum tabb.
æneis plurimis.

————— : A new voyage to Italy.
The fourth edition.   London, 1714. 8.
Vol. 1. part 1. pagg. 346. Part 2. pag. 349—712.
Vol. 2. part 1. pagg. 378. Part 2. pag. 379—731;
cum tabb. æneis.

Jacobus TOLLIUS.

Epistolæ itinerariæ, ex auctoris schedis postumis recen-
sitæ, suppletæ, digestæ; annotationibus et figuris ador-
natæ, studio Henr. Chr. Henninii.
Pagg. 260; cum tabb. æneis. Amstelædami, 1700. 4.

William OLIVER.

Remarks in a late journey into Denmark and Holland.
Philosoph. Transact. Vol. 23. n. 285. p. 1400—1410.

Christianus Henricus ERNDL.

De itinere suo Anglicano et Batavo annis 1706 et 1707
facto, relatio ad amicum.
Pagg. 149.   Amstelodami, 1711. 8.

Jean BERNOULLI.

Lettres sur differens sujets, ecrites pendant le cours d'un
voyage par l'Allemagne, la Suisse, la France meridio-
nale et l'Italie, en 1774 et 1775.
Tome 1. pagg. 280.   Berlin, 1777. 8.
Tome 2. pagg. 263.   1777.
Tome 3. pagg. 222.   1779.

Angelo GUALANDRIS.

Lettre odeporiche.
Pagg. 373. tabb. æneæ 4.   Venezia, 1780. 8.

(*Jean Marie* ROLAND *de la Platiere.*)
Lettres ecrites de Suisse, d'Italie, de Sicile, et de Malthe.
Amsterdam, 1780. 12.
Tome 1. pagg. 454. Tome 2. pagg. 509. Tome 3.
pagg. 536. Tome 4. pagg. 418. Tome 5. pagg. 550.
Tome 6. pagg. 514.
Benedikt Franz HERMANN.
Abriss der physikalischen beschaffenheit der Oesterrei-
chischen staaten.
Pagg. 374. St. Petersburg u. Leipzig, 1782. 8.
Johann Philipp VON CAROSI.
Reisen durch verschiedene Polnische provinzen.
Leipzig, 1781. 8.
1 Theil. pagg. 264. tabb. æneæ 6.
2 Theil. pagg. 298. tabb. 4. 1784.
Balthasar HACQUET.
Physikalisch-politische reise aus den Dinarischen, durch
die Julischen, Carnischen, Rhätischen in die Norischen
Alpen. Leipzig, 1785. 8.
1 Theil. pagg. 156. tabb. æneæ 6. 2 Theil. pagg.
220. tab. 7—12.
Neueste physikalisch-politische reisen, in den jahren 1788
—1795 durch die Dacischen und Sarmatischen oder
nördlichen Karpathen. Nürnberg, 1790. 8.
1 Theil. pagg. 206. tabb. æn. color. 7.
2 Theil. pagg. 249. tabb. 6. 1791.
3 Theil. pagg. 247. tabb. 7. 1794.
4 Theil. pagg. 254. tabb. 6. 1796.
William COXE.
Travels into Poland, Russia, Sweden, and Denmark.
Fourth edition. London, 1792. 8.
Vol. 1. pagg. 455. tabb. æneæ 6. Vol. 2. pagg. 536.
tabb. 6. Vol. 3. pagg. 524. tabb. 6. Vol. 4. pagg.
429. tabb. 8. Vol. 5. pagg. 360. tabb. 6.
Albanis BEAUMONT.
Travels through the Rhætian Alps in the year 1786, from
Italy to Germany, through Tyrol.
Pagg. 82. tabb. æneæ 11. London, 1792. fol.
James Edward SMITH.
Sketch of a tour on the Continent, in the years 1786 and
1787. London, 1793. 8.
Vol. 1. pagg. 356. Vol. 2. pagg. 423. Vol. 3. pagg.
361.

81. *Itineraria et Topographiæ Magnæ Britanniæ.*

William CAMDEN.

Britannia, or a chorographical description of England,
Scotland and Ireland, translated from the edition pub-
lished by the Author in 1607 ; enlarged by Richard
Gough.   London, 1789. fol.
Vol. 1. pagg. cxlix et 351. Vol. 2. pagg. 598. Vol.
3. pagg. 760; cum tabb. æneis.

ANON.

Memoires et observations faites par un voyageur en Angleterre.
Pagg. 422 ; cum tabb. æneis.   La Haye, 1698.   12.

John RAY.

Itineraries. in his Select remains, published by Ge. Scott,
pag. 103—319.

Johann Christian FABRICIUS.

Mineralogische und technologische bemerkungen, auf einer
reise durch verschiedene provinzen in England und
Schottland ; mit anmerkungen und zusäzen von J. J.
Ferber. in hujus Beyträge zur mineralgeschichte ver-
schiedener länder, 1 Band, p. 399—462.
Briefe aus London vermischten inhalts.
Pagg. 348.   Dessau und Leipzig, 1784.   8.

B. FAUJAS-SAINT-FOND.

Voyage en Angleterre, en Ecosse, et aux îles Hebrides.
Paris, 1797.   4.
Tome 1. pagg. 430. tabb. æneæ 3.   Tome 2. pagg.
434. tab. 4ta.

———

ANON.

Rural beauties, or, the natural history of the four western
counties, viz. Cornwall, Devonshire, Dorsetshire, and
Somersetshire, by Theophilus Botanista.
Pagg. 314.   London, 1757.   12.

William George MATON.

Observations relative chiefly to the natural history, pic-
turesque scenery, and antiquities, of the western counties of England, made in the years 1794 and 1796.
Salisbury, 1797.   8.
Vol. 1. pagg. 336. tabb. æneæ 8. Vol. 2. pagg. 216;
tabb. 9.

———

Robert HEATH.

A natural and historical account of the islands of *Scilly*, and a general account of Cornwall.

Pagg. 456. tabb. æneæ 2.   London, 1750. 8.

William BORLASE.

Observations on the ancient and present state of the islands of Scilly.   Oxford, 1756. 4.

Pagg 140. tabb. æneæ 5, quarum 2da in textu impressa.

The natural history of *Cornwall.*

Pagg. 326. tabb. æneæ 29.   ib. 1758. fol.

John HUTCHINS.

The history and antiquities of the county of *Dorset*, interspersed with some remarkable particulars of natural history.   London, 1774. fol.

Vol. 1. pagg. 618. Vol. 2. pagg. 528 et 61 ; cum tabb. æneis multis.

John COLLINSON.

The history and antiquities of the County of *Somerset.*
                                            Bath, 1791. 4

Vol. 1. pagg. lij, 45 et 277. Vol. 2. pagg. 508. Vol. 3. pagg. 648. tabb. æneæ 42.

Gilbert WHITE.

The natural history and antiquities of *Selborne*, in the county of Southampton.

Pagg. 468. tabb. æneæ 9.   London, 1789. 4.

Edward HASTED.

The history and topographical survey of the county of *Kent.*

Vol. 1. pagg. cli, 580 et 42. tabb. æneæ 40.
                                     Canterbury, 1778. fol.

Vol. 2. pagg. 817 et 72. tabb. 43.   1782.

Vol. 3. pagg. 765 et 51. tabb. 40.   1790.

* * *

The history and antiquities of *Harwich* and Dover-court, in the county of Essex, by *Silas* TAYLOR ; to which is added a large appendix, containing the natural history of the sea-coast and country about Harwich, by *Samuel* DALE. The second edition.   London, 1732. 4.

Pagg. 464. tabb. æneæ 14.

Sir John CULLUM, *Bart.*

The history and antiquities of *Hawsted*, in the county of Suffolk.   London, 1784. 4.

Pagg. 247. tabb. æneæ 4. Pag. 1—7. de historia naturali Hawsted, et p. 229—234. Hardwick.

In Vol. 5to Bibliothecæ Topographicæ Brltannicæ.

Robert PLOT.
  The natural history of *Oxford-shire.*
    The second edition.   Oxford, 1705. fol.
  Pagg. 366. tabb. æneæ 16.
T. NASH.
  Collections for the history of *Worcestershire.*
    Vol. 1. pagg. xcii et 609. tabb. æneæ 40.
                                  London, 1781. fol.
    Vol. 2. pagg. 484 et clxviii. tabb. æneæ 35. 1782.
John MORTON.
  The natural history of *Northampton-shire,* with some ac-
    count of the antiquities.
    Pagg. 551 et 46. tabb. æneæ 14.   ib. 1712. fol.
John MASTIN.
  The history and antiquities of *Naseby,* in the county of
    Northampton.
    Pagg. 206. tab. ænea 1.   Cambridge, 1792. 8.
James PILKINGTON.
  A view of the present state of *Derbyshire.*
                                  Derby, 1789. 8.
    Vol. 1. pagg. 496 ; cum mappa geographica. Vol. 2.
    pagg. 464. tabb. æneæ 2.
Robert PLOT.
  The natural history of *Stafford-shire.*
    Pagg. 450. tabb. æneæ 37.   Oxford, 1686. fol.
Charles LEIGH.
  The natural history of *Lancashire, Cheshire,* and the
    Peak, in Derbyshire, with an account of the antiquities
    in those parts.   Oxford, 1700. fol.
    Pagg. 196, 97 et 112; cum tabb. æneis.
Thomas HURTLEY.
  A concise account of some natural curiosities in the en-
    virons of *Malham,* in Craven, Yorkshire.
    Pagg. 68 et 199. tabb. æneæ 3.   London, 1786. 8.
John WALLIS.
  The natural history and antiquities of *Northumberland.*
                                  London, 1769. 4.
    Vol. 1. pagg. 438. hujus loci. Vol. 2. de antiquitatibus.

        ———————

Edward LHWYD.
  Letters containing several observations in natural history,
    made in his travels through *Wales* and *Scotland.*
    Philosoph. Transact. Vol 27. n. 334. p. 462—469.
                            335. p. 500—503.
                  Vol. 28. n. 337, p. 93—101,
                            et p. 275, 276.

Thomas Pennant.
 A tour in *Wales,* 1773.
  Pagg. 455. tabb. æneæ 26.   London, 1778. 4.
 The journey to Snowdon.
  Pagg. 487. tabb. æneæ 26.   ib. 1781. 4.
 Supplemental plates to the tours in Wales.
  Pagg. 7. tabb. æneæ 10.   (1781.)
Arthur Aikin.
 Journal of a tour through North Wales and part of Shrop-
  shire, with observations in mineralogy, and other
  branches of natural history.
  Pagg. 231. tab. ænea 1.   London, 1797. 8.

Thomas Pennant.
 A tour in *Scotland,* 1769.
  Pagg. 316. tabb. æneæ 18.   Chester, 1771. 8.
  Supplement. pagg. 18.   ib. 1772.
 ———— Second edition.
  Pagg. 331. tabb. æneæ. 18.   London, 1772. 8.
 ———— Third edition.   Warrington, 1774. 4.
  Pagg. 388. tabb. æneæ 21. Additions pagg. 34.
 A tour in Scotland, and voyage to the Hebrides, 1772.
  1 Part. pagg. 379. tabb. æneæ 44. Chester, 1774. 4.
  2 Part. pagg. 481. tabb. æneæ 47. London, 1776. 4.
Charles Cordiner.
 Antiquities and scenery of the North of Scotland, in a
  series of Letters to Thomas Pennant, Esq.
  Pagg. 173. tabb. æneæ 21.   London, 1780. 4.
 Remarkable ruins, and romantic prospects, of North Bri-
  tain, with ancient monuments, and singular subjects of
  natural history.   (ibid. 1788—1795.) 4.
  Tabb. æneæ fere 100, cum foll. textus totidem. Tabulæ
  ad Zoologiam spectantes in nostro exemplo coloribus
  fucatæ sunt.
James Anderson.
 An account of the present state of the Hebrides and west-
  ern coasts of Scotland.   Edinburgh, 1785. 8.
  Pagg. clxv et 452 ; cum mappa geographica, æri incisa.
John Knox.
 A tour through the Highlands of Scotland, and the He-
  bride Isles, in 1786.
  Pagg. clxxij, 276 et 103.   London, 1787. 8.
Robertus Sibbald.
 Ad ejus miscellanea eruditæ antiquitatis quæ ad borealem
  Britanniæ majoris partem pertinent, Appendix, pag.
 Tom 1.   H

101—109, in qua quædam explicantur quæ faciunt ad
hujus regionis historiam naturalem.

Edinburgi, 1710. fol.

The history, ancient and modern, of the sheriffdoms of
Fife and *Kinross*, with the description of both, and of
the firths of *Forth* and *Tay*, and the islands in them,
with an account of the natural products of the land and
waters. Pagg. 164. ib. 1710. fol.

The history, ancient and modern, of the sheriffdoms of
Linlithgow and *Stirling*, with an account of the natural
products of the land and water.

Pagg. 52. ib. 1710. fol.

David URE.

The history of *Rutherglen* and East-Kilbride.

Pagg 334; cum tabb. æneis. Glasgow, 1793. 8.

James WALLACE.

A description of the isles of *Orkney*.

Edinburgh, 1693. 8.

Pagg. 94. tabb. æneæ 2 ; præter commentarium de
Thule veterum, non hujus loci.

———————————— London, 1700. 8.

Pagg. 147. tabb. 2 ; præter commentarium de Thule.

Robert SIBBALD.

The description of the isles of *Orknay* and *Zetland*.

Pagg. 42 ; tabb. æneæ 2. Edinburgh, 1711. fol.

Thomas PRESTON.

Letters concerning the island of *Zetland*.

Philosoph. Transact. Vol. 43. n. 473. p. 57—64.

M. MARTIN.

A description of the *Western islands* of Scotland.

The second edition. London, 1716. 8.

Pagg. 392 ; cum mappa geographica, æri incisa.

A late voyage to *St. Kilda*, the remotest of all the Hebrides. ib. 1698. 8.

Pagg. 158 ; cum mappa geographica, æri incisa.

Kenneth MACAULAY.

The history of *St. Kilda*. London, 1764. 8.

Pagg. 278 ; cum mappa geographica, æri incisa.

———————

Edward LHWYD.

Observations relating to the antiquities and natural history of *Ireland*, made in his travels through that kingdom.

Philosoph. Transact. Vol. 27. n. 335. p. 503—506.

336. p. 524—526.

Anon.
  The ancient and present state of the county of *Down,*
    containing a chorographical description, with the na-
    tural and civil history of the same.   Dublin, 1744.   8.
  Pagg. 271 ; cum mappa geographica, æri incisa.
William Hamilton.
  Letters concerning the northern coast of the county of
    Antrim, containing a natural history of its Basaltes,
    with an account of the antiquities, manners, and cus-
    toms of that country.
  Pagg. 195. tab. ænea 1.   London, 1786.   8.
Charles Smith.
  The ancient and present state of the county and city of
    Waterford. The second edition.
  Pagg. 376. tabb. æneæ 7.   Dublin, 1774.   8.
  The ancient and present state of the county of *Kerry.*
  Pagg. 419; cum tabb. æneis.   ib. 1756.   8.
  The ancient and present state of the county and city of
    Cork.   ib. 1750.   8.
  Vol. 1. pagg. 434. Vol. 2. pagg. 429; cum tabb.
    æneis.

82. *Galliæ.*

Joann-Stephani Strobelbergeri
  Galliæ politicæ medicæ descriptio.   Editio 2da.
  Pagg. 300.   Jenæ, 1621.   12.
Martin Lister.
  A journey to Paris in the year 1698.
  Pagg. 245. tabb. æneæ 6.   London, 1699.   8.
(*Richard* Twiss.)
  A trip to Paris, in July and August 1792.
  Pagg. 131.   London, 1793.   8.
Theodore Augustine Mann.
  Precis de l'histoire naturelle des *Pays-Bas* maritimes.
    Mem. de l'Acad. de Bruxelles, Tome 4. p. 121—159.
  Abregé de l'histoire ecclesiastique, civile et naturelle de la
    ville de *Bruxelles,* et tle ses environs.
                                  Bruxelles, 1785.   8.
  Partie 1. pagg. 271. tab. ænea 1. Partie 2. pagg. 248.
    tabb. æneæ 2. Partie 3. (Essai de l'histoire naturelle.)
  Pagg. 104.
Traulle' *l'aine.*
  Sur la vallée de la *Somme.* Magasin encyclopedique, 2
    Année, Tome 5. p. 7—46.
                    H 2

DUBOCAGE DE BLEVILLE.

Memoires sur le port, la navigation, et le commerce du *Havre de Grace*, et sur quelques singularités de l'histoire naturelle des environs.

Pagg. 111 et 135.   Havre de Grace, 1753.   8.

ANON.

Essai d'une description topographique d'*Olivet*.

Pagg. 93   8.

BRISSON.

Memoires historiques et economiques sur le *Beaujolois*.

Pagg. 272.   Avignon, 1770.   8.

Jean ASTRUC.

Memoires pour l'histoire naturelle de la province de *Languedoc*.

Pagg. 630 ; cum tabb. æneis.   Paris, 1737.   4.

Pierre BOREL.

Les antiquitez, raretez, plantes, mineraux, et autres choses considerables de la ville, et comté de *Castres*, et des lieux qui sont à ses environs.

Pagg. 64 et 150.   Castres, 1649.   8.

ANON.

Voyage dans les *Pyrenées* Françoises.

Pagg. 327.   Paris, 1789.   8.

RAMOND.

Observations faites dans les Pyrenées, pour servir de suite à des observations sur les Alpes, inserées dans une traduction des lettres de W. Coxe, sur la Suisse.

Pagg. 452. tabb. æneæ 3.   Paris, 1789.   8.

Jean Florimond SAINT AMANS.

Fragmens d'un voyage sentimental et pittoresque dans les Pyrenées.   Metz, 1789.   8.

Pagg. 187 ; præter floram Pyrenaicam, de qua Tomo 3. p. 142.

83. *Hispaniæ.*

John Talbot DILLON.

Travels through Spain.   London, 1780.   4.

Pagg. 459. tabb. æneæ 6 ; præter mappam geographicam.

Joseph TOWNSEND.

A journey through Spain in the years 1786 and 1787.

London, 1791.   8.

Vol. 1. pagg. 402. Vol. 2. pagg. 414. Vol. 3. pagg. 356; cum tabb. æneis.

John ARMSTRONG.
The history of the Island of *Minorca.*
The second edition. London, 1756. 8.
Pagg. 264. tabb. æneæ 5.

84. *Lusitaniæ.*

José Antonio DE SA'.
Descripçao economica da *Torre de Moncorvo.*
Mem. econom. de Acad. R. das Sciencias de Lisboa,
Tomo 3. p. 253—290.
Manoel Dias BAPTISTA.
Ensaió de huma descripçaō, fizica, e economica de *Coim-
bra,* e seus arredores. ibid. Tomo 1. p. 254—298.

85. *Italiæ.*

John RAYMOND.
An itinerary contayning a voyage, made through Italy, in
the yeare 1646, and 1647. London, 1648. 12.
Pagg. 284; cum figg. æri incisis.
Joannes Philippus BREYNIUS.
Epistola varias observationes continens, in itinere per Ita-
liam suscepto, anno 1703.
Philosoph. Transact. Vol. 27. n. 334. p. 447—459.
Tancred ROBINSON.
Miscellaneous observations made about Rome, Naples,
and some other countries, in the year 1683 and 1684.
ibid. Vol. 29. n. 349. p. 473—483.
Jean Antoine NOLLET.
Experiences et observations faites en differens endroits
de l'Italie.
Mem. de l'Acad. des Sc. de Paris, 1749. p. 444—488.
1750. p. 54—106.
Johann Jakob FERBER.
Briefe aus Wälschland.
Pagg. 407. Prag, 1773. 8.
————— : Travels through Italy, in the years 1771 and
1772, translated from the german with notes by R. E.
Raspe. Pagg. 377. London, 1776. 8.
————— : Lettres sur la mineralogie et sur divers autres
objets de l'histoire naturelle de l'Italie; enrichies de
notes et d'observations faites sur les lieux par M. le B.
de Dietrich.
Pagg. 507. Strasbourg, 1776. 8.

Chev. NICOLIS DE ROBILANT.
Description particuliere du Duché d'*Aoste.*
    Mem. de l'Acad. de Turin, VoL 3. p. 245—274.
Antonio VALLISNERI.
Viaggio per i monti di *Modena.*   (latine.)
    in ejus Opere, Tomo 2. p. 406—413.
Giovanni TARGIONI TOZZETTI.
Relazioni d'alcuni viaggi fatti in diverse parti della *Toscana.*   Edizione seconda, con copiose giunte.
Tomo 1. pagg. 464. tabb. æneæ 3.

	Firenze, 1768.	8.
2. pagg. 540. tabb. 2.	1768.	
3. pagg. 473. tabb. 2.	1769.	
4. pagg. 478. tabb. 2.	1770.	
5. pagg. 474. tabb. 2.	1773.	
6. pagg. 430. tabb. 2.	1773.	
7. pagg. 488. tab. 1.	1774.	
8. pagg. 528. tabb. 2.	1775.	
9. pagg. 456.	1776.	
10. pagg. 466. tabb. 8.	1777.	
11. pagg. 455. tabb. 4.	1777.	
12. ed ultimo. pagg. 446.	1779.	

Conte Francesco GINANNI.
Istoria civile, e naturale delle Pinete *Ravennati.*
    Pagg. 478. tabb. æneæ 18.   Roma, 1774. 4.
Sir William HAMILTON.
Account of a journey into the province of *Abruzzo,* and
    a voyage to the island of *Ponza.*
    Philosoph. Transact. Vol. 76. p. 367—381.
Michel Jean Comte de BORCH.
Lettres sur la *Sicile,* et sur l'ile de *Malthe.*
                                    Turin, 1782. 8.
    Tome 1. pagg. 236.   Tome 2. pagg. 252; cum tabb.
    æneis 29.
GAUDIN.
Voyage en *Corse.*   Paris, 1787. 8.
    Pagg. 263; cum mappa geographica, æri incisa.

86. *Helvetiæ.*

Josias SIMLERUS.
Vallesiæ descriptio. de Alpibus commentarius.
    Foll. 151.   Tiguri, 1574. 8.

Johannes Jacobus Scheuchzer.
Ουρεσιφοιτης Helveticus, sive itinera alpina tria.
> Londini, 1708. 4.
Iter alpinum 1. anni 1702. pagg. 57. tabb. æneæ 10.
2 anni 1703. pagg. 72. tabb. æneæ 21. 3 anni 1704.
pagg. 22. tabb. æneæ 10.
Ουρεσιφοιτης Helveticus, sive itinera per Helvetiæ alpinas
regiones facta, annis 1702—1711, in 4 Tomos distincta.
> Lugduni Bat. 1723. 4,
Pagg. 635 ; cum tabb. æneis plurimis. Tomus 1. con-
tinet itinera tria prioris editionis, reliqui Tomi nunc
primum editi.
Johann Gerbard Reinbard Andreæ.
Briefe aus der Schweiz nach Hannover geschrieben.
Hannover. Magaz. 1764. 22, 25, 30, 32, 39, 42, 49,
50, 68, 69, 71, 73—75, 78, 85—88, 97, 98 Stück.
1765. 7—9, 13, 23, 24, 32, 37, 38, 51, 52, 66, 80, 89,
90, 92, 93, 96, 101—104 Stück.
——— Zweiter abdruk.
> Zürich und Winterthur, 1776. 4.
Pagg. 345. tabb. æneæ 17.
Rudolf Schinz.
Beyträge zur nähern kenntniss des Schweizerlands.
1 Heft. pagg. 109. tabb. æneæ 2. Zürich, 1783. 8
2 Heft. pagg. 245. tab. 3, 4. 1784.
Gottlieb Konrad Christian Storr.
Alpenreise vom jahre 1781.
1 Theil. pagg. xciv et 118. tabb. æneæ 3.
> Leipzig, 1784. 4.
2 Theil. pagg. 290. tab. 4—7. 1786.
William Coxe.
Travels in Switzerland. London, 1789. 8.
Vol. 1. pagg. 428. tabb. æneæ 3. Vol. 2. pagg. 422.
tabb. 4. Vol. 3. pagg. 446.

———

Anon.
Versuch einer beschreibung des *Grindelwaldthales.*
Höpfners Magaz. für die Naturk. Helvet. 1 Band, p.
1—28.
Pol.
Versuch einer natürlichen und öconomischen beschreibung
des thals *Bretigäu* in Bünden. ibid. 4 Band, p. 1—
22.

87. *Germaniæ.*

Franciscus Ernestus BRÜCKMANN.
Memorabilia Hanoverana.
  Epistola itineraria 10. Cent. 2. p. 71—79.
Memorabilia Hildesiensia. Epist. 11. p. 80—93.
    Goslariensia. Epist. 24. p. 219—232.
    Osterodana. Epist. 29. p. 303—318.
    Hercynica. Ep. 30. p. 319—336.
    Ilfeldensia. Ep. 31. p. 337—344.
    Northusana. Ep. 33. p. 353—357.
    Walckenredensia. Ep. 34. p. 358—365.
    Vallis Divæ Mariæ. Ep. 35. p. 366—384.
    Helmstadiensia. Ep. 41. p. 419—429.
Iter Halberstadiense. Ep. 63. p. 692—701.
  Magdeburgense. Ep. 65. p. 724—736.
  Francofurtanum. Ep. 71. p. 892—900.
Memorabilia Mansfeldiensia. Ep. 76. p. 937—980.
    Islebiensia. Ep. 77. p. 981—992.
    Halensia. Ep. 78. p. 993—1009.
Iter Querfurtense. Ep. 83. p. 1073—1090.
Memorabilia Jenensia. Ep. 84. p. 1091—1104.
    Moravica. Ep. 22. Cent. 3. p. 283—289.
    Austriaca. Ep. 26. p. 311—327.
Benedikt Franz HERMANN.
  Reisen durch *Oesterreich*, Steyermark, Kärnten, Krain,
    Italien, Tyrol, Salzburg und Bajern, im jahre 1780.
  1 Bändchen. pagg. 186. 2 Bändchen. pagg. 143.
                                    Wien, 1781. 8.
  3 Bändchen. pagg. 188. tabb. æneæ 2.   1783.
Franz von Paula SCHRANK et *Karl Ehrenbert* VON MOLL.
  Naturhistorische briefe uber Oestreich, Salzburg, Passau
    und Berchtesgaden.   Salzburg, 1785. 8.
  1 Band. pagg. 332. tab. ænea 1. 2 Band. pagg. 457.
  tabb. 2.
Johann Weichard VALVASOR, *Freyherr.*
  Die ehre des Herzogthums *Crain*, das ist, gelegen-und
    beschaffenheit dieses Römisch-Keyserlichen erblandes ;
    in reines teutsch gebracht, und mit anmerkungen er-
    weitert durch Erasmum Francisci.
                              Laybach, 1689. fol.
  1 Theil. pagg 696. 2 Theil. pagg. 836. 3 Theil.
  pagg. 396 et 730. 4 Theil. pagg. 134 et 610; cum
  figg. æri incisis.

Franz von Paula Schrank.
Baiersche reise.
Pagg. 276. tabb. æneæ 2. München, 1786. 8.
Anon.
Beschreibung des *Bodensees* nach seinem verschiednen zustande in den ältern und neuern zeiten.
Pagg. 213. Ulm und Lindau, 1783. 8.
Wilhelm Ludwig Willius.
Beschreibung der natürlichen beschaffenheit in der Marggravschaft *Hochberg.*
Pagg. 254. Nürnberg, 1783. 8.
(*Joh. Christ.* Bachelbel *von Gehag.* Stuck, p. 15.)
Ausführliche beschreibung des *Fichtel-berges* in Norgau liegend.
Pagg. 328; cum tabb. æneis. Leipzig, 1716. 4.
Ferdinand Jacob Bajer.
Epistola itineraria ad C. J. Trew.
Pagg. 24. tab. ænea 1. (Norimbergæ,) 1765. 4.
——————— Nov. Act. Acad. Nat. Curios. Tom. 4. Append. p. 1—24.
———————: Beschreibung einer physikalischen reise, welche er im jahre 1765 in einige gegenden von *Franken,* und in die *Oberpfalz* gethan hat.
Neu. Hamburg. Magaz. 58 Stuck, p. 313—345.
Bernhard Sebastian Nau.
Naturhistorisch-ökonomische beschreibung der gegend von *Büdesheim.*
in sein. Neu. entdeckung. 1 Band, p. 154—196.
Heinrich Matthias Marcard.
Description de *Pyrmont,* traduite de l'Allemand.
Leipzig, 1785. 8.
Tome 1. pagg. 314. tabb. æneæ 8.
Friedrich Ehrhart.
Nachricht von einer kleinen reise nach Schwöbber, Pyrmont und Driburg.
in seine Beiträge, 5 Band, p. 98—132.
Johann Christoph Stübner.
Denkwürdigkeiten des Fürstenthums *Blankenburg,* und des demselben inkorporirten Stiftsamts Walkenried.
1 Theil. pagg. 600. Wernigerode, 1788. 8.
2 Theil. pagg. 443. 1790.
George Henning Behrens.
Hercynia curiosa, oder curioser *Harz-wald.*
Pagg. 200. Nordhausen, 1703. 4.

———— : The natural history of Harz-forest.
　　　　Pagg. 164.　　　　　　　　London, 1730.　8.
Julius Bernhard von Rohr.
　　Geographische und historische merckwürdigkeiten des
　　　Ober-hartzes.
　　　　Pagg. 576.　　　　Franckfurt und Leipzig, 1739.　8.
Johann Friedrich Zückert.
　　Die naturgeschichte und bergwercksverfassung des Ober-
　　　hartzes. Pagg. 300.　　　　　Berlin, 1762.　8.
　　Die naturgeschichte einiger provinzen des *Unterharzes*.
　　　　Pagg. 212.　　　　　　　　　ib. 1763.　8.
Nathanael Gotfried Leske.
　　Reise durch *Sachsen* in rücksicht der naturgeschichte und
　　　ökonomie.　　　　　　　　　Leipzig, 1785.　4.
　　　　Pagg. 548. tabb. æneæ 48, quarum quædam color.
F. E. von Liebenroth.
　　Beobachtungen über natur und menschen, besonders über
　　　mineralogische gegenstände, an verschiedenen orten in
　　　Sachsen.　　　　　　　　　　Erfurt, 1791.　8.
　　　　1 Sammlung. pagg. 88.　2 Sammlung. pagg. 68.
Anon.
　　Beschreibung des *Plauischen* grundes bey Dresden.
　　　　Pagg. 32. tabb. æneæ 6.　　　Dressden, 1781.　4.
Wilhelm Steinbach.
　　Historie des von dem edlen Serpentinstein weitbekannten
　　　städtgens *Zoeblitz* im meissnischen Obererzgebürge.
　　　　　　　　　　　　　　　　Dresden, 1750.　4.
　　　　Pagg. 156 ; cum mappa geographica, æri incisa.
Johann Joachim Lange.
　　Grundriss einer anweisung, wie man sich die in und um
　　　Halle vorkommende naturalia und artificialia zum
　　　künftigen nuzen im gemeinen leben bekant machen
　　　solle.
　　　　Pagg. 36.　　　　　　　　　Berlin, 1749.　8.
Johann Christian Lüdeke.
　　Versuch einer naturgeschichte der *Altenmarck*.
　　　　Pagg. 98.　　　　　　　　　Berlin, 1774.　8.
　　　　Est pars 3tia ejus Alt-märckisches oeconomisch-physi-
　　　　calisches magazin.
Bohuslaus Balbinus.
　　Miscellanea historica regni *Bohemiæ*.
　　　　Decadis 1. liber 1. pagg. 181.　　Pragæ, 1679.　fol.
　　　　　　　　2. pagg. 100.　　　　　　1680.
　　　　　　　　3. pagg. 299.　　　　　　1681.
　　　　　　　　4. pagg. 220 et 173.　　　1682.

Decadis 1. liber 5. pagg. 310.   1683.
              6. pagg. 218 et 114.   1684.
Decas 2. liber 1. pagg. 120.   1687.
    Huc facit liber 1. Dec. 1mæ, qui historiam naturalem
    Bohemiæ complectitur, mantissa ad quem adest ad
    calcem lib. 2di, et additamenta ad calcem lib. 3tii.
Franz Hieronymus BRÜCKMANN.
Bemerkungen auf einer reise nach *Karlsbad.*
    Pagg. 80.   Braunschweig, 1785. 8.
 * * *
Drey abhandlungen über die physikalische beschaffenheit
    einiger distrikte und gegenden von Böhmen, herausge-
    geben von der Böhmischen gesellschaft der wissenschaf-
    ten, viz.
Naturgeschichte der gegend um *Reichenberg,* von *Wen-
    zel* RICHTER.
Physikalische beschreibung des *Rakonizer* kreises, von
    Georg STUMPF.
Physikalische beschreibung des *Bunzlauer* kreises, von
    Joseph Leopold WANDER VON GRUNWALD.
    Pagg. 124.   Prag und Dresden, 1786. 4.
Jos. Karl Edward HOSSER.
Bemerkungen auf einer reise durch einen theil des *Rako-
    nizer* und *Leutmerizer* kreises, im jahr 1793.
    Mayer's Samml. physikal. Aufsaze, 4 Band, p. 81—204.
Bemerkungen auf einer reise nach dem *Isergebirge,* und
    einige andere gebirgsgegenden des Bunzlauer kreises,
    im frühling 1794. ibid. p. 205—312.
Leonhard David HERMANN.
Maslographia, oder beschreibung des Schlesischen *Massel*
    im Oelss-Bernstädtischen fürstenthum mit seinen schau-
    würdigkeiten.
    Pagg. 329; cum tabb. æneis.   Brieg, 1711. 4.
Gottfried Heinrich BURGHART.
Iter Sabothicum, das ist : beschreibung einiger an. 1733.
    und die folgenden jahre auf den *Zothen-berg* gethanen
    reisen.   Bresslau und Leipzig, 1736. 8.
    Pagg. 176. tabb. æneæ 5.

88. *Imperii Danici.*

Den Danske Atlas ved *Erich* PONTOPPIDAN.
    Tom. 1. pagg. 723.   Kiöbenhavn, 1763. 4.
    Tom. 2. pagg. 462.   1764.
    Tom. 3. pagg. 712.   1767.

Den Danske Atlas, fortsat af *Hans* DE HOFMAN.
  Tom. 4. pagg. 851.   1768.
  Tom. 5. pagg. 1104.   1769.
  Tom. 6. pagg. 838.   1774.
  Tom. 7. pagg. 961.   1781.
  Cum tabulis æneis.
Olaus OLAVIUS.
  Oekonomisk-physisk beskrivelse over *Schagens* kiöbstæd
    og sogn.
  Pagg. 434. tabb. æneæ 5.   Kiöbenhavn, 1787. 8.
Johann Hieronymus CHEMNIZ.
  Beschreibung einer reise nach *Faxoe* und *Stevens Klint.*
  Beschäft. der Berlin. Ges. Naturf. Fr. 2 Band, p. 197
    —224.
(*Laurids* DE THURAH: Brünnich pag. 163.)
  Beskrivelse over *Bornholm* og Christiansöe.
  Pagg. 288. tabb. æneæ 30.   Kiöbenhavn, 1756. 4.

Jonas RAMUS.
  Norriges beskrivelse.
            Kiöbenhavn, (1735. Eggers Beschr. von Island, p.
                        48.)   4.
  Pagg. 274.
Erich PONTOPPIDAN.
  Det förste forsög paa Norges naturlige historie.
  Pagg. 338. tabb æneæ 16.   Kiöbenhavn, 1752. 4.
  2 Deel. pagg. 464. tabb. æneæ 14.   1753.
  ————— : The natural history of Norway.
                                  London, 1755. fol.
  Part. 1. pagg. 206. Part. 2. pagg. 291; cum tabb. æneis.
Erich Johan JESSEN-SCHARDEBÖLL.
  Det kongerige Norge fremstillet efter dets naturlige og
    borgerlige tilstand. Tom. 1.
  Pagg. 668.   Kiöbenhavn, 1763. 4.
* * *
  Topographisk journal for Norge.
  1—10 Hefte.   Christiania, 1792—94. 8.
  Singuli fasciculi pagg. 117 ad 144.
(*Otto Fredric* MULLER.)
  Reise igiennem Ovre-Tillemarken til Christiansand og
    tilbage 1775.
  Pagg. 107.   Kiöbenhavn, 1778. 8.
Johann Christian FABRICIUS.
  Reise nach Norwegen.
  Pagg. 388.   Hamburg, 1779. 8.

J. Essendrop.
Physisk oeconomisk beskrjvelse over *Lier* præstegield i
Aggershuus stift i Norge.
Pagg. 205. tabb. æneæ 3.　　　Kiöbenhavn, 1761.　8.
Rejerus Gielleböl.
Naturlig og oeconomisk beskrivelse over *Hölands* præs-
tegield i Aggershuus stift i Norige.
Pagg. 334. tabb. æneæ 2.　　　ib. 1771.　8.
Hugo Friderich Hiorthöy.
Physisk og ekonomisk beskrivelse over *Gulbransdalens*
provstie i Aggerhuus stift i Norge.
1 Deel. pagg. 164. tabb. æneæ 7.　　　ib. 1785.　8.
Topographisk beskrivelse over Gulbransdalens Provstie.
2 Deel, pagg. 237. tabb. 3.　　　　　1786.
Hans Ström.
Physisk og oeconomisk beskrivelse over fogderiet *Sönd-
mör*, beliggende i Bergens stift i Norge.
1 Part. pagg. 570. tabb. æn. 4.　　　Soröe, 1762.　4.
2 Part. pagg. 509.　　　　　　　　1766.
Anmærkninger til Söndmörs beskrivelse.　Norske Vidensk. Selsk. Skrifter, nye Saml. 1 Bind, p. 103—170.
Udkast til en beskrivelse over *Hardanger* i Bergens stift
i Norge, sammenskrevet af Marcus Schnabels efterladte
papirer.　　　　　　　　Kiöbenhavn, 1781.　4.
Pagg. 54; præter appendicem, foliorum 5, et mappam
geographicam, æri incisam.
Kort underretning om *Eger* sognekald i Aggerhuus stift
i Norige. Danske Vidensk. Selskabs Skrift. nye Saml.
2 Deel, p. 569—580.
Knud Leem.
De *Lapponibus* Finmarchiæ commentatio, cum notis J.
E. Gunneri. danice et latine. Kiöbenhavn, 1767. 4.
Pagg. 544. tabb. æneæ 100; præter Jessenii tractatum
de religione Lapponum pagana.

Lucas Debes.
Færoe, et Færoa reserata, that is a description of the
Islands and inhabitants of Foeroe, englished by J. Ster-
pin.
Pagg. 408. tabb. æneæ 2.　　　London, 1676.　12.

Johann Anderson.
Nachrichten von *Island, Grönland* und der Strasse Davis.
Pagg. 328; cum tabb. æneis.　Hamburg, 1746.　8.

——— : Efterretninger om Island, Grönland og Strat
Davis, med en tilgift som videre efterretning om Island.
Kiöbenhavn, 1748. 8.
Pagg. 356; cum tabb. æneis; præter Högström de-
scriptionem Lapponiæ, de qua infra.
——— : Beschryving van Ysland, Groenland en de
Straat Davis.   Amsterdam, 1750. 4.
Pagg. 286; cum tabb. æneis.

Niels Horrebow.
Tilforladelige efterretninger om *Island.*
(Kiöbenhavn?) 1752. 8.
Pagg. 478; cum mappa geographica, æri incisa.
——— : The natural history of Iceland.
London, 1758. fol.
Pagg. 207; cum mappa geographica, æri incisa.

Paullus Bernardi fil. Vidalinus.
Oratio, quum auspicatissimus natalis Friderici V. Daniæ
Regis pridie cal. Apr. 1757. in universitate Lipsiensi
celebraretur, habita.
Pagg. 80.   Lipsiæ. fol.
Præmissa brevi descriptione Islandiæ, de beneficiis Fri-
derici V. in eam agit.

Eggert Olafsens og *Biarne* Povelsens
Reise igiennem Island, beskreven af E. Olafsen.
Soröe, 1772. 4.
1 Deel. pagg. 618. tabb. æneæ 43.
2 Deel. pag. 619—1042. tab. 44—50.
——— : Reise durch Island.
Kopenhagen, 1774. 4.
1 Theil. pagg. 328. tabb. æneæ 25.
2 Theil. pagg. 244. tab. 26—50.   1775.

Uno von Troil.
Bref rörande en resa til Island 1772.   Upsala, 1777. 8.
Pagg. 376. tabb. æneæ 12; præter mappam geogra-
phicam, æri incisam.
———.: Letters on Iceland, (translated from the ger-
man, by J. R. Forster.)   London, 1780. 8.
Pagg. 400. tab. ænea 1; præter mappam.

Olaus Olavius.
Oeconomisk reise igiennem de nordvestlige, nordlige, og
nordostlige kanter af Island.   Kiöbenhavn, 1780. 4.
1 Deel. pagg. ccxx et 284. tab. ænea 1, et mappa geographica, æri incisa. 2 Deel. pag. 285—756. tab. 2
—17.

Christian Ulrich Detlev E G G E R S
Physikalische und statitische beschreibung von Island.
Theils 1 Abtheilung.
Pagg. 414. Kopenhagen, 1786. 8.
Sven P A U L S E N.
Udtog af hans dagbog, holden paa hans reise til og i
Island.
Naturhist. Selsk. Skrivt. 2 Bind, 1 Heft. p. 222—234.
2 Heft. p. 122—146.
3 Bind, 1 Heft. p. 157—194.

(*Isaac* D E L A P E Y R E R E. Stuck pag. 231.)
Relation du *Groenland.* Paris, 1663. 8.
Pagg. 278; cum mappa geographica, et tab. ænea 1.
——————: An account of Greenland.
Churchill's Collection of voyages, Vol. 2. p. 377—406.
Hans E G E D E.
Det gamle Grönlands nye perlustration, eller naturel-
historie. Kiöbenhavn, 1741. 4.
Pagg. 131; cum tabb. æneis.
——————: A description of Greenland.
Pagg. 220. tabb. æneæ 12. London, 1745. 8.
David C R A N Z
Historie von Grönland. Zweyte auflage.
Barby, 1770. 8.
1 Theil. pagg. 710. 2 Theil. p. 711—1132. tabb.
æneæ 8.
——————: The history of Greenland.
London, 1767. 8.
Vol. 1. pagg. 405. Vol. 2. pagg. 497. tabb. æneæ 8.
Fortsezung der historie von Grönland.
Pagg. 360. Barby, 1770. 8.

89. *Itineraria versus Septentrionem.*

Historica descriptio regionis Spitsbergæ. in Parte 11ma
Indiæ Orientalis de Bry, p. 47—62.
Edward P E L L H A M.
Gods power and providence shewed in the miraculous pre-
servation and deliverance of eight Englishmen, left by
mischance in Green-land anno 1630.
Pagg. 35. tab. ænea 1. London, 1631. 4.
——————— Churchill's Collection of voyages, Vol. 4. p.
743—755.

DE LA MARTINIERE.
Voyages des pays septentrionaux. Seconde edition.
Pagg. 322 ; cum figg. æri incisis. Paris, 1676. 12.
——————— : Reise nach Norden.
Pagg. 324 ; cum tabb. æneis. Leipzig, 1703. 12.
——————— belgice, vide mox infra.
——————— : A new voyage to the North.
Pagg. 258. tab. ænea 1. London, 1706. 8.
Friderich MARTENS.
Spitzbergische oder Grönlandische reise beschreibung ge-
than im jahr 1671. Hamburg, 1675. 4.
Pagg. 132. tabb. æneæ A—Q.
——————— : Voyage into Spitzbergen and Greenland,
printed in an account of several late voyages to the
south and north. London, 1694. 8.
Pagg. 175. tabb. æneæ A—Q.
——————— belgice, viz.

* * *

De Noordsche weereld, vertoond in twee nieuwe derwaerts
gedaene reysen, d'eene, van de Heer MARTINIERE,
d'andere, van de Hamburger *Fred.* MARTENS, vertaeld,
en met toe-doeningen verrijckt door S. de Vries.
Amsteldam, 1685. 4.
Pagg. 334. tabb. æneæ 4 et A—Q.
C. G. ZORGDRAGERS
Bloeyende opkomst der aloude en hedendaagsche Groen-
landsche visschery, met eene korte historische beschry-
ving der noordere gewesten ; met byvoeging van de
Walvischvangst dor Abraham Moubach.
Pagg. 330 ; cum tabb. æneis. Amsterdam, 1720. 4.
DE KERGUELEN *Tremarec.*
Relation d'un voyage dans la mer du nord, aux côtes
d'Islande, du Groenland, de Ferro, de Schettland, des
Orcades et de Norvege, fait en 1767 et 1768.
Pagg. 220 ; cum tabb. æneis. Paris, 1771. 4.
Kurze nachricht von einigen natürlichen merkwürdig-
keiten Islandes, in Berlin. Sammlungen, 7 Band, p.
147—162, e libro antecedenti pag. 42—53 versa est.
Constantine John PHIPPS (*Lord* MULGRAVE.)
A voyage towards the North Pole, 1773.
Pagg. 253. tabb. æneæ 14. London, 1774. 4.
Catalogus animalium et plantarum Spitzbergensium, qui
in hoc libro adest, p. 184—204, germanice versus est in
Berlin. Sammlungen, 9 Band, p. 559—597.

ANON.
The journal of a voyage undertaken by order of his present Majesty, for making discoveries towards the North Pole, by the Hon. Commodore Phipps, and Captain Lutwidge.
Pagg. 118; cum tabb. æneis.   London, 1774.   8.

90. *Sveciæ.*

Olaus MAGNUS.
Historia de gentibus septentrionalibus.   Romæ, 1555.   fol.
Pagg. 812; cum figg. ligno incisis.
————————————   Basileæ, 1567.   fol.
Pagg. 854; cum figg. ligno incisis.
———— in epitomen redacta.
Pagg. 592.   Ambergæ, 1599.   12.
Olaus RUDBECK *filius.*
Nora Samolad sive Laponia illustrata, et iter per Uplandiam, Gestriciam, Helsingiam, &c. latine et svethice.
Upsalæ, 1701.   4.
Itineris hujus prodiit tantum pars 1. de itinere per Uplandiam, pagg. 79; cum tabb. ligno incisis 2, et æri 1.
Johannes Fridericus LEOPOLD.
Relatio de itinere suo Svecico anno 1707 facto.
Pagg. 111. tabb. æneæ 8.   Londini, 1720.   8.
Carl LINNÆI
Öländska och Gothländska resa, förrättad åhr 1741.
Stockholm och Upsala, 1745.   8.
Pagg. 344. tab. ænea 1; præter mappas geographicas 2.

———————— : Reisen durch Oeland und Gothland, übersezt von J. C. D. Schreber.   Halle, 1764.   8.
Pagg. 364. tabb. æneæ 3; præter mappas geograph.
Wästgöta resa, förrättad år 1746.
Pagg. 284. tabb. æneæ 5.   Stockholm, 1747.   8.
Skånska resa, förrättad år 1749.
Pagg. 434. tabb. æneæ 6.   ib. 1751.   8.
Pehr KALMS
Wästgötha och Bahusländska resa, förrättad år 1742.
Stockholm, 1746.   8.
Pagg. 304; cum figg. ligno incisis.
Baron Carl HÅRLEMAN.
Dagbok öfver en ifrån Stockholm igenom åtskillige rikets landskaper gjord resa.
Pagg. 106. tab. ænea 1.   Stockholm, 1749.   8.
TOM. I.   I

(Bref til Grefve Carl Fredrik Piper om dess vidare resa.)
Pagg. 235. tabb. æneæ 7.   ib. 1751. 8.

Laurentio ROBERG
Præside, Dissertatio physica *Græs-oeam* repræsentans.
Resp. Adam. Werner.   Upsaliæ, 1727. 4.
Pagg. 22; cum figg. ligno incisis.
Pehr SCHISSLER.
Halsinga hushålning.
Pagg. 75. tab. ænea 1.   Stockholm, 1749. 8.
Johan Otto HAGSTRÖM.
Jemtlands oeconomiska beskrifning eller känning, i akt
tagen på en resa om sommaren 1749.
Pagg. 208.   Stockholm, 1751. 8.
Christophorus TÄRNSTRÖM.
Dissertatio de *Alandia*, maris Baltici insula. Pars prior,
Præside El. Frondin.
Pagg. 41.   Upsaliæ, 1739. 4.
Pars posterior, Præside Pet. Ekerman.   1745.
Pag. 43.—67. A pag. 48 ad 61, de rebus naturalibus
in Alandia obviis, ordine systematico Linnæano agit.
Pehr KALM.
Historisk och oeconomisk beskrifning öfver *Sagu* Sochn i
Åbo Lahn. Resp. Chr. Cavander.
Pagg. 26.   Åbo, (1753.) 4.
Pehr Adrian GADD.
Observationes physico-oeconomicæ, in septentrionali præ-
tura territorii superioris *Satagundiæ* collectæ; Disser-
tatio, Præside Car. Frid. Mennander.
Pagg. 35.   Aboæ, 1747. 4.
Försök til en oeconomisk beskrifning öfver *Satacunda*
häraders norra del.
Pagg. 126.   Stockholm, 1751. 8.
Undersokning on *Nyland* och *Tavastehus Län*, i anseende
til dess läge, vidd, climat, vårfloder, sjöar och vatuleder,
naturs förmåner och brister, näringar, folkrikhet, po-
litie och cameral författningar.
1 Delen. Resp. Hans Henr. John. Pagg. 32.
2 Delen. Resp. Sam. Gabr. Mellenius. Pag. 33—52.
3 Delen. Resp. Carl Bergman. Pag. 53—84.
Åbo, 1789. 4.
Pehr KALM.
Historisk och oeconomisk beskrifning öfver *Somero* Sockn.
Resp. Carl. Pet. Borenius.
Pagg. 14.   ib. 1774. 4.

Historisk och oeconomisk beskrifning öfver *Haubo* Sokn
uti Tawastland. Resp. Chph. Herkepæus.
Pagg. 74.   Åbo, 1756. 4.
Pebr Adrian GADD.
Academisk afhandling om *Hollola* Socken uti Tavastland.
Resp. Joh. Fredr. Bucht.
Pagg. 31.   ib. 1792. 4.
Pebr KALM.
Historisk och oeconomisk beskrifning öfver *Cajanaborgs*
Län. Resp. Er. Castrén.
Pagg. 78.   ib. 1754. 4.
Historisk och oeconomisk beskrifning öfver *Cronoby* Sokn
uti Österbotn. 1 Del. Resp. Er. Cajanus.
Pagg. 34.   ib. 1755. 4.
Korta anmärckningar vid inbyggarenas näringar och hus-
hållning, uti *Cala-Joki* Sochn i Österbotn. Resp.Gabr.
Calamnius.
Pagg. 10.   ib. 1753. 4.
Historisk och oeconomisk beskrifning öfver Calajoki
Sockn uti Österbotn. Resp. Christiern Salmenius.
Pagg. 56.   ib. 1754. 4.

Joannes SCHEFFERUS.
Lapponia, id est regionis Lapponum et gentis descriptio.
                                    Francofurti, 1673. 4.
Pagg. 378 ; cum figg. ligno incisis.
——— : The history of Lapland. Oxford, 1674. fol.
Pagg. 147 ; cum figg. ligno incisis.
Pebr HÖGSTRÖM.
Beskrifning öfver de til Sveriges krona lydande Lap-
marker. Pagg. 271.   Stockholm. 8.
——— : Beskrivelse over de under Sverriges krone lig-
gende Lapmarker ; trykt med Andersons efterretninger
om Island ; p. 357—574.   Kiöbenhavn, 1748. 8.
Lars MONTIN.
Beskrifning öfver en resa, år 1749 om sommaren förrättad,
til Lapska fjällarne åfvan Luleå stad.
Manuscr. autographum. Pagg. 532.   4.

91. *Borussiæ.*

Erasmus STELLA.
De Borussiæ antiquitatibus libri 2.
Grynæi novus orbis, p. 570—584.
I 2

Friedrich Samuel BOCK.
Versuch einer wirthschaftlichen naturgeschichte von
dem königreich Ost-und Westpreussen.
1 Band. pagg. 830.   Dessau, 1782. 8.
2 Band. pagg. 640.   1783.
3 Band. pagg. 1027.
4 Band. pagg. 758.   1784.
5 Band. pagg. 768. tabb. æneæ 3.   1785.
Christianus Henricus ERNDTELIUS.
Warsavia physice illustrata, sive de aëre, aquis, locis, et
incolis Warsaviæ, eorundemque moribus et morbis,
tractatus.   Dresdæ, 1730. 4.
Pagg. 247. tabb. æneæ 2 ; præter Viridarium Warsa-
viense, de quo Tomo 3. p. 172.

92. *Hungariæ*
(et adjacentium regionum Imperii Austriaci.)

Franciscus Ernestus BRÜCKMANN.
Epistolæ itinerariæ 35 et 36. (Centuriæ 1.) sist. Memo-
rabilia Semproniensia.   Wolffenbuttelæ, 1734. 4.
Utraque pagg. 12 ; cum tab. ænea posteriori adjecta.
Epist. itiner. 61. sistens Memorabilia Tyrnaviensia.
Pagg. 12. tab. ænea 1.   1737. 4.
Ep. it. 73. sist. Memorabilia Montis Regii in Hungaria:
Pagg. 8. tab. ænea 1.   1738.
Ep. it. 74. sistens Memorabilia Schemnicensia in Hun-
garia.   Pagg. 12. tab. ænea 1.
Ep. it. 75. sistens Memorabilia Cremnicensia in Hungaria.
Pagg. 31.
Ep. it. 76. sistens Memorabilia Neosoliensia in Hungaria.
Pagg. 12.
Ep. it. 87. sistens Memorabilia Comitatus Liptoviensis, in
Hungaria.   Pagg. 7.   1740.
Ep. it. 88. sistens Memorabilia Kesmarkina, in Hungaria.
Pagg. 8.
Ep. it. 89. sistens Montes Carpatios in Hungaria.
Pagg. 27. tab. ænea 1.
Ep. it. 90. sistens Memorabilia Leutschoviensia et Dob-
schinensia.   Pagg. 8.
Ep. it. 91. sistens Memorabilia Szomolnokcensia. Pagg. 8.
Ep. it. 92. sistens Memorabilia Epericensia.   Pagg. 8. tab.
ænea 1.
Ep. it. 94. sistens Memorabilia St. Ivan.   Pagg. 7.

Ep. it. 96. sistens Memorabilia Trincinensia. Pagg. 11. tabb. æneæ 2.

Ep. it. 99. sistens Memorabilia Hungarica. Pagg. 32. tabb. æneæ 2.

Balthasar H a c q u e t.

Schreiben an Herrn I. von Born über verschiedne, auf einer reise nach Semlin, gesammelte beobachtungen. Abhandl. einer Privatgesellsch. in Böhmen, 2 Band. p. 230—257.

———— : Lettera odeporica, contenente i dettagli d'un viaggio fluviatile, fatto pell' IllirioUngarese e Turchesco da Lubiana in Carniola sino a Semlin nel Sirmio. Opuscoli scelti, Tomo 1. p. 5—27.

Francesco G r i s e l i n i.

Lettere odeporiche, ove i suoi viaggi e le di lui osservazioni spettanti all' istoria naturale, ai customi di varj popoli e sopra piu altri interessanti oggetti si descrivono. Tomo 1.

Pagg. 330. tabb. æneæ 12.   Milano, 1780. 4.

Robert T o w n s o n.

Travels in Hungary.

Pagg. 506. tabb. æneæ 16.   London, 1797. 4.

A n o n.

Kurze beschreibung des so genannten *Königsberges* (Kralowa Hola), nebst den merkwürdigkeiten desselben. Ungrisch. Magazin, 3 Band. p. 276—301.

Matthias P i l l e r et Ludovicus M i t t e r p a c h e r.

Iter per *Poseganam* Sclavoniæ provinciam mensibus Junio et Julio 1782 susceptum.   Budæ, 1783. 4.

Pagg. 147. tabb. æn. 16, quarum 2—9 coloribus fucatæ.

Alberto F o r t i s.

Viaggio in *Dalmazia*.   Venezia, 1774. 4.

Vol. 1. pagg. 180. tabb. æneæ 7 ; præter Ant. Verantii iter Buda Hadrianopolim a. 1553 exaratum, in quo nihil ad nostrum scopum pertinet.

Vol. 2. pagg. 204. tab. 8—13.

Pietro Nutrizio G r i s o g o n o.

Notizie per servire alla storia naturale della Dalmazia.

Trevigi, 1780. 4.

Pagg. 190 ; præter Compendio dell' istoria civile della Dalmazia, del sign. Giov. Rossignoli. Pagg. 64.

Alberto F o r t i s.

Saggio d'osservazioni sopra l'isola di *Cherso* ed *Osero*.

Pagg. 169 ; cum tabb. æneis.   Venezia, 1771. 4.

93. *Imperii Russici.*

Pierre DESCHISEAUX.
Voyage de Moscovie.
Pagg. 39.   Paris, 1727. 8.

Johann Georg GMELINS
Reise durch Sibirien, von dem jahr 1733 bis 1743.
1 Theil. pagg. 467.   Göttingen, 1751. 8.
2 Theil. pagg. 652.   3 Theil. pagg. 584.   1752.
4 Theil. pagg. 692.
Unicuique volumini adjecta est mappa geographica.

CHAPPE D'AUTEROCHE.
Voyage en Siberie, fait par ordre du Roi en 1761.
Tome 1. pagg. 767. tabb. æneæ 36; præter mappas
geogr. 27.   Paris, 1768. 4.
Tomus 2dus versionem Kraschenninikovii continet, de
qua infra pag. 121.

ANON.
The antidote, or an enquiry into the merits of a book, en-
titled a journey into Siberia, by the Abbé Chappe
d'Auteroche.   Translated into english by a Lady.
Pagg. 202.   London, 1772. 8.

Erich LAXMANNS
Sibirische briefe, herausgegeben von Aug. Ludv. Schlözer.
Pagg. 104.   Göttingen und Gotha, 1769. 8.
Bericht von einer physikalischen reise durch einige nor-
dische statthalterschaften des Russischen reiches.
Pallas Neue Nord. Beyträge, 3 Band, 159—177.

Samuel Georg (*Gottlieb*) GMELINS
Reise durch Russland zur untersuchung der drey natur-
reiche.
1 Theil. pagg. 182. tabb. æneæ 39.
                                St. Petersburg (1770.) 4.
2 Theil. pagg. 260. tabb. 46.   1774.
3 Theil. pagg. 508. tabb. 57.   1774.

Peter Simon PALLAS.
Reise durch verschiedene provinzen des Russischen Reichs.
1 Theil. pagg. 504. tabb. æneæ 11, et A—L.
                                St. Petersburg, 1771. 4.
2 Theil. pagg. 744. tabb. 14, et A—Z.   1773.
3 Theil. pagg. 760. tabb. 8, et A—N n.   1776.

Iwan LEPECHIN.
Itinera per varias provincias Imperii Russici, ann. 1768
et 1769.   Russice.

Pagg. 537. tabb. æneæ 23.   Petersburg, 1771. 4.
1770. Pagg 338. tabb. æneæ 11.   1772.
1771. Pagg. 376 et 28. tabb. æn. 18.   1780.
————: Tagebuch der reise durch verschiedene provinzen des Russischen reiches, übersezt von Chr. Heinr.
Hase.
1 Theil. pagg. 331. tabb. æneæ 23.
                                Altenburg, 1774. 4.
2 Theil. pagg. 211. tabb. 11.   1775.
3 Theil. pagg. 234. tabb. 17.   1783.
Nikolaus RYTSCHKOW.
Tagebuch uber seine reise durch verschiedene provinzen
des Russischen reichs, aus dem Russischen ubersezt
von Chr. Heinrich Hase.   Riga, 1774. 8.
Pagg. 424; cum mappis geographicis, æri incisis.
Joh. Gottl. GEORGI.
Bemerkungen einer reise im Russischen reich.
1 Band. pagg. 506. tabb. æneæ 4. 2 Band. pag. 507—
920. tab. 5. 6.
                            St. Petersburg, 1775. 4.
Johann Anton GÜLDENSTÆDT.
Beytrag aus etlichen briefen, zu seiner reisegeschichte nach
den Caucasischen geburgen und Georgien, gehörig.
Schr. der Berlin. Ges. Naturf. Fr. 3 Band, p. 466—479.
Reisen durch Russland, und im Caucasischen gebürge,
herausgegeben von P. S. Pallas.
1 Theil. pagg. 511. tabb. æneæ 13, quarum plurimæ
color. ; præter mappam geogr. æri incisam.
                            St. Petersburg, 1787. 4.
2 Theil. pagg. 552. tabb. 14.   1791.
ANON.
Histoire des decouvertes faites par divers savans voyageurs
dans plusieurs contrées de la Russie et de la Perse.
Tome 1. pagg. 502. tabb. æneæ 8. Tome 2. pagg. 469.
  tabb. 8.   Lausanne, 1784. 8.
Tome 3. pagg. 515. tabb. 6.   Berne, 1779.
Tome 4. pagg. 492. tabb. 9.   1781.
William COXE.
Account of the Russian discoveries between Asia and
  America.   London, 1780. 4.
Pagg. 344 ; cum mappis geographicis, æri incisis.
———— Second Edition.
Pagg. totidem.   ib. 1780. 4.
Eugene Melchior Louis PATRIN.
Bericht von einer im sommer 1781, auf dem Altaischen

gebirge verrichteten reise. (gallice.) Pallas Ńeue
Nord. Beyträge, 4 Band, p. 163—198.
Peter Iwanowitsch SCHANGIN.
Beschreibung einer reise im höchsten Altaischen gebürge.
ibid. 6 Band, p. 27—118.
LINDENTHAL.
Bericht von einer reise in den Kusnezkischen gebirgen.
Hermann's Beyträge zur physik, &c. der Russischen
länder, 3 Band, p. 255—324.
Wasilius SZUJEW.
Beschreibung seiner reise von St. Petersburg nach Cherson
in den jahren 1781 und 1782; aus dem Russischen.
1 Theil. pagg. 196. tabb. æneæ 10.
Dresden und Leipzig, 1789.   4.

August Wilhelm HUPEL.
Topographische nachrichten von *Lief*-und *Ehstland.*
1 Band. pagg. 590. mappæ geogr. æri inc. 3. Nachtrag. pagg. 84.   Riga, 1774.   8.
2 Band. pagg. 544. tabb. æneæ 11.   1777.
3 Band. pagg. 764. tabb. 4. (5ta deest.)   1782.
Benedikt Franz HERMANN.
Geographischer abriss der *Wiburgischen* Statthalterschaft.
in ejus Beyträge zur physik, &c. der Russischen länder,
3 Band, p. 325—360.
Nachrichten von den vorzüglichsten inseln im *Finnischen.*
meerbusen. ib. 1 Band, p. 203—250.
Nachrichten von *Taurien.* ib. p. 269—346.
DE BEAUPLAN.
Description d'*Ukranie*, qui sont plusieurs provinces du
Royaume de Pologne.   Rouen, 1660.   4.
Pagg. 112; cum figg. ligno incisis.
——————— : A description of Ukraine.
Churchill's Collection of Voyages, Vol. 1. p. 445—481.
Peter RYTSCHKOW.
Orenburgische topographie, oder umständliche beschrei-
bung des Orenburgischen gouvernements, aus dem Rus-
sischen, von Jac. Rodde.   Riga, 1772.   8.
1 Theil. pagg. 268; cum mappis geographicis. 2 Theil.
pagg. 188.
Benedikt Franz HERMANN.
Beschreibung der *Permischen* Statthalterschaft.
In seine Beyträg. 3 Band, p. 55—254.
Kurze beschreibung der *Tobolskisken* Statthalterschaft.
ib. 1 Band, p. 23—100.

Johann S i e v e r s.
Briefe aus Sibirien.
Pallas neue Nord. Beyträge, 7 Band, p. 143—370.
Peter Simon P a l l a s.
Nachrichten von denen im eissmeer, dem sogenannten
Swátoi-nos gegenüber gelegnen *Lüchofschen inseln.*
ibid. p. 128—142.
Stephan K r a s c h e n i n n i k o w.
Descriptio *Kamtchatkæ.* Russice.
St. Petersburg, 1755. 4.
Tom. 1. pagg. 438. Tom. 2. pagg. 319 ; cum tabb.
æneis.
————— : La description du Kamtchatka.
Tome 2.du voyage enSiberie parChappe,vide sup.p.118.
Pagg. 627. tabb. æneæ 17 ; præter mappas geogr. 6.
————— : The history of Kamtschatka, and the Kurilski
Islands, with the countries adjacent ; translated by
James Grieve.
Pagg. 280 ; cum tabb. æneis. Glocester, 1764. 4.
Libri Russici non integra versio, sed excerpta.
Georg Wilhelm S t e l l e r.
Beschreibung von dem lande Kamtschatka.
Frankf. u. Leipzig, 1774. 8.
Pagg. 384 et 71 ; cum tabb. æneis.
Topographische und physikalische beschreibung der *Ber-*
ingsinsel.
Pallas's neue Nord. Beyträge, 2 Band, p. 255—301.
Peter Simon P a l l a s.
Beschreibung der sogenannten *Kupferinsel* im Kamtschat-
kischen meere. in seine neue Nord. Beyträg. 2 Band,
p. 302—307.

94. *Imperii Osmanici*
(Vulgo Orientis.)

Martinus a B a u m g a r t e n *in Braitenbach.*
Travels through Egypt, Arabia, Palestine and Syria.
Churchill's Collection of Voyages, Vol. I. p. 313—384.
Pierre B e l o n.
Les observations de plusieurs singularitez et choses memo-
rables, trouvées en Grece, Asie, Judée, Egypte, Arabie,
et autres pays estranges.
Foll. 211 ; cum figg. ligno incisis. Paris, 1554. 4.
Duo adsunt exempla hujus editionis, cujus alterum Bi-

bliopolæ nomen Guillaume Cavellat, alterum Gilles
Corrozet impressum habet.

——————   Anvers, 1555. 8.
Foll. 375 ; cum figg. minoribus, ligno incisis. Titulus
deest in nostro exemplari.

—————— : Plurimarum singularium et memorabilium
rerum in Græcia, Asia, Ægypto, Judæa, Arabia, aliisque exteris provinciis ab ipso conspectarum observationes ; Car. Clusius latinas faciebat. ibid. 1589. 8.
Pagg. 495 ; cum figg. ligno incisis, præter libellum de
neglecta stirpium cultura, de quo Tomo 3. p. 615.

—————— —————— altera editio, longe castigatior, et quibusdam scholiis illustrata ; in Clusii exoticis.
Pagg. 208 ; cum figg. ligno incisis.

Leonhart RAUWOLFF.
Aigentliche beschreibung der raiss, so er gegen auffgang
in die Morgenländer, fürnemlich Syriam, Judæam, Ara-
biam, Mesopotamiam, Babyloniam, Assyriam, Arme-
niam etc. selbs volbracht, in drey thail abgethailet.

                                Laugingen, 1582. 4.
Pagg. 487. Exemplar, quo usus est Joh. Frid. Gronovius in adornanda Flora Orientali, quique annotationes manu propria addidit.

——————   ibid. 1583. 4.
Est eadem editio, novo titulo et addito :
Der vierte thail, etlicher schöner aussländischer kreüter,
so uns noch unbekandt, unnd deren in seiner rayss in
die morgenländer gethon, gedacht wird, artliche unnd
lebendige contrafactur.
Plagg. 7 ; cum figg. ligno incisis.

—————— : Travels into the Eastern countries, translated
by Nich. Staphorst. The 1st Tome of Ray's Collection
of Travels.   Pagg. 396.   London, 1693. 8.

—————— —————— in the 2d volume, of the 2d edition of
Ray's collection of travels, p. 1—338. ibid. 1738. 8.

Salomon SCHWEIGGER.
Reyss beschreibung nach Constantinopel und·Jerusalem.
                                Nürnberg, 1608. 4·
Pagg. 341 ; cum figg. ligno incisis.

George SANDYS.
A relation of a journey begun ann. 1610. containing a
description of the Turkish Empire, of Ægypt, of the
holy land, of the remote parts of Italy, and Islands adjoining.   The 3d edition.   London, 1627. fol.
Pagg. 309 ; cum figg. æri incisis.

Jacob Spon.
  Voyage d'Italie, de Dalmatie, de Grece, et du Levant.
                                    Lyon, 1678. 12.
    Tome 1. pagg. 405. Tome 2. pagg. 417. Tome 3.
    pagg. 228 ; cum tabb. æneis.
George Wheler.
  A journey into Greece.   London, 1682. fol.
    Pagg. 483 ; cum tabb. æneis et figg. æri incisis.
Corneille le Brun.
  Voyage au Levant, c'est à dire dans les principaux en-
    droits de l'Asie mineure, dans les isles de Chio, de
    Rhodes, de Chypre &c. de même que dans les plus con-
    siderables villes d'Egypte, de Syrie et de la Terre Sainte ;
    traduit du Flamand.
    Pagg. 408. tabb. æneæ 210.   Delft, 1700. fol.
Paul Lucas.
  Voyage au Levant.   la Haye, 1705. 12.
    Tome 1. pagg. 231. Tome 2. pagg. 265 ; cum tabb.
    æneis.
  Voyage dans la Grece, l'Asie mineure, la Macedoine, et
    l'Afrique.   Paris, 1712. 12.
    Tome 1. pagg. 410. Tome 2. pagg. 139 ; præter His-
    toriam Tunetanam, non hujus loci ; cum tabb æneis.
    ——————   Amsterdam, 1714. 12.
    Tome 1. pagg. 323. Tome 2. pagg.108 ; præter histo-
    riam Tunetanam ; cum tabb. æneis.
  Voyage dans la Turquie, l'Asie, Sourie, Palestine, Haute
    et Basse-Egypte, &c.   ibid. 1720. 12.
    Tome 1. pagg. 436. Tome 2. pagg. 345 ; cum tabb.
    æneis.
Samuel Daniel.
  A voyage to the Levant.
    Memoirs for the curious, 1707. p. 63—70.
Joseph Pitton Tournefort.
  Relation d'un voyage du Levant.   Paris, 1717. 4.
    Tome 1. pagg. 544. Tome 2. pagg. 526 ; cum tabb.
    æneis plurimis.
    ——————— : A voyage into the Levant. London, 1741. 8.
    Vol. 1. pagg. 335. Vol. 2. pagg. 390. Vol. 3. pagg.
    364 ; cum tabb. æneis.
Thomas Shaw.
  Travels, or observations relating to several parts of Bar-
    bary and the Levant.   Oxford, 1738. fol.
    Pagg. 442. et 60 ; cum tabb. æneis.
  A supplement to a book entituled : Travels or Obser-

vations etc. wherein some objections lately made against
it, are fully considered and answered.
Pagg. 112. tab. ænea 1.   ib. 1746. fol.
A further vindication of the book of travels and the sup-
plement to it.   Pagg. 6.   (ib. 1747.)   fol.
Charles PERRY.
A view of the Levant, particularly of Constantinople,
Syria, Egypt, and Greece.
Pagg. 524. tabb. æneæ 33.   London, 1743. fol.
Richard POCOCKE.
A description of the East, and some other countries.
Vol. 1. Observations on Egypt.
Pagg. 310. tabb. æneæ 76.   London, 1743. fol.
Vol. 2. Part 1. Observations on Palæstine, Syria, Me-
sopotamia, Cyprus, and Candia.
Pagg. 268. tabb. 36.   1745.
Vol. 2. Part 2. Observations on the Islands of the Ar-
chipelago, Asia minor, Thrace, Greece, and some
other parts of Europe.   Pagg. 308. tab. 37—103.
Fredric HASSELQUISTS
Iter Palaestinum, eller Resa til Heliga Landet, förrättad
ifrån år 1749 til 1752, utgifven af C. Linnæus.
Pagg. 619.   Stockholm, 1757.   8.
————— : Voyages dans le Levant.   Paris, 1769.   12.
1 Partie pagg. 260.   2 Partie pagg. 201.
Literæ Hasselquistii ad Linnæum, priores, quæ in itinere, a pag. 569 ad 593, leguntur, germanice versæ
adsunt in Hamburg. Magaz. 7 Band, p. 160—201.

O. DAPPER.
Description exacte des isles de l'*Archipel,* et de quelques
autres adjacentes ; traduite du Flamand.
Amsterdam, 1703. fol.
Pagg. 556; cum tabb. æneis, et figg. æri incisis.
DELLA ROCCA.
Precis historique et economique sur l'ile de *Syra* ; dans
son Traité sur les Abeilles, Tome 1. p. 1—290.
Paris, 1790.   8.
Domenico SESTINI.
Lettere odeporiche, o sia viaggio per la penisola di *Cizico*
per Brussa, e Nicea.   Livorno, 1785.   8.
Tomo 1. pagg. 163.   Tomo 2. pagg. 138.
————— : Voyage dans la Grece Asiatique, à la penin-
sule de Cyzique, à Brusse, et à Nicée.
Pagg. 252.   Paris, 1789.   8.

Opuscoli. 1. Descrizione del littorale del *Canale di Cos-tantinopoli,* e della coltura delle Vigne lungo le coste del medesimo.
2. Della coltura di varie cose geoponiche lungo le coste medesime.
3. Idea dei Giardini Turco-Bisantini, e coltura dei varj fiori che si fa nei medesimi.
4. Della Caccia Turca, con una descrizione degli animali, e degli uccelli, che si osservano annualmente lungo il Canale di Costantinopoli.
  Pagg. 210.   Firenze, 1785, 12.

Archange LAMBERTI.
Relation de la Colchide ou *Mengrellie,* traduite de l'ita-lien. Collection de Voyages de Thevenot, Vol. 1. p. 31—52.

Alexander RUSSELL.
The natural history of *Aleppo,* and parts adjacent.
  Pagg. 266. tabb. æneæ 16. London, 1756. 4.
————— the second edition, revised, enlarged, and illus-trated with notes, by Pat. Russell. ib. 1794. 4.
Vol. 1. pagg. 446 et xxiii. tabb. æneæ 5. Vol. 2. pagg. 430 et xxxiv. tab. 5—16.

DE LA ROQUE.
Voyage de *Syrie* et du *Mont-Liban.* Paris, 1722. 12.
Tome 1. pagg. 347. Tome 2. pagg. 321; cum tabb. æneis.

Jerome DANDINI.
Voyage du *Mont Liban,* traduit de l'italien.
  Pagg. 256.   Paris, 1685. 12.
—————: A voyage to Mount Libanus.
Lord Oxford's Collection of voyages, Vol. 1. p. 831—873.

ANON.
Viazo da Venesia al sancto *Iberusalem,* et al monte Sinai, sepulcro de sancta Chaterina.
        Bologna, 1500. fol.
Trierniones 14; cum figg. ligno incisis.
—————: Viaggio da Venetia al sancto sepulchro et al monte Synai.   (Venetia,) 1519. 8.
Plagg. 16; cum figg. ligno incisis.
Hæc editio paulo diversa a priori.

Henry MAUNDRELL.
A journey from Aleppo to Jerusalem.
Second edition.   Oxford, 1707. 8.
Pagg. 145 ; cum tabb. æneis.

Laurens D'ARVIEUX.
Voyage fait par ordre du Roy Louis XIV. dans la Palestine, vers le Grand Emir, chef des Princes Arabes du
desert; (publié par la Roque). Paris, 1717. 12.
Pagg. 316; præter Abulfedæ descriptionem Arabiæ.

ABDOLLATIPHUS.
Historiæ *Ægypti* compendium, (ex Arabico.)
Pag. 1—40. (Oxonii.) 4.
Marcus Fridericus WENDELINUS.
Admiranda Nili.
Pagg. 255. Francofurti, 1623. 8.
Jean Michel VANSLEB.
Relation d'un voyage fait en Egypte.
Pagg. 423. Paris, 1677. 12.
Prosper ALPINUS.
Historiæ Ægypti naturalis Pars 1. Rerum Ægyptiacarum
libri 4; opus posthumum. Pagg. 248. tabb. æneæ 25.
Pars 2. de plantis Ægypti, cum notis Jo. Veslingii.
Pagg. 306. tabb. 72. Lugd. Bat. 1735. 4.
LE MASCRIER.
Description de l'Egypte, composée sur les memoires de
M. de MAILLET. Paris, 1735. 4.
Pagg. 328 et 242; cum tabb. æneis.
GRANGER.
Relation du voyage fait en Egypte, en l'anné 1730.
Pagg. 262. Paris, 1745. 12.

95. *Africæ.*

Johannes LEO *Africanus.*
De totius Africae descriptione libri 9, Joan. Floriano in-
terprete.
Foll. 302. Antverpiae, 1556. 8.
———— : Della descrittione dell' Africa, et delle cose
notabili, che quivi sono.
Viaggi raccolte da Ramusio, Vol. 1. fol. 1—95.
Luys DEL MARMOL *Caravaial.*
Descripcion general de Affrica. Grenada, 1573. fol.
1 Parte. foll. 294. 1 Parte. Vol. 2. foll. 308.
Tomus 3. desideratur. Deest etiam titulus Tomi 2.
———— : L'Afrique, de la traduction de Nicolas Perrot
sieur d'Ablancourt, enrichie des cartes geographiques
de M. Sanson. Paris, 1667. 4.
Tome 1. pagg. 532. Tome 2. pagg. 578. Tome 3.

pagg. 304; præter historiam Sheriforum D. de Tor-
res; cum mappis geographicis, æri incisis.
O. DAPPER.
Description de l'Afrique, traduite du Flamand.
Pagg. 534; cum tabb. æneis. Amsterdam, 1686. fol.
Aluise DA CA DA MOSTO.
Navigationi.
Viaggi raccolte da Ramusio, Vol. 1. fol. 96—111.
——— : Navigatio ad terras ignotas, Archangelo Ma-
drignano interprete.
Grynæi Novus orbis, p. 1—89.

———

A short relation of the River Nile and of other curiosities,
written by an eye-witness, who lived many years in the
chief kingdoms of the Abyssine empire, (*Jer.* LOBO,
vide Birch's history of the Royal Society, Vol. 2. p.
314.) translated out of a Portuguese manuscript, by
Sr. Peter Wyche, Knt.
Pagg. 104.   London, 1673. 12.
——— : Relation de la riviere du Nil, et autres choses
curieuses. Recueil de divers voyages en Afrique et
l'Amerique, p. 205—252.   Paris, 1684. 4.
Manoel D'ALMEYDA.
Historia geral de Ethiopia a alta, abreviada com nova re-
leyçam, e methodo, pelo P. Balthezar Telles.
                                    Coimbra, 1660. fol.
Pagg. 736; cum mappa geographica æri incisa.
Jobus LUDOLFUS, s. LEUTHOLF.
Historia Æthiopica, sive brevis et succincta descriptio
regni Habessinorum.   Francof. ad Moen. 1681. fol.
Duerniones 40. tabb. æneæ 8.
——— : A new history of Ethiopia.
Pagg. 398; cum tabb. æneis.   London, 1684. fol.
Ad suam historiam Æthiopicam commentarius.
                            Francof. ad Moen. 1691. fol.
Pagg. 631; cum tabb. æneis.
PONCET.
A voyage to Æthiopia, made in the years 1698—1700,
translated from the French.
Pagg. 138.   London, 1709. 12.
Jerome LOBO.
Voyage historique d'Abissinie, traduite du Portugais, con-
tinuée et augmentée de plusieurs dissertations, lettres
et memoires, par M. Le Grand.
Pagg. 514.   Paris et la Haye, 1728. 4.

—————— : A voyage to Abyssinia, with a continuation
of the history of Abyssinia, and fifteen dissertations relating to Abyssinia ; (translated by Samuel Johnson.)
  Pagg. 396.   London, 1735. 8.
James BRUCE *of Kinnaird.*
Travels to discover the source of the Nile, in the years
  1768—1773.   Edinburgh, 1790. 4.
  Vol. 1. pagg. lxxxiii et 535. tabb. æneæ 7. Vol. 2.
  pagg. 718. Vol. 3. pagg. 759. tabb. 4. Vol. 4.
  pagg. 695. tabb. 3. Vol. 5. pagg. 230. tabb. plantarum et animalium 42, eædemque coloribus fucatæ,
  præter figuram Rhinocerotis, quæ in archetypo atra-
  mento chinensi delineata erat ; mappæ geographicæ
  æri incisæ 3.
—————— : Reisen in das innere von Africa, nach Abys-
sinien, an die quellen des Nils, mit nöthiger abkurzung
ubersezt von E. W. Cuhn.   Rinteln, 1791. 8.
  1 Band. pagg. 496 ; cum mappa geographica. 2 Band.
  pagg. 430 ; cum mappa geogr.
Anhang zu J. Bruce reisen, welcher berichtigungen und
  zusäzze aus der naturgeschichte, von J. F. Gmelin, und
  aus der alten, besonders orientalischen litteratur, von
  verschiedenen gelehrten, enthält.
  Pagg. 176.   ib. 1791. 8.
Anmerkungen zu James Bruce's Reisen von Johann
  Friedrich Blumenbach. ex editione germanica integra,
  Vol. 5. p. 239—292.
Anmerkungen zu James Bruce's Reisen von Th. Chr.
  Tychsen. ibid. p. 293—360.

————————

POIRET.
Voyage en *Barbarie,* ou lettres ecrites de l'ancienne Nu-
  midie pendant les années 1785 & 1786.
                                      Paris, 1789. 8.
  1 Partie. pagg. 363. 2 Partie. pagg. 315.
Georg HÖST.
Efterretninger om *Marokos* og *Fes.*
  Pagg. 291. tabb. æneæ 34.   Kiöbenhavn, 1779. 4.
John BARBOT.
A description of the coasts of North and South *Guinea,*
  and of Ethiopia inferior, vulgarly *Angola.*
  Churchill's Collection of voyages, Vol. 5. p. 1—640.
Claude JANNEQUIN.
Voyage de *Lybie* au royaume de *Senega,* le long du Niger.
  Pagg. 228. tabb. æneæ 3.   Paris, 1643. 8.

Le Maire.
Voyages to the Canary Islands, Cape-Verde, Senegal, and Gambia. (1682.)
Lord Oxford's Collection of voyages, Vol 2. p. 597 —623.

Jean Baptiste Labat.
Nouvelle relation de l'Afrique occidentale, contenant une description exacte du Senegal et des païs situés entre le Cap-Blanc et la riviere de Serrelionne, jusqu'à plus de 300 lieues en avant dans les terres. Paris, 1728. 12.
Tome 1. pagg. 346. Tome 2. pagg. 376. Tome 3. pagg. 387. Tome 4. pagg. 392. Tome 5. pagg. 404; cum tabb. æneis.

Michel Adanson.
Relation abregée d'un voyage fait en Senegal pendant les années 1749—53. impr. avec son Histoire Naturelle du Senegal. Pagg. 190.   Paris, 1757. 4.

Demanet.
Nouvelle histoire de l'Afrique Françoise.
                                        Paris, 1767. 12.
Tome 1. pagg. 266. mappæ geographicæ, æri incisæ 3. Tome 2. pagg. 352.

Prelong.
Memoire sur les iles de Gorée et du Senegal.
Annales de Chimie, Tome 18. p. 241—309.

P. D. P.
Description de la Nigritie.   Paris, 1789. 8.
Pagg. 284; cum mappis geographicis, æri incisis.

C. B. Wadstrom.
Observations on the Slave trade, and a description of some part of the coast of Guinea, during a voyage, made in 1787 and 1788. Pagg. 67.   London, 1789. 8.

Francis Moore.
Travels into the inland parts of Africa, up the river *Gambia.*   London, 1738. 8.
Pagg. 305, 86 et 23; cum tabb. æneis.

John Matthews.
A voyage to the river *Sierra-Leone* on the coast of Africa.
Pagg. 183. tabb. æneæ 2.   London, 1788. 8.

P. D. M.
Beschryvinge ende historische verhael vant Gout koninck-rijck van *Guinea,* anders de Gout-custe de Mina genaemt.   Amstelredam, 1602. 4 obl.
Pagg. 129. tabb. æneæ 20.

K

———— : Descriptio auriferi regni Guineæ, latinitate
donata, opera Gotardi Arthus.
Pars 6ta Indiæ Orientalis de Bry.
Pagg. 127. tabb. æneæ 26. Francofurti, 1604. fol.
William Bosman.
A new description of the coast of Guinea, divided into the
Gold, the Slave, and the Ivory Coasts; translated from
the Dutch. The Second Edition.
Pagg. 456; cum tabb. æneis. London, 1721. 8.
James Houstoun.
Account of the situation, product, and natural history of
the coast of Guinea.
Pagg. 62. London, 1725. 8.
Anon.
Navigatione da Lisbona all' isola di San Tomè sotto la
linea dell' equinottiale, scritta per un pilotto Porto-
ghese, et tradotta di lingua Portoghese.
Viaggi raccolte da Ramusio, Vol. 1. fol. 114 verso—
118.
Philippus Pigafetta.
Regnum *Congo*, hoc est descriptio regni Africani, quod
Congus appellatur, olim ex Edoardi Lopez acroamatis
lingua italica excerpta, nunc latio sermone donata ab
Aug. Cassiod. Reinio.
Pars 1. Indiæ Orientalis De Bry.
Pagg. 60. tabb. æneæ 14. Francofurti, 1598. fol.
———— : A report of the kingdom of Congo, translated
out of Italian by Abr. Hartwell.
Lord Oxford's Collection of voyages, Vol. 2. p. 519
—583.
Denis de Carli.
Account of a voyage to Congo, in the years 1666 & 1667.
Churchill's Collection of voyages, Vol. 1. p. 483—519.
Angelo Piccardo *da Napoli.*
Relazione del viaggio nel regno di Congo, fatto dal P.
Girolamo Merolla *da Sorrento.*
Pagg. 316. tabb. æneæ 18. Napoli, 1726. 8.
———— : A voyage to Congo.
Churchill's Collection of voyages, Vol. 1. p. 521—616.
Proyart.
Histoire de *Loango, Kakongo,* et autres royaumes d'A-
frique, rédigée d'après les memoires des Prefets de la
mission françoise. Paris, 1776. 8.
Pagg. 390. mappa geogr. æri incisa 1.

96. *Africæ Australis.*

Wilhelmus ten Rhyne.
Schediasma dé Promontorio Bonæ Spei, ejusve tractus in-
colis Hottentottis, accurante, brevesque notas addente
Henr. Screta Schotn. a Zavorziz.
Pagg. 76.   Scafusii, 1686. 8.
——————— : An account of the Cape of Good Hope.
Churchill's Collection of Voyages, Vol. 4. p. 762—776.
Peter Kolbe.
Naaukeurige en uitvoerige beschryving van de Kaap de
Goede Hoop.   Amsterdam, 1727. fol.
1 Deel. pagg. 529. 2 Deel. pagg. 449 ; cum tabb.
æneis.
Nicolas Louis de la Caille,
Journal historique d'un voyage fait au Cap de Bonne-es-
perance.   Paris, 1763. 12.
Pagg. 380 ; cum mappa geogr. æri incisa.
Anon.
Nouvelle description du Cap de Bonne-esperance, avec un
journal historique d'un voyage de terre, dans l'interieur
de l'Afrique, par une caravane sous le commandement
de M. Henri Hop, (1761, 1762.) Amsterdam, 1778. 8.
Pagg. 130 et 100. tabb. æneæ 16.
Andreas Sparrman.
An account of a journey into Africa from the Cape of
Good-Hope.
Philosoph. Transact. Vol. 67. p. 38—42.
Resa till Goda Hopps-udden, södra pol-kretsen och om-
kring jordklotet, samt till Hottentott-och Caffer-landen,
åren 1772—1776. 1 Delen.   Stockholm, 1783. 8.
Pagg. 766. tabb. æneæ 10. Tomus 2. non prodiit.
——————— : Reise nach dem Vorgebirge der Guten Hoff-
nung, den südlichen polarländern und um die welt,
hauptsächlich aber in den ländern der Hottentotten
und Kaffern, frey übersezt von Chr. Heinr. Groskurd,
mit einer vorrede von Ge. Forster.
Pagg. 626. tabb. æneæ 14.   Berlin, 1784. 8.
——————— : A voyage to the Cape of Good Hope, towards
the antarctic polar circle, and round the world, but
chiefly into the country of the Hottentots and Caffres.
London, 1785. 4.
Vol. 1. pagg. 368. tabb. æneæ 4. Vol. 2. pagg. 350.
tabb. 7.

William PATERSON.
A narrrative of four journeys into the country of the
Hottentots, and Caffraria, in the years 1777, 8, and 9.
London, 1789. 4.
Pagg. 171; cum mappa geogr. & tabb. æneis color. 17.
F. LE VAILLANT.
Voyage dans l'interieur de l'Afrique, par le Cap de bonne-
esperance, dans les années 1780—1785. Paris, 1790. 8.
Tome 1. pagg. 383. tabb. æn. 6. Tome 2. pagg. 399.
tabb. 6.
Second voyage dans l'interieur de l'Afrique, par le Cap de
bonne-esperánce, dans les années 1783, 84, et 85.
ib. l'an 3. 8.
Tome 1. pagg. 304. tabb. æneæ 5. Tome 2, pagg.
426. tab. 5bis—11. Tome 3. pagg. 525. tab. 11bis—18.
ROGERS.
An account of *Natal* in Africk. in the 2d Vol. of a Col-
lection of voyages in 4 Vols, Part 3. p. 108—112.
London, 1729. 8.

97. *Insularum Africæ adjacentium.*

Lieutenant RYE.
An excursion to the *Peak of Teneriffe* in 1791.
Pagg. 34. London, 1793. 4.
Richard BOOTHBY.
A brief discovery or description of the Island of *Mada-
gascar.* (1644.)
Lord Oxford's Collection of voyages, Vol. 2. p. 625—663.
MORISOT.
Relation du voyage que *François* CAUCHE a fait à Mada-
gascar, isles adjacentes, et coste d'Afrique.
Relations veritables de l'Isle de Madagascar, &c. p. 1
—193. Paris, 1651. 4.
Etienne DE FLACOURT.
Histoire de la grande isle Madagascar.
Pagg. 471; cum tabb. æneis. Paris, 1661. 4.
Robert DRURY.
Madagascar, or journal during fifteen years captivity in
that island.
Pagg. 464; cum tabb. æneis. London, 1729. 8.
(*Bernardin* DE SAINTPIERRE.)
Voyage à *l'Isle de France*, à l'Isle de Bourbon, au Cap
de Bonne-esperance, &c. par un Officier du Roi.
Amsterdam, 1773. 8.

Tome 1. pagg. 328. tabb. æneæ 4. Tome 2. pagg. 278. tabb. 5, 6.

98. *Asiæ.*

William DE RUBRUQUIS.
 Itinerarium ad partes orientales a. 1253.
  Hakluyt's Voyages, Vol. 1. p. 71—92.
  ————— in english, ibid. p. 93—117.
  Initium tantum hujus relationis, quæ integra in sequentibus:
 Journall unto the east parts of the world, A. D. 1253.
  Purchas his Pilgrimes, 3 Part, p. 1—52.
  ————— Harris's Collection of voyages, Vol. 1. p. 556—592.
  —————: Voyage en diferentes parties de l'orient, traduit de l'anglois par Pierre Bergeron.
  Voyages en Asie dans les 12—15 siecles. Coll. 161.
Marco POLO s. *M.* PAULUS *Venetus.*
 De regionibus orientalibus libri 3.
  Grynæi Novus orbis, p. 329—417.
  ————— notis illustrati ab Andr. Mullero.
                    Colon. Brandenburg. 1671. 4.
  Pagg. 167; præter Haithoni historiam orientalem, et Mullerum de Chataja.
  —————: Delle cose de' Tartari et dell' Indie Orientali.
  Viaggi raccolte da Ramusio, Vol. 2. fol. 1—60.
  —————: Travels into the East parts of the world.
   Pagg. 167.   London, 1579. 4.
  —————: His Voyages. (e Ramusio.)
  Purchas his Pilgrimes, 3 Part, p. 65—107.
  ————— ————— Harris's Collection of voyages, Vol. 1. p. 593—629.
  —————: Voyages par toute l'Asie. (e latina editione Mulleri.)
  Voyages en Asie dans les 12—15 siecles. Coll. 185.
POGGIO *Fiorentino.*
 Viaggi di Nicolo di Conti, Venetiano (1449.)
  Viaggi raccolte da Ramusio, Vol. 1. fol. 338—345.
Ludovico DE VARTHEMA.
 Itinerario ne lo Egypto, ne la Suria, ne la Arabia Deserta et Felice, ne la Persia, ne la India (1503.)
   Plagg. 11½.   Venezia, 1517. 8.
  —————: Itinerario di Lodovico Barthema.
  Viaggi raccolte da Ramusio, Vol. 1. fol. 147—175.

———— : Ludovici Romani navigatio Æthiopiæ, Ægyp-
ti, utriusque Arabiæ, Persidis, Syriæ, ac Indiæ intra et
extra Gangem; Archang. Madrignano interprete.
Grynæi Novus orbis, p. 187—296.
———— : The navigation and vyages of Lewes Verto-
mannus, to the regions of Arabia, Egypte, Persia, Sy-
ria, Ethiopia and East India, translated by Rich. Eden;
in R. Willes's History of travayles, fol. 354—421.
Andrea CORSALI.
Lettere due allo ill. Sign. Giuliano de Medici Duca di
Fiorenza, nell' anno 1515.
Viaggi raccolte da Ramusio, Vol. 1. fol. 176—188.
Odoardo BARBOSA.
Libro di Odoardo Barbosa Portoghese. (1516.)
ibid. fol. 288—323.
ANON.
Sommario di tutti li regni, città et popoli orientali, con li
traffichi, e mercantie, che ivi si trovano, cominciando
dal mar Rosso fino alli popoli della China; tradotto
dalla lingua portoghese. ibid. fol. 324—337.
Cesare DE' FEDRICI.
Viaggio nell' India Orientale et oltra l'India, per via di
Soria. (1563.) ibid. Vol. 3. fol. 386—398.
————; The voyage and trauaile of M. Cæsar Frede-
rick, into the East India, the Indies, and beyond the
Indies; out of Italian by Thom. Hickock.
Foll. 41.   London, 1588. 4.
———— Hakluyt's Collection of voyages, Vol. 2.
Part. 1. p. 213—244.
Pietro DELLA VALLE.
Voyages dans la Turquie, l'Egypte, la Palestine, la Perse,
les Indes Orientales, et autres lieux (1614—1626.)
                                       Paris, 1745. 12.
Tome 1. pagg. 426. Tome 2. pagg. 430. Tome 3.
pagg. 452. Tome 4. pagg. 424. Tome 5. pagg. 432.
Tome 6. pagg. 410. Tome 7. pagg. 420. Tome 8.
pagg. 416.
———— : Travels into East-India and Arabia deserta.
                                       London, 1665. fol.
Pagg. 324; præter Iter Anon. de quo infra p. 138.
Hæc pars ejus itineris, in editione gallica, a Tomo 6.
p. 247. ad Tom. 8. p. 254.
Sir Thomas HERBERT, *Bart.*
Some yeares travels into divers parts of Asia and Afrique,

describing especially the two famous empires, the Persian, and Great Mogull (1626) ; revised and enlarged.
Pagg. 364; cum figg. æri incisis. London, 1638. fol.
———— 4th impression. London, 1677. fol.
Pagg. 399; cum figg. æri incisis.
Philippus *a SSma Trinitate, Carmelita Discalceatus.*
Itinerarium Orientale. (1629.)
Pagg. 431. Lugduni, 1649. 8.
de Thevenot.
Relation d'un voyage fait au Levant.
Pagg. 576. Paris, 1665. 4.
———— Voll. 2. Pagg. 939; cum tabb. æneis.
ib. 1689. 12.
Suite du voyage au Levant.
Voll. 2. Pagg. 709; cum tabb. æneis. ib. 1689. 12.
Voyages aux Indes Orientales.
Pagg. 344; cum tabb. æneis. ib. 1689. 12.
——— ——— ———: Travels into the Levant, in 3 parts,
viz. into 1. Turkey. 2. Persia. 3. The East-Indies.
London, 1687. fol.
1 Part. pagg. 291. 2 Part. pagg. 200. 3 Part. pagg.
114; cum tabb. æneis.
Vincenzo Maria di S. Caterina da Siena.
Viaggio all' Indie Orientali.
Pagg. 482. Roma, 1672. fol.
John Fryer.
A new account of East-India and Persia, being nine years
travels, begun 1672, and finished 1681.
Pagg. 427; cum tabb. æneis. London, 1698. fol.
——— : Negenjaarige reyse door Oostindien en Persien.
Pagg. 566; cum tabb. æneis. Gravenhage, 1700. 4.
Anon.
Some observations sent from the East Indies, in answer to
some queries sent thither by Rich. Waller.
Philosoph. Transact. Vol. 20. n. 243. p. 273—277.
Engelbertus Kæmpfer.
Amoenitatum exoticarum politico-physico-medicarum fasciculi 5, quibus continentur variæ relationes, observationes et descriptiones rerum Persicarum et ulterioris Asiæ.
Pagg. 912; cum tabb. æneis. Lemgoviæ, 1712. 4.
Jean Baptiste Tavernier.
Six voyages en Turquie, en Perse, et aux Indes.
la Haye, 1718. 12.

Tome 1. pagg. 408. 2 Partie. pag. 409—782. Tome
2. pagg. 226. 2 Partie. pag. 227—616. Tome 3.
pagg. 240. 2 Partie. pag. 241—564; cum tabb. æneis.
Corneille LE BRUN.
  Voyages par la Moscovie, en Perse, et aux Indes Orientales.
                                        Amsterdam, 1718. fol.
  Tome 1. pagg. 252. Tom. 2. pag. 253—468; cum
  tabb. æneis plurimis.
François VALENTYN.
  Oud-en nieuw Oost-Indien.
    1 Deel. pagg. 428.
                        Dordrecht et Amsterdam, 1724. fol.
    2 Deel. pagg. 351, 282 et 48.
    3 Deel. pagg. 515.   1726.
      2 Stuk. pag. 517—586; 259 et 96.
    4 Deel. pagg. 491.
      2 Stuk. pag. 311 et 166.
    5 Deel. pagg. 360, 46 et 462.
      2 Stuk. pagg. 48, 166 et 160.
      cum tabb. æneis plurimis.
Olof TOREN.
  Én Ostindisk resa til Suratte, China &c. från 1750 Apr.
    1. til 1752 Jun. 26. uti bref öfversänd til Archiat. Lin-
    næus. tryckt med Osbecks Ostindiska resa; p. 313—
    376.
  ————: Eine Ostindische reise nach Suratte, China
    &c. gedr. mit Osbeck's Reise nach Ostindien; p. 431
    —514.
  ————: A voyage to Suratte, China &c. printed with
    Osbeck's Voyage to China; Vol. 2. p. 153—266.
John BELL.
  Travels from St. Petersburg, to diverse parts of Asia.
                                        Dublin, 1764. 8.
    Vol. 1. pagg. 387; cum mappa geogr. æri incisa. Vol.
    2. pagg. 469.
Edward IVES.
  A voyage from England to India, in the year 1755, also a
    journey from Persia to England.
    Pagg. 506; cum tabb. æneis.   London, 1773. 4.
Carsten NIEBUHR.
  Reisebeschreibung nach Arabien und andern umliegenden
    ländern.
    1 Band. pagg. 505. tabb: æneæ 72.
                                        Kopenhagen, 1774. 4.
    2 Band. pagg. 479. tabb. 52.   1778.

————: Voyage en Arabie et en d'autres pays circon-
voisins.   Amsterd. et Utrecht, 1776.   4.
Tome 1. pagg. 409. tabb. æneæ 72.
Tome 2. pagg. 389. tabb. 52.   1780.
P. Sonnerat.
Vóyage aux Indes Orientales et à la Chine, fait par ordre
du Roi, depuis 1774 jusqu'en 1781.   Paris, 1782. 4.
Tome 1. pagg. 317. tabb. æneæ 80.   Tome 2. pagg.
298. tab. 81—140.

La Roque.
Voyage de l'*Arabie* heureuse, avec la relation particuliere
d'un voyage du port de Moka à la cour du Roi d'Ye-
men.   Amsterdam, 1716.   12.
Pagg. 233 ; præter libellos de Coffea, de quibus Tomo
3. P. 574.
————: A voyage to Arabia the happy.
London, 1726. 12.
Pagg. 216 ; præter libellos de Coffea.
Carsten Niebuhr.
Beschreibung von Arabien.   Kopenhagen, 1772.   4.
Pagg. xlvii et 431. tabb. æneæ 25.
————: Description de l'Arabie.   ibid. 1773. 4.
Pagg. xliii et 372. tabb. æneæ eædem.
Adam Olearius.
Beschreibung seiner gethanen reise aus Holstein nach Mus-
scau und *Persien.* in seine Colligirte reisebeschreibun-
gen.   Hamburg, 1696. fol.
Pagg. 403 ; cum tabb. æneis, et figg. æri incisis.
———— : The voyages and travels of the Ambassadors
sent by Frederick Duke of Holstein, to the Great Duke
of Muscovy, and the King of Persia, begun 1633, and
finished 1639, rendered into English by John Davies.
London, 1662. fol.
Pagg. 424 ; cum mappis geogr. æri incisis ; præter iter
J. A. de Mandelslo, de quo infra pag. 139.
Carl Hablizl.
Bemerkungen in der Persischen landschaft Gilan, und auf
den Gilanischen gebirgen.
Pallas's neu. Nord. Beytr. 4 Band, p. 1—104.
Engelbertus Kæmpfer.
Okoressa, sive Okesra, peninsula Mediæ, naturæ prodi-
giis conspicua.
in ejus Amoenitat. exoticis, p. 262—286.

Memorabilia montis Bennà, in Persidis provincia Laar.
in ejus Amoenitat. exoticis, p. 381—427.
John STEWART.
An account of the kingdom of *Thibet.*
Philosoph. Transact. Vol. 67. p. 465—492.
——————: Ragguaglio intorno al regno del Thibet.
Opuscoli scelti, Tomo 2. p. 38—51.
HAKMANN.
Nachrichten, betreffend die erdbeschreibung, geschichte
und natürliche beschaffenheit von Tybet.
Pallas neu. Nord. Beytr. 4 Band, p. 271—308.
——————: Berigten betreffende de aardrykskundige be-
schryving, geschiedenis en natuurkundige gesteldheid
van Tybeth.
Algem. geneeskund. Jaarboeken, 2 Deel, p. 146—171.

99. *Indiæ Orientalis.*

G. M. A. W. L.
Historie van Indien, waer inne verhaelt is de avontueren
die de Hollandtsche schepen bejeghent zijn. (1595—
1597.)
Foll. 68; cum tabb. æneis.   4. obl.
Deest titulus.
ANON.
Descriptio navigationis ab Hollandis cum octo navibus in
Indiam Orientalem, comprimis autem in insulas Javanas
et Molluccanas susceptæ, annis 1598—1600.
Pars 5ta Indiæ Orientalis de Bry.
Pagg. 60. tabb. æneæ 20.   Francofurti, 1601.   fol.
François PYRARD *de Laual.*
Discours du voyage des François aux Indes Orientales.
Pagg. 372.   Paris, 1611.   8.
ANON.
A voyage to East-India, with a description of the large
territories under the subjection of the Great Mogol.
(1615.) printed with the Travels of Pietro della Valle;
p. 325—480.
Johann Albrecht VON MANDELSLO.
Morgenländische reise-beschreibung, herausgegeben durch
Adam Olearium, mit desselben anmerckungen. (1638
—1640.)
in Olearii colligirt. Reisebeschreibungen.
Hamburg, 1696.   fol.
Pagg. 174; cum figg. æri incisis.

————— : Voyages faits de Perse aux Indes Orientales, traduits (et augmentés) par A. de Wicquefort. Coll. 808; cum tabb. æneis. Amsterdam, 1727. fol.

————— : Voyages and travels into the East-Indies, rendered into English by John Davies; printed with Olearius's Travels. London, 1696. fol. Pagg. 287; cum mappa geogr. æri incisa.

————— : Remarks and observations in his passage from the kingdom of Persia through several countries of the Indies. (Omisso libro 3tio.) Harris's Collection of voyages, Vol. 1. p. 749—809.

Joan NIEUHOF.

Zee-en lant-reize door verscheide gewesten van Oostindien. (1653 et seqq.) Pagg. 308. tabb. æneæ 44. Amsterdam, 1682. fol.

————— : Voyages and travels to the East-Indies. Churchill's Collection of Voyages, Vol. 2. p. 138—305.

Albrecht HERPORT.

Eine kurze Ost-Indianische Reiss-beschreibung (1659—1668.) Pagg. 242; cum tabb. æneis. Bern, 1669. 8.

François BERNIER.

Voyages, contenant la description des etats du Grand Mogol, de l'Hindoustan, du royaume de Kachemire &c. (1663—1668.) Amsterdam, 1699. 12. Tome 1. pagg. 320. Tome 2. pagg. 358; cum tabb. æneis.

————— : Voyage to Surat, &c. Lord Oxford's Collection of voyages, Vol. 2. p. 101—236.

DELLON.

Relation d'un voyage des Indes Orientales.
Paris, 1685. 12.
Tome 1. pagg. 284. Tome 2. pagg. 172; præter tractatum de morbis Indiæ Orientalis.

George MEISTER.

Der Orientalisch-indianische kunst-und lust-gärtner, wie auch anmerkungen, was bey des Autoris zweymahliger reise nach Jappan, von Java major, längst derer cüsten Sina, Siam, und rückwerts über Malacca, observiret worden.
Pagg. 310; cum tabb. æneis. Dresden, 1692. 4.
————— Dresden und Leipzig, 1730. 4.
Eadem editio, novo titulo.

J. OVINGTON.

A voyage to Suratt, in the year 1689.
Pagg. 606. London, 1696. 8.

Giovanni BORGHESI.
Lettera scritta da Pondisceri, nella quale si contengono,
oltre a un pieno racconto del viaggio da Roma fino alle
coste dell' Indie Orientali, varie nuove osservazioni me-
diche, anatomiche, bottaniche, naturali; tradotta dal
manuscritto latino da Gio. Mario de' Crescimbeni.
Roma, 1705. 12.
Pagg. 245; cum mappa geographica.
LUILLIER.
Nouveau voyage aux grandes Indes.
Rotterdam, 1726. 8.
Pagg. 198; præter tractatum de morbis regionum ori-
entalium.
————: A voyage to the East-Indies. printed with
W. Symson's voyage to the East-Indies; p. 230—340.
London, 1720. 8.
GROSE.
A voyage to the East Indies.   London, 1772. 8.
Vol. 1. pagg. 343; præter itinerarium ab Aleppo ad
Basram, non hujus loci. Vol. 2. pagg. 478; cum tabb.
æneis.
LE GENTIL.
Voyage dans les Mers de l'Inde, fait par ordre du Roi, à
l'occasion du passage de Venus, sur le disque du Soleil,
le 6 Juin 1761, et le 3 du même mois 1769.
Tome 1. pagg. 707. tabb. æneæ 13. Paris, 1779. 4.
Tome 2. pagg. 844. tabb. 14.   1781.
ROCHON.
Voyage à Madagascar et aux Indes Orientales.
Paris, 1791. 8.
Pagg. 322; cum mappa geogr. æri incisa.

———

Philip BALDÆUS.
Description of the East-India coasts of *Malabar* and *Co-
romandel,* as also of the isle of *Ceylon.*
Churchill's Collection of voyages, Vol. 3. p. 509—
793.
August HENNINGS.
Geschichte des *Carnatiks* in beziehung auf das Tanjou-
rische gebiet und der Dänischen colonie.
Pagg. 592.   Hamburg u. Kiel, 1785. 8.
Johann Gerhard KÖNIG.
Reise fra Trankebar til (de Palliacattiske bierge og) *Zey-
lon.*
Kiöbenh. Selsk. Skrifter, 12 Deel, p. 383—402.

Richard KNOX.
An historical relation of the island Ceylon.
Pagg. 189; cum tabb. æneis.   London, 1681. fol.
STRACHAN.
Observations made in the island of Ceilan.
Philosoph. Transact. Vol. 23. n. 278. p. 1094—1096.
282. p. 1248—1250.
Johann Christoph WOLF.
Reise nach Zeilan.
(1 Theil.) pagg. 254.   Berlin, 1782. 8.
2 Theil. pagg. 137.   1784.
——————: The life and adventures of J. C. Wolf. (Pars
tantum prior.)   London, 1785. 8.
Pagg. 299; præter libellum sequentem.
ESCHELSKROON.
Description of the Island of Ceylon. printed with the
foregoing; p. 301—344.
William HUNTER.
A concise account of the kingdom of *Pegu.*
Pagg. 152.   Calcutta, 1785. 4.
Nicolas GERVAISE.
Histoire naturelle et politique du Royaume de *Siam.*
Paris, 1688. 4.
Pagg. 324; cum mappa geogr. æri incisa.
Guy TACHARD.
Voyage de Siam des Peres Jesuites, envoyés par le Roy.
Pagg. 317. tabb. æneæ 30.   Amsterdam, 1689. 12.
Seconde Voyage au Royaume de Siam.
Pagg. 416; cum tabb. æneis.   Paris, 1689. 4.
—————— Pagg. 369; cum tabb. æneis.
Amsterdam, 1689. 12.
L. D. C. (DE CHOISY. Stuck p. 73.)
Journal ou suite du voyage de Siam, fait en 1685 et 1686.
Pagg. 377.   Amsterdam, 1688. 12.
DE LA LOUBERE.
A new historical relation of the kingdom of Siam, done
out of French.
Pagg. 260; cum tabb. æneis.   London, 1693. fol.
TURPIN.
Histoire civile et naturelle du royaume de Siam.
Paris, 1771. 12.
Tome 1. pagg. 450.   Tome 2. pagg. 444.
——————: Caput 12. de arboribus et 13. de quadrupedi-
bus, germanice, in Berlin. Sammlung. 8 Band, p. 137—
167, p. 254—265, et p. 596—633.

Charles MILLER.
  An account of the Island of *Sumatra.*
    Philosoph. Transact. Vol. 68. p. 160—179.
    ———— : Uittrekzel uit eenige brieven, geevendee enige
    verhaalen van de inwendige gesteldheid van het eiland
    Sumatra.
    Nieuwe geneeskund. Jaarboeken, 1 Deel, p. 32—39.
William MARSDEN.
  The history of Sumatra.
    Pagg. 375. tabb. æneæ 2.　　　London, 1783.　4.
    ———— : Second edition.　　　　ib. 1784.　4.
    Pagg. 373. tabb. æneæ 2.

100. *Cochinchinæ.*

Christophoro BARRI. (BORRI in Churchill.)
  Cochinchina, containing many admirable rarities and sin-
    gularities of that countrey, extracted out of an Italian
    relation, by Rob. Ashley.
    Plagg. 9.　　　　　　　　London, 1633.　4.
  An account of Cochin-china in two parts.
    Churchill's Collection of Voyages, Vol. 2. p. 699—743.
    Pars prior eadem ac præcedens libellus, et ejusdem ver-
    sionis, quæ tamen ad hodiernum loquendi usum accom-
    modata.

101. *Tunkini.*

Samuel BARON.
  A description of the Kingdom of Tonqueen.
    Churchill's Collection of voyages, Vol. 6. p. 117—160.
RICHARD.
  Histoire naturelle, civile et politique du Tonquin.
　　　　　　　　　　　　　　　Paris, 1778.　12.
    Tome 1. pagg. 366.　Tome 2. pagg. totidem.

102. *Chinæ.*

Athanasius KIRCHER.
  China monumentis qua sacris qua profanis, nec non variis
    naturæ et artis spectaculis illustrata.
　　　　　　　　　　　Amstelodami, 1667.　fol.
    Pagg. 237; cum tabb. æneis, et figg. æri incisis.
Johannes NIEUHOF.
  Legatio Batavica ad magnum Tartariæ Chamum Sung-

teium, modernum Sinæ Imperatorem, 1655—1657; latinitate donata per Georg. Hornium.

Amstelodami, 1668. fol.

Pagg. 184 et 172 ; cum tabb. æneis, et figg. æri incisis.

——————: An embassy from the East-India Company of
the United Provinces, to the Grand Tartar Cham Emperor of China, with an appendix of several remarks
taken out of Father Athanasius Kircher, englished by
John Ogilby. London, 1673. fol.

Pagg. 431 ; cum figg. æri incisis.

Arnoldus MONTANUS.

Atlas Chinensis, being a second part of a relation of remarkable passages in two embassies from the East-India
Company of the United Provinces, to the Vice-roy Singlamong and General Taising Lipovi, and to Konchi,
Emperor of China and East-Tartary; englished by John
Ogilby.

Pagg. 723; cum figg. æri incisis.   ib. 1671. fol.

Dominick Fernandez NAVARETTE.

An account of the empire of China. Churchill's Collection
of voyages, Vol. 1. p. 1—311, and Vol. 6. p. 751—824.

Louis LE COMTE.

Nouveau memoires sur l'etat present de la Chine.

Amsterdam, 1697. 12.

Tome 1. pagg. 369. Tome 2. pagg. 386 ; cum tabb.
æneis.

——————: Memoirs and observations made in a late journey through the Empire of China.

Pagg. 527; cum tabb. æneis.   London, 1697. 8.

James CUNNINGHAM.

Letters giving an account of his voyage to Chusan, and
of that island.

Philosoph. Transact. Vol. 23. n. 280. p. 1201—1209.

—————— Harris's Collection of Voyages, Vol. 1. p. 852
—854.

Evert Ysbrand IDES.

Three years travels from Moscow over land to China, translated from the Dutch.

Pagg. 210; cum tabb. æneis.   London, 1706. 4.

—————— La partie de son voyage, qui traite de la Russie,
est traduite dans les Voyages de Le Brun par la Moscovie en Perse, Vol. 1. p. 100—143.

Jean Baptiste DU HALDE.

Description de l'empire de la Chine et de la Tartarie Chinoise.   Paris, 1735. fol.

Tome 1. pagg. 592.   Tome 2. pagg. 725.   Tome 3.
pagg. 565.   Tome 4. pagg. 520. cum tabb: æneis.
Pebr OSBECK.
Dagbok öfver en Ostindisk resa åren 1750—1752.
Stockholm, 1757.   8.
Pagg. 312. tabb. æneæ 12 ; præter iter Toreni, de quo
supra pag. 136.
———— : Reise nach Ostindien und China, übersezt von
J. G. Georgi.   Rostock, 1765.   8.
Pagg. 410. tabb. æneæ 13 ; præter orationem auctoris
mox dicendam, iter Toreni, et Ekeberg de Oeconomia
Sinensium.
———— : A voyage to China and the East Indies, trans-
lated from the German by J. R. Forster.
London, 1771.   8.
Vol. 1. pagg. 396.   Vol. 2. pagg. 128 ; præter libel-
los supradictos, et Faunulam Floramque Sinensem, de
quibus Tomo 2. p. 31, et Tomo 3. p. 182.
Anledningar til nyttig upmärksamhet under Chinesiska
resor, upgifne i K. Vet. Academien, uti et Inträdes-Tal.
Pagg. 20.   Stockholm, 1758.   8.
———— : Anleitungen zu einer nüzlichen aufmerksam-
keit bey Chinesischen reisen.   impr. cum itinere ejus ;
p. 411—430.
———— : A speech, shewing whàt should be attended to
in voyages to China ; printed with his voyage ; Vol. 2.
p. 129—152.
Carolo A LINNE
Præside, Dissertatio sistens Iter in Chinam.   Resp. Andr.
Sparrman.
Pagg. 16.   Upsaliæ, 1768.   4.
———— Amoenitat. Academ. Vol. 7. p. 497—506.
KIEN-LONG, *Empereur de la Chine.*
Eloge de la ville de Moukden, et de ses environs, poeme ;
accompagné de notes curieuses sur la geographie, sur
l'histoire naturelle de la Tartarie Orientale, et sur les
anciens usages des Chinois, composées par les Editeurs
Chinois et Tartares ; traduit en François par le P.
Amiot.   Pagg. 381.   Paris, 1770.   8.
Carl Gustav EKEBERG.
Ostindisk resa, åren 1770 och 1771.
Pagg. 170. tabb. æneæ 6.   Stockholm, 1773.   8.
Les Missionaires de Pekin.
Memoires concernant l'histoire, les sciences, les arts, les
mœurs, les usages &c. des Chinois.

Tome 1. pagg. 485. tabb. æneæ 9. Paris, 1776. 4.
  2. pagg. 650. tabb. 10.   1777.
  3. pagg. 504. tabb. 6.   1778.
  4. pagg. 510. tabb. 7.   1779.
  5. pagg. 518. tabb. 3.   1780.
  6. pagg. 380. tabb. 26.
  7. pagg. 396. tabb. 33.   1782.
  8. pagg. 375. tabb. 30.
  9. pagg. 470. tabb. 12.   1783.
 10. pagg. 510.   1784.
 11. pagg. 609. tab. 1.   1786.
 12. pagg. 532. tabb. 18.
 13. pagg. 543. tabb. 3.   1788.
 14. pagg. 561.   1789.
 15. pagg. 516.   1791.

GROSIER.
A general description of China; translated from the french.   London, 1788. 8.
Vol. 1. pagg. 582. Vol. 2. pagg. 524; cum tabb. æneis.

Sir George STAUNTON, *Bart.*
An authentic account of an embassy from the King of Great Britain to the Emperor of China.
        London, 1797. 4.
Vol. 1. pagg. 518. Vol. 2. pagg. 626; cum figg. æri incisis. tabb. æneæ 44.

103. *Insularum inter Asiam et Americam.*

Arnoldus MONTANUS.
Atlas Japannensis, being remarkable addresses by way of embassy from the East-India Company of the United Provinces, to the Emperor of *Japan*; englished by John Ogilby.   London, 1670. fol.
Pagg. 488; cum tabb. æneis, et figg. æri incisis.

Engelbert KÆMPFER.
Geschichte und beschreibung von Japan, aus den originalhandschriften des verfassers herausgegeben von Chr. Wilh. Dohm.   Lemgo, 1777. 4.
1 Band. pagg. 310. tabb. æneæ 18.
2 Band. pagg. 478. tab. 19—45.   1779.
————: The history of Japan, translated from the original manuscript by J. G. Scheuchzer.
        London, 1728. fol.
Vol. 1. pagg. 391. tabb. æneæ 20. Vol. 2. pag. 393—

612 et 75. tab. 21—45; præter Journal of a voyage to
Japan, made by the English in 1673.
In Berlin. Sammlung. 10 Band, p. 104—180, excerpta
hujus libri, sub titulo: Kurze naturgeschichte der Ja-
panischen länder.

ANON.
Relation des isles *Philipines,* faite par un Religieux qui y
a demeuré 18 ans, traduite d'un manuscrit Espagnol.
Collection de voyages de Thevenot, Vol. 2. pagg. 13.
George KEATE.
An account of the *Pelew* islands, from the journals and
communications of Capt. Henry Wilson, and some of his
Officers, who, in 1783, were there shipwrecked, in the
Antelope.
Pagg. 378; cum tabb. æneis.   London, 1788.   8.
ANON.
Discovery of the islands of *Salomon.*
Churchill's Collection of Voyages, Vol. 5. p. 695—
707.
SONNERAT.
Voyage à la *Nouvelle Guinée.*
Pagg. 206. tabb. æneæ 120.   Paris, 1776.   4.
Thomas FORREST.
A voyage to New Guinea, and the Moluccas, from Balam-
bangan, during the years 1774—76.
Pagg. 388 et 13. tabb. æneæ 27.   London, 1779.   4.
Bartolome Leonardo DE ARGENSOLA.
Conquista de las islas *Malucas.*
Pagg. 407.   Madrid, 1609.   fol.
————: The discovery and conquest of the Molucco
and Philippine islands.
Pagg. 260. tabb. æneæ 4.   London, 1708.   4.
Daniel BEECKMAN.
A voyage to and from the island of *Borneo.*
Pagg. 205; cum tabb. æneis.   London, 1718.   8.
WITSEN.
A letter concerning some late observations in *Nova Hol-
landia.*
Philosoph. Transact. Vol. 20. n. 245. p. 361, 362.
William DAMPIER.
A voyage to New Holland, &c. in the year 1699.
Pagg. 162. tabb. æneæ 5.   London, 1703.   8.
———— in a Collection of voyages in 4 vols; Vol. 3.
p. 1—116.   ib. 1729.   8.

A continuation of a voyage to New Holland. ib. p. 117
—260.
ANON.
The voyage of Governor Phillip to Botany Bay, with an
account of the establishment of the colonies of Port
Jackson and Norfolk island, compiled from authentic
papers, which have been obtained from the several de-
partments ; to which are added the journals of Lieuts.
Shortland, Watts, Ball, and Capt. Marshall, with an
account of their new discoveries. London, 1789. 4.
Pagg. 298 et lxxiv. tabb. æneæ 55.
John WHITE.
Journal of a voyage to New South Wales.
Pagg. 299. tabb. æneæ color. 65. London, 1790. 4.
John HUNTER.
An historical journal of the transactions at Port Jackson
and Norfolk island, with the discoveries which have
been made in New South Wales and in the Southern
Ocean, since the publication of Phillip's voyage.
Pagg. 583 ; cum tabb. æneis. London. 4.
Thomas GILBERT.
Voyage from New South Wales to Canton, in the year 1788.
Pagg. 85. tabb. æneæ 4. London, 1789. 4.
George MORTIMER.
Observations and remarks made during a voyage to the
islands of Teneriffe, Amsterdam, Maria's islands near
Van Diemen's land, Otaheite, Sandwich islands, Owhy-
hee, the Fox islands on the North-west coast of Ame-
rica, Tinian, and from thence to Canton, in the brig
Mercury.
Pagg. 71. tabb. æneæ 3. London, 1791. 4.
William BLIGH.
A voyage to the South Sea, undertaken by command of
his Majesty, for the purpose of conveying the Bread-
fruit tree to the West Indies.
Pagg. 264 ; cum tabb. æneïs. London, 1792. 4.

104. *Americæ.*

Gonçalo Fernandez DE OVIEDO *alias de Valdes.*
Sumario de la natural y general istoria de las Indias.
Foll. lij. Toledo, 1526. fol.
———— : Sommario della naturale, et generale historia
dell' Indie Occidentali.
Viaggi raccolte da Ramusio, Vol. 3. fol. 37—61.

————— : Certeyne notable thynges gathered owte of
G. F. Oviedus his booke intiteled the summarie of his
generall hystorie of the West Indies, by Rich. Eden.
printed with his translation of Peter Martyr's decades;
fol. 173 verso—214.   London, 1555. 4.
————— in R. Willes's History of travayles, fol.
185—225.   ib. 1577. 4.
Primera parte de la historia natural y general de las In-
dias, yslas y tierra firme del mar oceano.
                                Sevilla, 1535. fol.
Foll. cxciij; cum figg. ligno incisis, rudibus.
————— : Della naturale, et generale historia dell' Indie
à tempi nostri ritrovate, libri 20.
Viaggi raccolte da Ramusio, fol. 61 verso—187.
————— : L'histoire naturelle et generalle des Indes,
Isles et Terre ferme de la grand mer Oceane.
Foll. 134; cum figg. ligno incisis. Paris, 1555. fol.
Libri 10 priores tantum.

Peter MARTYR *of Angleria.*
The decades of the new worlde, or West India, translated
from the latine by Rycharde Eden. London, 1555. 4.
Foll. 166; præter Oviedo, et alios libellos, de quibus
suis locis.
————— : in R. Willes's history of travayles, fol. 6 verso
—184.   ib. 1577. 4.
————— : Sommario dell' historia dell' Indie Occidentali, cavato dalli libri scritti dal Sig. Don. Pietro Mar-
tire.
Viaggi raccolte da Ramusio, Vol. 3. fol. 1—36.
————— : Extraict ou recueil des Isles nouuellement
trouuees en la grand mer Oceane.
Foll. 207.   Paris, 1532. 4.

Girolamo BENZONI.
La historia del mondo nuovo.
Foll. 179; cum figg. ligno incisis. Venetia, 1572. 8.
————— : Historia de reperta primum occidentali India
a Chr. Columbo; addita ad singula capita non contem-
nenda scholia.
Americæ de Bry Pars 4. pagg. 145.
                          Francof. 1594. fol.
            5. pagg. 92.   1595.
            6. pag. 1—83.   1596.

Joseph DE ACOSTA.
Historia natural y moral de las Indias.
Foll. 345.   Barcelona, 1591. 8.

———— Pagg. 535.   Madrid, 1608.   4.
———— : Naturalis et moralis Indiæ Occidentalis historia. in Parte 9. Americæ de Bry.
Pagg. 362.   Francofurti, 1602.   fol.
———— : The naturall and morall historie of the East and West Indies.
Pagg. 590.   London, 1604.   4.
———— : Histoire naturelle et moralle des Indes, traduite par Rob. Regnault.
Foll. 375.   Paris, 1600.   8.
———— ———— Foll. totidem.   ib. 1616.   8.
———— : Historie naturael en morael van de westersche Indien, wt den Spaenschen, overgheset door Jan Huyghen van Linschoten.
Tweede editie.   Amsterdam, 1624.   4.
Foll. 177; cum figg. ligno incisis.

ANON.
Paralipomena Americæ, hoc est, accurata Americæ descriptio.
in Parte 12ma Americæ de Bry, fol. 73 verso—fol. 154.
                 Francofurti, 1624.   fol.

Joannes DE LAET.
Nieuwe wereldt ofte beschrijvinghe van West-Indien.
Tweede druck.   Leyden, 1630.   fol.
Pagg. 622; cum figg. ligno, et mappis geogr. æri incisis.
———— : Novus orbis, seu descriptionis Indiæ occidentalis libri 18.   ib. 1633.   fol.
Pagg. 690; cum figg. ligno, et mappis geogr. æri incisis.

ANON.
The British empire in America, containing the history of the discovery, settlement, progress and state of the British colonies on the Continent and Islands of America.
Second edition.   London, 1741.   8.
Vol. 1. pagg. 567. Vol. 2 pagg. 478; cum mappis geogr. æri incisis.

Don Antonio DE ULLOA.
Noticias americanas; entretenimientos phisicos-historicos sobre la America meridional, y la septentrianal oriental.
Pagg. 407.   Madrid, 1772.   4.

105. *Americæ occidentalis.*

Georg Wilhelm STELLER.
Tagebuch seiner seereise aus dem Petripauls hafen in

Kamtschatka bis an die westlichen küsten von Amerika.
Pallas neue Nord. Beyträge, 5 Band, p. 129—236.
                        6 Band, p. 1—26.

George DIXON.
   A voyage round the world, but more particularly to the
   North-west coast of America, performed in 1785—1788
   in the King George and Queen Charlotte, Captains
   Portlock and Dixon.   London, 1789.   4.
   Pagg. 360 et 47 ; cum tabb. æneis.

Nathaniel PORTLOCK.
   A voyage round the world, but more particularly to the
   North-west coast of America, performed in 1785—1788
   in the King George and Queen Charlotte. ib. 1789.   4.
   Pagg. 384 et xl. tabb. æneæ 20, quarum 5 coloribus
   fucatæ.

John MEARES.
   Voyages made in the years 1788 and 1789, from China to
   the North west coast of America.
   Pagg. xcv et 372 ; cum tabb. æneis.   ib. 1790.   4.

George DIXON.
   Remarks on the voyages of John Meares, Esq.
   Pagg. 37.   ib. 1790.   4.

John MEARES.
   An answer to Mr. George Dixon.
   Pagg. 32.   ib. 1791.   4.

George DIXON.
   Further remarks on the voyages of John Meares, Esq.
   Pagg. 80.   ib. 1791.   4.

   ——————

(*And. Marc.* BURRIEL. Stuck p. 57.)
   Noticia de la *California,* y de su conquista temporal, y
   espiritual, hasta el tiempo presente; sacada de la histo-
   ria manuscrita, formada en Mexico ano de 1739, por el
   Padre *Miguel* VENEGAS, y de otras noticias y relationes.
                                Madrid, 1757.   4.
   Tomo 1. pagg. 240. mappa geogr. 1. Tomo 2. pagg.
   564.   Tomo 3, pagg. 436. mappæ geogr. 3.
   ——————— : A natural and civil history of California.
                                London, 1759.   8.
   Vol. 1. pagg. 455. tabb. æneæ 2. Vol. 2. pagg. 387.
   tab. 1.
   ——————— : Histoire naturelle et civile de la Californie,
   traduite de l'anglois.   Paris, 1767.   12.
   Tome 1. pagg. 360. mappa geogr. 1. Tome 2. pagg.
   375.   Tome 3. pagg. 354.

(Begert. Stuck p. 22.)
Nachrichten von der amerikanischen halbinsel Californien.
Pagg. 358. tabb. æneæ 3.   Mannheim, 1773. 8.

106. *Americæ Septentrionalis.*

Louis Hennepin.
Nouvelle decouverte d'un très grand pays, situé dans l'Amerique, entre le nouveau Mexique, et la mer glaciale.
Pagg. 506; cum tabb. æneis.   Utrecht, 1697. 12.
————— : Voyages curieux et nouveaux de Mrs. Hennepin et de la Borde.   Amsterdam, 1711. 12.
Pagg. 516; cum tabb. æneis; præter de la Borde de Caraibis, non hujus loci.
————— : A new discovery of a vast country in America, extending above 4000 miles, between New France and New Mexico.
Pagg. 240; cum tabb. æneis.   London, 1699. 8.
A continuation of the new discovery of a vast country in America.
Pagg. 216; cum tabb. æneis.   ib. 1699. 8.
Baron de la Hontan.
Voyages dans l'Amerique Septentrionale.
Seconde edition.   Amsterdam, 1705. 12.
Tome 1. pagg. 376. Tome 2. pagg. 336; cum tabb. æneis.
Cotton Mather.
Extract of several letters to J. Woodward and R. Waller.
Philosoph. Transact. Vol. 29. n. 339. p. 62—71.
Pierre François Xavier de Charlevoix.
Histoire et description generale de la Nouvelle France, avec le journal historique d'un voyage fait par ordre du Roi dans l'Amerique septentrionnale. Paris, 1744. 4.
Tome 1. pagg. 664. Tome 2. pagg. 582. Tome 3. pagg. 543; cum tabb. æneis.
John Bartram.
Observations made in his travels from Pensilvania to Onondago, Oswego and the Lake Ontario, in Canada, to which is annexed an account of the cataracts at Niagara, by P. Kalm.
Pagg. 94. tab. ænea 1.   London, 1751. 8.
Pehr Kalm.
En resa til Norra America.

Tom. 1. pagg. 484.   Stockholm. 1753.   8.
     2. pagg. 526.   1756.
     3. pagg. 538.   1761.
————: Travels into North America, translated by J.
R. Forster.
Vol. 1. pagg. 400.   Warrington, 1770.   8.
Vol. 2. pagg. 352.   London, 1771.
Vol. 3. pagg. 310; cum tabb. æneis.
Tomus 1. et paginæ 101 priores Tomi 2. editionis Sve-
canæ omissæ sunt in hac versione.

Jonathan CARVER.
Travels through the interior parts of North-America, in
the years 1766—1768.
     Pagg. 543; cum tabb. æneis.   London, 1778.   8.
———— Third edition, to which is added some account
of the author.
     Pagg. totidem; cum tabb. æneis.   ib. 1781.   8.

William BARTRAM.
Travels through North and South Carolina, Georgia,
East and West Florida, the Cherokee country, the territories of the Muscogulges, or Creek Confederacy, and
the country of the Chactaws. (1773.)
     Pagg. 522; cum tabb. æneis.   Philadelphia, 1791.   8.
Original manuscript account of the same travels, sent by
the author to the late Dr. Fothergill.
     2 Volumes 4to, one of 102, and the other of 68 pages.

J. Hector ST. JOHN.
Letters from an American farmer.
     Pagg. 318.   London, 1782.   8.

Johann David SCHÖPF.
Reise durch einige der mittlern und südlichen vereinigten
Nordamerikanischen staaten, nach Ost-Florida und den
Bahama-Inseln, unternommen in den jahren 1783 und
1784.   Erlangen, 1788.   8.
     1 Theil, pagg. 644; cum mappa geogr. 2 Theil. pagg.
     551.

Georg Heinrich LOSKIEL.
Geschichte der mission der evangelischen brüder unter
den Indianern in Nordamerika.
     Pagg. 783.   Barby, 1789.   8.
————: History of the mission of the united brethren
among the Indians in North America, translated by
Christian Ignatius La Trobe.   London, 1794.   8.
Part 1. pagg. 159. Part 2. pagg. 234. Part 3. pagg.
233; cum mappa geographica, æri incisa.

Luigi CASTIGLIONI.

Viaggio nelli stati uniti dell'America settentrionale, fatto negli anni 1785, 1786, e 1787   Milano, 1790. 8. Tomo 1. pagg. 403. Tomo 2. pagg. 402 ; cum tabb. æneis. Ex hoc libro : Transunto delle osservazioni sui vegetabili dell' America settentrionale, in Opuscoli scelti, Tomo 13. p. 269—312.

G. IMLAY.

A topographical description of the western territory of North America.

Pagg. 247.   London, 1792. 8.

_____

Arthur DOBBS.

An account of the countries adjoining to *Hudson's Bay.*

Pagg. 211.   London, 1744. 4.

Henry ELLIS.

A voyage to Hudson's-bay, in the years 1746 and 1747, for discovering a North west passage.

Pagg. 336 ; cum tabb. æneis.   London, 1748. 8.

Edward UMFREVILLE.

The present state of Hudson's Bay.

Pagg. 230. tab. ænea 1.   London, 1790. 8.

George CARTWRIGHT.

A journal of transactions and events, during a residence of nearly sixteen years on the coast of *Labrador.*

Newark, 1792. 4.

Vol. 1. pagg. 287. mappæ geogr. 2. Vol. 2. pagg. 505. Vol. 3. pagg. 248 et 15.

ANON.

Nova Francia, or the description of that part of New France, which is one continent with Virginia ; translated out of the french. Lord Oxford's Collection of Voyages, Vol. 2. p. 795—917.

DE CHAMPLAIN.

Les voyages de la Nouvelle France occidentale, dicte Canada.   Paris, 1632. 4.

1 Partie. pagg. 308. 2 Partie. pagg. 310, 8, 54 et 20 ; cum mappa geographica.

Pierre BOUCHER.

Histoire veritable et naturelle des mœurs et productions du pays de la Nouvelle France, vulgairement dite le Canada.

Pagg. 168.   Paris, 1664. 12.

DENYS.

Description geographique et historique des costes de
l'Amerique Septentrionale, avec l'histoire naturelle du
païs. Paris, 1672. 12.
Tome 1. pagg. 267; cum mappa geographica. Tome
2. pagg. 480. tabb. æneæ 2.

DIEREVILLE.

Relation du voyage du Port Royal de l'Acadie, ou de la
nouvelle France.
Pagg. 236. Amsterdam, 1710. 12.

ANON.

Lettres et memoires pour servir à l'histoire naturelle, civile et politique du *Cap Breton*, depuis son etablissement, jusqu'à la reprise de cette isle par les Anglois en
1758.
Pagg. 327. la Haye, 1760. 12.

William WOOD.

New England's prospect. 4.
Pagg. 98; cum mappa geogr. ligno incisa. Deest titulus in nostro exemplo.

John JOSSELYN.

New-Englands rarities discovered. London, 1672. 8.
Pagg. 114; cum figg. ligno incisis.
An account of two voyages to New-England.
Pagg. 279. ib. 1674. 8.

Hugh JONES.

A letter concerning several observables in *Maryland*.
Philosoph. Transact. Vol. 21. n. 259. p. 436—442.

Thomas HARIOT.

Admiranda narratio, fida tamen, de commodis et incola-
rum ritibus *Virginiæ*; Anglico scripta sermone, nunc
latio donata a C. C. A. Pars 1. Americæ de Bry.
Pagg. 34. Francofurti ad Moen, 1590. fol.

Thomas GLOVER.

An account of Virginia.
Philosoph. Transact. Vol. 11. n. 126. p. 623—636.

John CLAYTON.

An account of several observables in Virginia, and in his
voyage thither.
Philosoph. Transact. Vol. 17. n. 201. p. 781—795.
205. p. 941—948.

Philosoph. Transact. Vol. 17. n. 206. p. 978—999.
18. n. 210. p. 121—135.
41. n. 454. p. 143—162.

R. B. (Beverley?)
The history of Virginia, by a native and inhabitant of the place. Second edition.
Pagg. 284. tabb. æneæ 14.　　London, 1722. 8.

Thomas Jefferson.
Notes on the state of Virginia.　London, 1787. 8.
Pagg. 382 ; cum mappa geographica.
———— Pagg. 244.　　Philadelphia, 1788. 8.

R. F.
The present state of *Carolina.*
Pagg. 36.　　London, 1682. 4.

John Lawson.
A new voyage to Carolina, containing the exact description and natural history of that country.
Pagg. 258 ; cum tabb. æneis.　London, 1709. 4.

John Brickell.
The natural history of North-Carolina, with an account of the trade, manners, and customs of the christian and indian inhabitants.
Pagg. 408 ; cum tabb. æneis.　　Dublin, 1743. 8.

Anon.
A letter from South Carolina, giving an account of the soil, air, product, trade, government, laws, religion, people, military strength, &c. of that province, written by a Swiss gentleman, to his friend at Bern.
Pagg. 63.　　London, 1710. 8.

De Gallorum expeditione in *Floridam,* et clade ab Hispanis ipsis illata, anno 1565, brevis historia.
Americæ De Bry Pars 6. p. 84—105.

Daniel Coxe.
A description of the English province of Carolana, by the Spaniards called Florida, and by the French la Louisiane.　　London, 1722. 8.
Pagg. 122 ; cum mappa geogr. æri incisa.
With a new title page, it makes the third part of Coxe's Collection of voyages.　　ib. 1740. 8.

William Roberts.
An account of the first discovery, and natural history of Florida.
Pagg. 102 ; cum tabb. æneis.　London, 1763. 4.

William STORK.

A description of East-Florida, with a journal, kept by John *Bartram* upon a journey from St. Augustine up the river St. John's, as far as the lakes. London, 1769. 4. Pagg. viii, 40, xii et 35. tabb. æneæ 3.

Bernard ROMANS.

A concise natural history of East and West Florida.
Vol. 1.   New-York, 1775. 8.
Pagg. 342 et lxxxix; cum tabb. æneis, rudibus.

LE PAGE DU PRATZ.

Abhandlung von Missisipi oder Louisiane. (e gallieo in Journal Oeconomique.)
Hamburg. Magaz. 10 Band, p. 115—135.
14 Band, p. 578—619.
Histoire de la Louisiane.   Paris, 1758. 12.
Tome 1. pagg. 358. Tome 2. p. 441. Tome 3. pagg. 451; cum tabb. æneis.

BOSSU.

Nouveaux voyages aux Indes occidentales, contenant une relation des differens peuples qui habitent les environs du grand fleuve Mississipi.   Amsterdam, 1769. 12.
1 Partie. pagg. 187. 2 Partie. pagg. 193; cum tabb. æneis.

————: Travels through that part of North America, formerly called Louisiana, translated and illustrated with notes by J. R. Forster.   London, 1771. 8.
Vol. 1. pagg. 407. Vol. 2. pagg. 16; præter catalogum plantarum Americanarum, et excerpta ex itinere Loeflingii, de quibus suis locis.

Francesco Saverio CLAVIGERO.

The history of *Mexico*, to which are added, critical dissertations on the land, the animals and inhabitants of Mexico; translated from the Italian, by Ch. Cullen.
London, 1787. 4.
Vol. 1. pagg. 476. tabb. æneæ 24; præter mappam geographicam. Vol. 2. pagg. 463. tabb. æneæ 2.

Nicolas Joseph THIERY DE MENONVILLE.

Voyage à *Guaxaca*. dans son Traité de la culture du Nopal, p. 1—261; avec un supplement de 94 pages.
Cap-François, 1787. 8.

William DAMPIER.

Voyages to the bay of *Campeachy*; in the 2d volume of a Collection of voyages in 4 vols.
Pagg. 132.   London, 1729. 8.

107. *Americæ Meridionalis.*

Ulricus F A B E R s. *Huldericus* S C H M I D E L.

Præcipuarum quarundam Indiæ regionum atque insularum descriptio, ex germanico in latinum sermonem conversa a Got. Artus. Pars 7. Americæ de Bry.

 Pagg. 62.   Francofurti, 1599. fol.

—————— : Vera historia, admirandæ navigationis, quam Huldericus Schmidel, ab anno 1534 usque ad annum 1554 in Americam, juxta Brasiliam et Rio della Plata confecit; emendatis et correctis urbium, regionum et fluminum nominibus. Noribergæ, 1599. 4.

 Pagg. 101 ; cum tabb. æneis. Diversa omnino versio a priori.

Louis F E U I L L E E.

Journal des observations physiques, mathematiques et botaniques, faites par l'ordre du Roy sur les côtes orientales de l'Amerique meridionale, et dans les Indes occidentales depuis l'année 1707 jusques en 1712.

           Paris, 1714. 4.

Tome 1. pagg. 504. Tome 2. pag. 503—767 ; cum tabb. æneis plurimis.

Journal des observations — — — aux Indes occidentales, et dans un autre voïage fait par le meme ordre à la Nouvelle Espagne, et aux isles de l'Amerique.

             ib. 1725. 4.

Pagg. 426, xlix et 71 ; cum tabb. æneis plurimis.

Charles Marie D E L A C O N D A M I N E.

Relation abregée d'un voyage fait dans l'interieur de l'Amerique meridionale, depuis la côte de la mer du sud, jusques au côtes du Bresil et de la Guiane, en descendant la riviere des Amazones.

 Mem. de l'Acad. des Sc. de Paris, 1745. p. 391—492.

—————— Nouvelle edition, augmentée de la relation de l'emeute populaire de Cuença au Perou, et d'une lettre de M. Godin, contenant la relation du voyage de Madame Godin.

 Pagg. 379. tabb. æneæ 2. Maestricht, 1778. 8.

—————— : A succinct abridgment of a voyage made within the inland parts of South-America.

 Pagg. 108.   London, 1747. 8.

—————— : Nachricht von einer reise in das innerste von Südamerica.

Hamburg. Magaz. 6 Band, p. 3—70, & p. 227—288.

Don Antonio de Ulloa.

Relacion historica del viage à la America meridional, hecho
de órden de S. Mag. para medir algunos grados de me-
ridiano terrestre.   Madrid, 1748. fol.
1 Parte. pagg. 682. tabb. æneæ 21. 2 Parte. pagg.
603 et cxcv. tabb. 13.

———— : A voyage to South America. Third edition,
with notes and observations by John Adams, who re-
sided several years in those parts. London, 1772. 8.
Vol. 1. pagg. 479. tabb. æneæ 5. Vol. 2. pagg. 419.
tabb: 6, 7.

Filippo Salvadore Gilij.

Saggio di storia Americana, o sia storia naturale, civile e
sacra de regni, e delle provincie Spagnuole di Terra-fer-
ma nell' America meridionale.

Tomo 1. pagg. 355. tabb. æneæ 3. Roma, 1780. 8.
    2. pagg. 399. tabb. 5.   1781.
    3. pagg. 430.   1782.

Lionel Wafer.

A new voyage and description of the *Isthmus* of America.
Pagg. 224; cum tabb. æneis. London, 1699. 8.
———————— to which is added the natural history of those
parts, by a Fellow of the Royal Society. in the 3d Vol.
of a Collection of voyages in 4 Vols. p. 261—460.
              ib. 1729. 8.

M. W.

A familiar description of the *Mosqueto* kingdom.
Churchill's Collection of voyages, Vol. 6. p. 297—312.

Joseph Gumilla.

El *Orinoco* ilustrado, y defendido, historia natural, civil, y
geographica de este gran rio, y de sus caudalosas ver-
tientes. Segunda impression. Madrid, 1745. 4.
Tomo 1. pagg. 403 ; cum mappa geogr. æri incisa.
Tomo 2. pagg. 412.

———————— : Histoire naturelle, civile et geographique de
l'Orenoque, et des principales rivieres, qui s'y jettent.
            Avignon, 1758. 12.
Tome 1. pagg. 388 ; cum mappa geogr. æri incisa.
Tome 2. pagg. 334. tab. ænea 1. Tome 3. pagg. 332.

Walter Raleigh.

Verissima descriptio auriferi et præstantissimi regni *Guiana*, in latinum sermonem conversa a Gotardo Artus.
in Parte 8va Americæ de Bry.
Pagg. 99.   Francofurti, 1599. fol.

———: Beschryvinge van het groot ende goudt-rijck coninckrijck van Guiana.

Foll. 47.   Amstelredam, 1598. 4. obl.

BELLIN.

Description geographique de la Guyane, contenant les possessions et les etablissemens des François, des Espagnols, des Portugais, des Hollandois, dans ces vastes pays.

Pagg. 294; cum tabb. æneis.   Paris, 1763. 4.

Adrian VAN BERKEL.

Beschreibung seiner reisen nach Rio de Berbice und *Surinam*, (1670.) aus dem Holländischen übersezt.

Pagg. 278.   Memmingen, 1789. 8.

Philippe FERMIN.

Description generale, historique, geographique et physique de la colonie de Surinam.

                    Amsterdam, 1769. 8.

Tome 1. pagg. 252; cum mappa geogr. æri incisa.

Tome 2. pagg. 352. tabb. æneæ 3.

Edward BANCROFT.

An essay on the natural history of (Dutch) Guiana, with an account of the religion, manners, and customs of several tribes of its Indian inhabitants.

Pagg. 402. tab. ænea 1.   London, 1769. 8.

Joannes STADIUS.

Historia *Brasiliæ*, germanico sermone scripta, nunc latinitate donata.

in 3tia Parte Americæ de Bry, p. 1—134.

Joannes LERIUS.

Historia navigationis in Brasiliam, quæ et America dicitur; gallice scripta, nunc latinitate donata.

Secunda editio   Genevæ, 1594. 8.

Pagg. 340; cum figg. ligno incisis.

——— in 3tia Parte Americæ de Bry, p. 135—284.

Roulox BARO.

Voyage au pays de Tapuies dans la terre ferme du Brasil, traduit d'Hollandois par Pierre Moreau, avec des remarques du Sieur Morisot.

Relations veritables de l'isle de Madagascar, &c. p. 195 —307.   Paris, 1651. 4.

Joban NIEUHOF.

Brasiliaense zee-en lant-reize, beneffens een bondige beschrijving van gantsch Neerlants Brasil.

                    Amsterdam, 1682. Fol.

Pagg. 240; cum tabb. æneis.

————— : Voyages and travels to Brasil.
　Churchill's collection of Voyages, Vol. 2. p. 1—137.
Anthony SEPP.
　An account of a voyage from Spain to *Paraquaria.*
　　ibid. Vol. 5. p. 669—695.
Martinus DOBRIZHOFFER.
　Historia de Abiponibus, equestri, bellicosaque Paraquariæ
　　natione.　　　　　　　　　　　　Viennæ, 1784. 8.
　　Pars 1. pagg. 476. Pars 2. pagg. 499. Pars 3. pagg.
　　424; cum tabb. æneis.
Nicholas DEL TECHO.
　The history of the Provinces of Paraguay, Tucuman, Rio
　　de la Plata, Parana, Guaira and Urviaca; translated
　　from the latin.
　　Churchill's Collection of Voyages, Vol. 6. p. 3—116.
Dom PERNETTY.
　Histoire d'un voyage aux *Isles Malouines,* fait en 1763 et
　　1764.　　　　　　　　　　　　　　Paris, 1770. 8.
　　Tome 1. pagg. 385. Tome 2. pagg. 334. tabb. æneæ
　　16.
Bernard PENROSE.
　An account of the last expedition to Port Egmont, in Falk-
　　land's islands, in the year 1772, together with the trans-
　　actions of the company of the Penguin Shallop, during
　　their stay there.
　　Pagg. 81.　　　　　　　　　　　　London, 1775. 8.
Bernhardus JANSZ.
　Vera et accurata descriptio eorum omnium, quæ accide-
　　runt quinque navibus, anno 1598. Amstelredami expe-
　　ditis, et per fretum *Magellanicum* ad Moluccanas insu-
　　las perrecturis : navi præcipûe Fidei, Capitaneo de
　　Weert addictæ, qui post infinitos labores et ærumnas
　　biennio integro toleratas, tandem anno 1600. re infecta
　　ad suos rediit.
　　Pars 9. Americæ de Bry.
　　Pagg. 56.　　　　　　　　　　　Francofurti, 1602. fol.
Sir John NARBOROUGH.
　Voyage to the streights of Magellan.
　　Account of several late Voyages to the South and North,
　　p. 1—129.　　　　　　　　　　　London, 1694. 8.
Alonso DE OVALLE.
　An historical relation of the Kingdom of *Chile,* translated
　　out of Spanish.
　　Churchill's Collection of voyages, Vol. 3. p. 3—146.

FREZIER.
Relation du voyage de la mer du sud aux côtes du Chily
et du *Perou,* fait pendant les années 1712—1714.
Paris, 1732. 4.
Pagg. 297. tabb. æneæ 37; præter libellum præfationi
L. Feuillée oppositum, et chronologiam Proregum Pe-
ruviæ.
———— : A voyage to the South-Sea, and along the
coasts of Chili and Peru.
Pagg. 335. tabb. æneæ 37. London, 1717. 4.
(VIDAURE. Stuck p. 310.)
Compendio della storia geografica, naturale, e civile del
regno del *Chile.*
Pagg. 245. tabb. æneæ 11. Bologna, 1776. 8.
Excerpta de historia naturali, gallice, in Journal de
Physique, Tome 14. p. 404—414, et p. 474—482.
Pedro DE CIEÇA.
Parte primera de la chronica del Peru, que tracta la de-
marcacion de sus provincias, la description dellas.
Foll. cxxxiiij. Sevilla, 1553. fol.
———— : Seventeen years travels through the mighty
kingdom of Peru.
Pagg. 244; cum tabb. æneis. London, 1709. 4.

108. *Insularum Americæ adjacentium, vulgo Indiæ Occidentalis.*

DE ROCHEFORT.
Histoire naturelle et morale des iles Antilles de l'Ame-
rique.
Seconde edition. Roterdam, 1665. 4.
Pagg. 583; cum figg. æri incisis.
———— : The history of the Caribby-islands, rendered
into English by J. Davies.
Pagg. 351; cum tabb. æneis. London, 1666. fol.
Jean Baptiste DU TERTRE.
Histoire generale des Antilles habitées par les François.
Tome 1. pagg. 593. Tome 2. pagg. 539.
Paris, 1667. 4.
Tome 3. pagg. 317. Tome 4. pagg. 362. 1671.
Hans SLOANE.
A voyage to the Islands Madera, Barbados, Nieves, S.
Christophers and Jamaica, with the natural history of
the last of those islands.
TOM. 1. M

Vol. 1. pagg. cliv et 264. tabb. æneæ 156.

London, 1707. fol.

Vol. 2. pagg. 499. tab. 157—274. 1725.

Jean Baptiste LABAT.

Nouveau voyage aux isles de l'Amerique.

Paris, 1722. 12.

Tome 1. pagg. 525. Tome 2. pagg. 598. Tome 3. pagg. 547. Tome 4. pagg. 558. Tome 5. pagg. 524. Tome 6. pagg. 514; cum tabb. æneis.

C. G. A. OLDENDORP.

Geschichte der mission der evangelischen brüder auf den Caraibischen inseln S. Thomas, S. Croix und S. Jan; herausgegeben durch J. J. Brossart. Barby, 1777. 8. 1 Theil. pagg. 444. mappæ geogr. æri incisæ 3. 2 Theil. pag. 447—1068. tabb. æneæ 4.

Olof SWARTZ.

Inträdes tal, innehållande anmärkningar om Vestindien.

Pagg. 27. Stockholm, 1790. 8.

Maria R * * * * * (RIDDELL.)

Voyages to the Madeira, and Leeward Caribbean isles, with sketches of the natural history of these islands.

Pagg. 105. Edinburgh, 1792. 12.

Bryan EDWARDS.

The history of the British colonies in the West Indies.

London, 1793. 4.

Vol. 1. pagg. 494. Vol. 2. pagg. 502.

————— The second edition. ib. 1794. 4.

Vol. 1. pagg. 494. Vol. 2. pagg. 520; cum mappis geographicis, aliisque tabulis æneis.

H. WEST.

Bidrag til beskrivelse over Ste. Croix, med en kort udsigt over St. Thomas, St. Jean, Tortola, Spanishtown og Crabeneiland.

Pagg. 363. Kiöbenhavn, 1793. 8.

Franz Joseph MÄRTER.

Nachrichten aus den *Babamiscben* inseln. Physikal. Arbeit. der eintr. Fr, in Wien, 2 Jahrg. 1 Quart. p. 58 —84.

HICKERINGILL.

Jamaica viewed, with all the ports and settlements thereunto belonging, together with the nature of its climate, and fruitfulness of the soil.

The 3d edition. Pagg. 44. London, 1705. 4.

Patrick BROWNE.
  The civil and natural history of Jamaica.
    Pagg. 503. tabb. æneæ 49.   London, 1756. fol.
  Four additional indexes, from the second edition, of Lon-
    don 1789. Plagg. 11½.
(LONG.)
  The history of Jamaica.   London, 1774. 4.
    Vol. 1. pagg. 628. Vol. 2. pagg. 601. Vol. 3. pag.
    595—976; cum tabb. æneis 16.
William BECKFORD.
  A descriptive account of the island of Jamaica.
    Vol. 1. pagg. 404. Vol. 2. pagg. 405. London, 1790. 8.
Pierre François Xavier DE CHARLEVOIX.
  Histoire de l'Isle Espagnole ou de *S. Domingue*, ecrite
    particulierement sur des Memoires de J. B. Pers.
    Tome 1. pagg. 482.   Paris, 1730. 4.
    Tome 2. pagg. 506.   1731.
      cum mappis geogr. æri incisis.
(NICOLSON. Stuck p. 212.)
  Essai sur l'histoire naturelle de St. Domingue.
    Pagg. 374. tabb. æneæ 10.   Paris, 1776. 8.
Richard LIGON.
  A true and exact history of the island of *Barbados*.
    Pagg. 122; cum tabb. æneis.   London, 1657. fol.
  ——— : Histoire de l'isle des Barbades.
    Recueil de divers voyages, faits en Afrique et en l'Ame-
    rique, p. 1—204.   Paris, 1684. 4.

109. *Itinera in Africam et Americam.*

André THEUET.
  Les singularitez de la France Antarctique, autrement
    nommée Amerique, et de plusieurs terres et isles decou-
    vertes de nostre temps.
    Foll. 166; cum figg. ligno incisis.   Paris, 1558. 4.
F. FROGER.
  Relation d'un voyage fait en 1695—1697 aux côtes
    d'Afrique, Detroit de Magellan, Brezil, Cayenne et
    Isles Antilles, par une escadre des vaisseaux du Roy,
    commandée par M. de Gennes.
    Pagg. 219; cum tabb. æneis.   Paris, 1698. 12.
  ——— Pagg. 219; cum tabb. æneis. ib. 1699. 12.
  ——— : A Relation of a voyage on the coasts of Africa,
    Streights of Magellan, Brasil, Cayenna and the Antilles.
    Pagg. 173; cum tabb. æneis.   London, 1698. 8.

————— Pagg. 43 priores hujus versionis, quæ de Afri-
ca agunt, in Lord Oxford's Collection of Voyages, Vol.
2. p. 585—596.
Jean Baptiste LABAT.
Voyage du Chevalier des Marchais en Guinée, Isles voi-
sines, et à Cayenne, fait en 1725—1727.
Paris, 1730.   12.
Tome 1. pagg. 381.   Tome 2. pagg. 364.   Tome 3.
pagg. 350. Tome 4. pag. 345—681; cum tabb. æneis.
Paul Erdmann ISERT.
Reise nach Guinea und den Caribäischen inseln in Colum-
bien.   Kopenhagen, 1788.   8.
Pagg. 376 et lxx. tab. ænea 1.

*Plures quidem adsunt Itinerum descriptiones, sed quæ nihil,
quod sciam, ad Historiam naturalem continent.*

PARS II.

---

1. *Encomia Historiæ Naturalis.*

Johannes BROWALLIUS.
Discursus de introducenda in scholas et gymnasia historiæ
naturalis lectione. impr. cum Linnæi Critica botanica.
  Pagg. 24.   Lugduni Bat. 1737. 8.
Johannes Gotschalk WALLERIUS.
Dissertatio de historiæ naturalis usu medico. Resp. Ol.
  Malmsten. Pagg. 44.   Upsaliæ, 1740. 4.
Carl LINNÆUS.
Tanckar om grunden til Oeconomien genom naturkunnog-
heten och physiquen.
  Vetensk. Acad. Handling. 1740. p. 411—429.
                      Andra uplagan, p. 405—423.
Dissertatio de curiositate naturali. Resp. Ol. Söderberg.
  Pagg. 25.   Holmiæ, 1748. 4.
———— Amoenit. Acad. Vol. 1. edit. Holm. p. 540—563.
                          Lugdb. p. 429—453.
                          Erlang. p. 541—563.
———— Fundam. botan. edit. a Gilibert, Tom. 1. p.
lv bis—lxxvj.
Dissertatio : Quæstio historico naturalis, cui bono ? bre-
viter soluta. Resp. Chph. Gedner.
  Pagg. 29.   Upsaliæ, 1752. 4.
———— Amoenit. Academ. Vol. 3. p. 231—255.
———— Fundam. botan. edit. a Gilibert, Tom. 1. p.
xxxj bis—liij.
———— : Of the use of curiosity; in Stillingfleet's mis-
cellaneous tracts, 1st edition, p. 128—162.
                  2d edition, p. 159—200.
Præfatio ad Museum Adolphi Friderici Regis. latine et
  svethice. Pagg. xxiv.   Holmiæ, 1754. fol.
———— : Reflections on the study of nature; (translated
by James Edward Smith.)
  Pagg. 40.   London, 1785. 8.
———— ———— Smith's Tracts, p. 1—46.

Tal vid deras Kongl. Majesteters höga närvaro, hållit uti
Upsala den 25 Sept. 1759.
Plagg. 2. Upsala. fol.
————: Oratio coram Rege et Regina Sveciæ.
Amoenit. Academ. Vol. 10. p. 53—65.
Dissertatio demonstrans usum historiæ naturalis in vita
communi. Resp. Math. Aphonin.
Pagg. 30. tab. ænea 1. Upsaliæ, 1766. 4.
———— Amoenit. Academ. Vol. 7. p. 409—437.
———— Fundam. botan. edit. a Gilibert, Tom. 1. p.
i bis—xxix.
————: Nuzen der naturgeschichte, übersezt und mit
anmerkungen und zusäzen vermehrt.
Börner's Samml. aus der Naturgesch. 1 Theil, p. 76—
156.
Deliciæ naturæ. Tal hållit uti Upsala Dom-kyrka år 1772
den 14 Decemb. vid Rectoratets nedläggande, på Sven-
ska öfversatt.
Pagg. 32. Stockholm, 1773. 8.
———— latine, in Amoenit. Academ. Vol. 10. p. 66—
99.
Johann Daniel DENSO.
Vom nuzen der naturlere in der Rechtsgelersamkeit.
in sein. Physikal. Brief. p. 277—300.
Von dem einflusse der naturkunde in das gemeine wesen.
in sein. Physikal. Bibliothek, 2 Band, p. 135—166.
Tiberius LAMBERGEN.
Oratio inaug. de amico historiæ naturalis cum medicina
connubio. Pagg. 79. Franequeræ, 1751. fol.
Olavus HERWECH.
Dissertatio de præstantia studii historici naturæ. Resp.
Jon. Holm. Pagg. 48. Holmiæ, 1752. 4.
Petro KALM
Præside, Dissertatio studium Oeconomiæ et Historiæ na-
turalis Informatori necessarium, exhibens. Resp. Dav.
Deutsch. Pagg. 12. Aboæ, 1757. 4.
Alexander Bernhard KÖLPIN.
Oratio auspicalis de historiæ naturalis et speciatim bota-
nices præstantia ac dignitate.
Pagg. 24. Gryphiswaldiæ, 1766. 4.
Dominicus VANDELLI.
Dissertatio de studio historiæ naturalis necessario in Me-
dicina, Oeconomia, Agricultura, Artibus et Commer-
cio. impr. cum ejus Dissertatione de Dracæna; p. 11
—29. Olisipone, 1768. 8.

Johann Samuel Schröter.
Von dem nuzen der naturwissenschaft für die geistlichen auf dem lande. Berlin. Sammlung. 2 Band, p. 30—49.
—————— in seine Abhandl. über die Naturgesch. 1 Theil, p. 21—41.

Ludwig Rousseau.
Rede von dem wechselsweisen einfluss der Naturkunde und Chymie auf die wohlfahrt eines staats, in erweiterung der künste und wissenschaften.
Stralsund. Magaz. 1 Band, p. 469—528.

Alexander Hunter.
On the study of Nature.
in his Georgical Essays, Vol. 2. p. 7—13.

Godofredus Christophorus Beireis.
Commentatio de utilitate et necessitate historiæ naturalis.
Pagg. xxiv.   Helmstadii, 1776. 4.

K . . . e.
Vom nuzen der naturgeschichte.
Berlin. Sammlung. 8 Band, p. 5—44.

John Aikin.
An essay on the application of natural history to poetry.
Pagg. 156.   Warrington, 1777. 12.

Christian Friedrich Reuss.
Abhandlung wie die naturkunde der grund zu einer wohleingerichteten Oekonomie, und wie gross der einfluss derselben in diese wissenschaft ist. Beschäft. der Berlin. Ges. Naturf. Fr. 3 Band, p. 3—28.

Laurentius Christophorus Haggren.
Dissertatio de oeconomico historiæ naturalis usu. Pars 1.
Resp. Andr. Egnell. Pagg. 14. Upsaliæ, 1780. 4.

Antonius Augustus Henricus Lichtenstein.
Prolusio de luce quam auctorum classicorum interpretatio ex historia naturali lucratur.
Pagg. 32.   Hamburgi, 1782. 4.

Petrus Camper.
Redenvoering over de aangenaamheden der natuurlyke historie, en haare verknogtheid met de kennisse der fraaje letteren, en der oudheid. impr. cum ejus Verhandeling over den Orang-outang; p. 129—145.
                    Amsterdam, 1782. 4.
—————— : Rede über die annehmlichkeiten der naturgeschichte, und ihre verbindung mit der kenntniss der schönen wissenschaften und alterthümer. impr. cum ejus Naturgeschichte des Orang-utang; p. 13—27.
                    Düsseldorf, 1791. 4.

168   *Encomia historiæ naturalis.*

Johanne Lostbom
  Præside, Dissertatio de historia naturali ordini ecclesiasti-
  co necessaria. Pars prior. Resp. Sam. Liljeblad.
    Pagg. 16.   Upsaliæ, 1788. 4.
Christianus Paulus Schacht.
  Oratio de utili ac pernecessaria Historiæ naturalis cum
  reliquis disciplinæ medicæ partibus conjunctione et vin-
  culo arctissimo.
    Pagg. 58.   Hardervici, 1793. 4.

        2. *Historiæ naturalis Historia.*

Pebr Wargentin.
  Vetenskapernas historia, om Natural historien i gemen.
    Vetensk. Acad. Handling. 1750. p. 161—170.
    ————: Historia scientiarum. De historia naturali in
  genere.
    Analect. Transalpin. Tom. 2. p. 288—293.
  Om Zoologien i gemen, och om fyrfotade djuren i syn-
  nerhet.
    Vetensk. Acad. Handling. 1751. p. 81—91.
    ————: De Zoologia in genere, et in primis de qua-
  drupedibus.
    Analect. Transalpin. Tom. 2. p. 335—340.
  Om Ornithologien.
    Vetensk. Acad. Handling. 1751. p. 161—171.
    ————: De Ornithologia.
    Analect. Transalpin. Tom. 2. p. 343—349.
Johannes Beckmann.
  De historia naturali veterum libellus 1.
    Pagg. 246.   Petropoli et Gottingæ, 1766. 8.
Johann Samuel Schröter.
  Ueber den heutigen zustand der naturgeschichte, wo und
  wie weit wir seit einem jahrhundert vorgerückt sind,
  auch durch was für mittel dies geschehen konnte.
    Leipzig. Magaz. 1786. p. 407—459.
James Edward Smith.
  On the rise and progress of natural history.
    Transact. of the Linnean Soc. Vol. 1. p. 1—55.
    ————: Sull' origine e progresso della storia naturale,
  tradotto dall' idioma inglese con note. (per Greg. Fontana.) Pagg. 86.   Pavia, 1792. 8.
    ———— (The original, with a translation of Ab. Fon-
  tana's notes.)
    Smith's Tracts relating to Nat. hist. p. 47—162.

Aubin-Louis Millin.
Discours sur l'origine et les progrès de l'histoire naturelle,
en *France.*
Actes de la Soc. d'Hist. Nat. de Paris, Tome 1. pagg.
xvi.
J. S. Wyttenbach.
Einige betrachtungen über den gegenwärtigen zustand
der naturgeschichte *Helvetiens,* und. insbesondre des
kantons Bern. Höpfner's Magaz. für die Naturk. Hel-
vet. 2 Band, p. 1—22.
Alexander Bernhard Kölpin.
De cultura historiæ naturalis in *Pomerania,* Programma.
Pagg. xii.   Stettini, 1773. fol.
Karl von Sandberg.
Versuch einer beantwortung der von der Böhmischen ge-
sellschaft aufgegebenen, die naturgeschichte *Böhmens*
betreffenden preis-aufgabe.
Abhandl. der Böhm. Gesellsch. 1785. p, 1—42.
Adaukt Voigt.
Abhandlung über die naturgeschichte Böhmens. ibid. p.
43—104.
——————— Physikal. Arbeit. der eintr. Fr. in Wien, 2
Jahrg. 1 Quart, p. 85—128.
Morten Thrane Brünnich.
Natur-videnskabernes fremgang under de *Danske* konger
siden Universitetets stiftelse.   impr. cum ejus Dyrenes
historie.
Pagg. xxxvii.   Kiöbenhavn, 1782. fol.
——————— : Les progrès de l'histoire naturelle et des sci-
ences analogues, en Dannemarc et en Norvege, depuis la
fondation de l'université de Copenhague.
Pagg. 123.   Copenhague, 1783. 8.
Huic et Bibliothecæ ejusdem mox dicendæ, præfixus est
titulus : Literatura Danica scientiarum naturalium.
Olof Swartz.
Tal om natural-historiens uphof och framsteg i *Sverige.*
Pagg. 48.   Stockholm, 1794. 8.
Carolus von Linne'.
Dissertatio demonstrans necessitatem promovendæ histo-
riæ naturalis in *Rossia.* Resp. Alex. de Karamyschew.
                                    Upsaliæ, 1766. 4.
Pagg. 27. tab. ænea 1 ; præter floram Sibiricam, de
qua Tomo 3. pag. 173.
——————— Amoenitat. Academ. Vol. 7. p. 438—460.

3. *De Vita et Scriptis Auctorum historiæ naturalis.*

Memoria *Bernhardi Sigfredi* ALBINI.
Comment. Medic. Lips. Vol. 17. p. 543—553.
Vita, obitus et scripta *Caroli* ALSTON.
Comment. Medic. Lips. Vol. 11. p. 556—558.
Eloge historique de *Pierre Richer* DE BELLEVAL, par M.
Dorthes.   Montpellier, 1788. 4.
Pagg. 60; cum icnographia horti Monspeliensis, æri
incisa.
————— Assemblé publ. de la Soc. de Montpellier, 1788.
p. 93—152.
Notice historique sur la vie, les travaux et les ecrits de
Pierre Richier de Belleval.
Demonstrations elementaires de Botanique, Lyon 1796,
Partie des figures, Tome 1. Ser. 2. pagg. xvj.
Memoria *Caroli Augusti* DE BERGEN.
Comment. Medic. Lips. Vol. 9. p. 551—560.
Åminnelse Tal öfver *Torbern Olof* BERGMAN, af Peter
Jacob Hjelm.   Pagg. 104.   Stockholm, 1786. 8.
Eloge de M. Bergman.
Hist. de l'Acad. des Sc. de Paris, 1784. p. 31—47.
Zum andenken Torbern Bergmann's, von Lorenz Crell.
Crell's chem. Annalen, 1787. 1 Band, p. 74—96.
Hermanni BOERHAAVE Sermo, quem habuit, quum Bo-
tanicam et Chemicam professionem publice poneret.
Pagg 38.   Lugduni Bat. 1729. 4.
Eloge de M. Boerhaave.
Hist. de l'Acad. des Sc. de Paris, 1738. p. 105—116.
Einige lebensumstände von dem seel. BONNET.
Voigt's Magaz. 9 Band. 2 Stück, p. 180—184.
Vita *Jacobi* BREYNII, conscripta a Georgio Daniele Sey-
lero.   impr. cum illius Iconibus rariorum plaritarum,
editis a J. Ph. Breynio; p. 5—8.
Vita *Joannis Philippi* BREYNII. in G. Reygeri Flora Ge-
danensi, Tom. 2. p. 1—24.
Vita *Magni* VON BROMELL.
Act. Lit. et Scient. Sveciæ, 1736. p. 199—210.
Eloge de M. le *Comte* DE BUFFON.
Hist. de l'Acad. des Sc. de Paris, 1788. p. 50—84.
Memoria Camerariana, comprehendens programma fune-
bre *Rudolphi Jacobi* CAMERARII, et orationem auspi-
catoriam, quam patri parentatoriam habuit ipsius *filius*
successor.
Act. Acad. Nat. Curios. Vol. 1. App. p. 165—183.

Historiæ literariæ cultoribus S. P. D. *Petrus* Camper.
Pagg. 8.   Harlingæ, 1779. 4.
────── Pagg. 8.   Londini, 1781. 4.
(Est catalogus operum ejus.)
Nachrichten zur lebensgeschichte des Herrn P. Campers,
von A. G. Camper.
Beob. der Berlin. Ges. Naturf. Fr. 4 Band, p. 117–153.
Eloge de Camper.
Hist. de l'Acad. des Sc. de Paris, 1789. p. 45–52.
Åminnelsetal öfver *Olof* Celsius, af Abraham Bäck.
Pagg. 29.   Stockholm, 1758. 8.
Vita Olavi Celsii.
Nov. Act. Societ. Upsal. Vol. 2. p. 295–308.
In obitum *Caroli* Clusii, oratio funebris Everardi Vor-
stii; accesserunt variorum epicedia. impr. cum Curis
posterioribus Clusii.
Pagg. 24.   Antverpiæ, 1611. fol.
────── cum iisdem. Pagg. 39.   ib. 1611. 4.
Some account of the late *Peter* Collinson, (by John
Fothergill.) Pagg. 18.   London, 1770. 4.
Memoria Petri Collinsoni.
Comment. Medic. Lips. Vol. 16. p. 351–353.
Fabii Columnæ Vita, Jano Planco auctore. impr. cum
hujus editione Phytobasani Columnæ; p. i–x.
Eloge de M. Commerson, par M. de la Lande.
Journal de Physique, Tome 5. p. 89–120.
                            8. p. 357–363.
Vita *Euricii* Cordi, exposita a Wigando Kahler.
Pagg. 74.   Rintelii, 1744. 4.
Åminnelse-tal öfver *Axel Fredric* Cronstedt, af Sven
Rinman. Pagg. 40.   Stockholm, 1766. 8.
Åminnelse-tal öfver Friherren *Carl* De Geer, af Tor-
bern Bergman. Pagg. 40.   Stockholm, 1779. 8.
Eloge de *Denis* Dodart.
Hist. de l'Acad. des Sc. de Paris, 1707. p. 182–192.
Some memoirs of the life and works of *George* Edwards.
                                 London, 1776. 4.
Pagg. 26; præter Addenda ad opera ejus, de quibus
Tomo 2.
Elogium *Joannis Christiani Polycarpi* Erxleben, recit.
ab Abraham Gotthelf Kæstner.
Nov. Comm. Societ. Gotting. Tom. 8. App. p. 1–8.
Nachrichten von dem leben J. C. P. Erxleben, von A. G.
Kæstner.
Erxleben's Physikal. Bibliothek, 4 Band, p. 387–402.

172 *Vitæ Auctorum.*

Eloge de FOUGEROUX.
  Hist. de l'Acad. des Sc. de Paris, 1789. p. 39—44.
Conradi GESNERI de libris a se editis epistola ad Guil.
  Turnerum. Plagg. 2.   Tiguri, 562. 8.
  ————— impr. cum libro sequenti; fol. 20 verso—31
  recto.
Vita Conradi Gesneri, conscripta a·Josia Simlero.
                                      ib. 1566. 8.
  Foll. 20; præter libellum præcedentem, Carminá in
  obitum Gesneri, fol. 31—41, et Wolphii de Gesneri stir-
  pium historia pollicitationem, de qua Tomo 3. p. 56.
Vita Conradi Gesneri.
  in Operibus ejus, editis a Schmiedel, P. 1. p. i—xl.
Vita *Francisci* GINANNI, Comitis.
  Comment. Medic. Lips. Vol. 13. p. 354, 355.
  ————— Nov. Act. Acad. Nat. Curios. Tom. 4. App.
  p. 297, 298.
Auszug aus der lebensbeschreibung des Herrn Baron *Wil-*
  helm Friedrich VON GLEICHEN *genannt Russworm.*
  Schr. der Berlin. Ges. Naturf. Fr. 5 Band, p. 491—
  496.
Nachricht von den vornehmsten lebensumständen des
  Herrn *Johann Gottlieb* GLEDITSCH.
  Beob. der Berlin. Ges. Naturf. Fr. 3 Band, p. 301—314.
Beyträge zur biographie des verstorbenen Dr. Johann Gott-
  lieb Gleditsch, von C. L. Willdenow und P. Usteri.
  Pagg. 111; cum icone Gleditsii.   Zürich, 1790. 8.
Vita *Joannis Georgii* GMELIN. in Programmate ad ora-
  tionem ejus de novorum vegetabilium exortu, p. 7—39.
Memoria Joannis Georgii Gmelin.
  Comment. Medic. Lips. Vol. 4. p. 729—738.
Kurze lebensbeschreibung des Herrn *Joh. Aug. Ephraim*
  GOEZE, von Joh. Heinr. Fr. Meinike.
  Beob. der Berlin. Ges. Naturf. Fr. 5 Band, p. 261—271.
Memoria *Joannis Friderici* GRONOVII.
  Comment. Medic. Lips. Vol. 11. p. 721—726.
Kurze lebensgeschichte des Herrn VON GÜLDENSTÄDT.
  Schr. der Berlin. Ges. Naturf. Fr. 2 Band, p. 402—404.
Eloge de M. GUETTARD.
  Hist. de l'Acad. des Sc. de Paris, 1786. p. 47—62.
Eloge de M. HALES. ibid. 1762. p. 213—230.
Das leben des Herrn VON HALLER, von Johann Georg
  Zimmerman. Pagg. 430.   Zürich, 1755. 8.
Operum Alberti v. Haller catalogus. impr. cum Episto-
  lis ad Hallerum; Vol. 6. p. 157—198.

Alberti de Haller Elogium, a Chr. Gottl. Heyne.
Nov. Comm. Societ. Gotting. Tom. 8. App. p. 9—20.
Eloge de M. de Haller.
Hist. de l'Acad. des Sc. de Paris, 1777. p. 127—154.
Eloge de M. de Haller.
Hist. de la Soc. R. de Medecine, 1776. p. 59—93.
Åminnelse-tal öfver *Fredric* Hasselquist, af Abraham
Bäck.
Pagg. 28.   Stockholm, 1758.   8.
Memoria *Johannis Ernesti* Hebenstreitii.
Nov. Act. Ac. Nat. Cur. Tom. 2. App. p. 437—452.
Memoria Joannis Ernesti Hebenstreit.
Comment. Medic. Lips. Vol. 6. p. 721—735.
Designatio librorum, dissertationum, aliarumque exerci-
tationum academicarum, quas ab anno 1708 ad annum
1750 edidit *Laurentius* Heisterus.
Pagg. 24.   Helmstadii, 1750.   4.
Memoria Laurentii Heisteri.
Comment. Medic. Lips. Vol. 7. p. 724—741.
Memoria Laurentii Heisteri.
Nov. Act. Ac. Nat. Cur. Tom. 2. App. p. 453—506.
In funere *Pauli* Hermanni oratio Godefridi Bidloo.
Pagg. 32.   Lugduni Bat. 1695.   4.
Short account of the life, writings, and character of the
late *Sir John* Hill.
Pagg. 21.   Edinburgh, 1779.   8.
Eloge d'*Antoine* de Jussieu.
Hist. de l'Acad. des Sc. de Paris, 1758. p. 115—126.
Memoria *Bernardi de* Jussieu.
Comment. Medic. Lips. Vol. 23. p. 173—176.
Eloge de Bernard de Jussieu.
Hist. de l'Acad. des Sc. de Paris, 1777. p. 94—117.
Eloge de M. Jussieu, par M. le Preux.
Journal de Physique, Tome 15. p. 3—16.
Åminnelse-tal öfver *Pehr* Kalm, af Johan Lorentz Odhe-
lius. Pagg. 32.   Stockholm, 1780.   8.
Lobrede auf Herrn *Jacob Theodor* Klein, gehalten von
Christian Sendel. Neu. Samml. der Naturf. Gesellsch.
in Danzig, 1 Theil, p. 300—316.
Memoria Jacobi Theodori Kleinii.
Comment. Medic. Lips. Vol. 8. p. 361—376.
Kurze lebensbeschreibung des Herrn La Faille.
Beob. der Berlin. Ges. Naturf. Fr. 3 Band, p. 328—331.
Notice sur la vie et les ecrits de *Marc Ant. Louis Claret*
La Tourrette.

Demonstrations elementaires de botanique, Lyon 1796, Tome 1. p. xlvij—lviij.

Etwas zur lebensgeschichte *Nathanael Gottfried* Leskens, von C. P. G. Löper.

Leipzig. Magaz. 1786. p. 504—520.

Orbis eruditi judicium de *Caroli* Linnæi scriptis.

Plag. 1. (circa annum 1740 impr.) 8.

————— impr. cum ejus Epistolis, editis a D. H. Stoever; p. 159—172.

A general view of the writings of Linnæus, by Richard Pulteney.

Pagg. 425. London, 1781. 8.

————— : Revue generale des ecrits de Linné, traduit par L. A. Millin de Grandmaison, avec des notes, et des additions du Traducteur. Paris, 1789. 8.

Tome 1. pagg. 386. Tome 2. pagg. 400.

Åminnelse-tal öfver Carl von Linné, af Abraham Bäck.

Pagg. 84. Stockholm, 1779. 8.

Eloge de M. de Linné.

Hist. de l'Acad. des Sc. de Paris, 1778. p. 66—84.

Eloge de M. Linnæus.

Hist. de la Soc. R. de Médecine, 1777, 1778. p. 17—44.

Eloge de M. de Linné. Assemblée publ. de la Soc. de Montpellier, 1779. p. 100—116.

Vita Caroli a Linné.

Nov. Act. Societ. Upsal. Vol. 5. p. 335—344.

De vita et meritis Linnæi. Fundam. Linnæi botan. edit. a Gilibert, Tom. 3. p. v—xxxij.

————— Demonstrations elementaires de Botanique, Lyon 1796, Partie des figures, Tome 2. Ser. 5. p. 3—21.

Eloge de Charles von Linné, par M. de Saint-Amans.

Pagg. 32. Agen, 1791. 8.

Quid Linnæo Patri debeat medicina, dissertatione Acad. adumbratum. Pr. Sven. Andr. Hedin. Resp. Chph. Carlander.

Pagg. 26. Upsaliæ, 1784. 4.

————— impr. cum Epistolis C. a Linné, editis a D. H. Stoever; p. 173—194.

Grifte-tal öfver *Carl* von Linne' (*Sonen*), hållet i Upsala Domkyrka, den 30 Nov. 1783, då den å Svårdssidan utgångna von Linnéiska ättens sköldemärke sönderslogs, af David Schulz von Schulzenheim.

Pagg. 42. Upsala, 1784. 8.

Memoria *Christiani Gottlieb* LUDWIG.
Comment. Medic. Lips. Vol. 20. p. 153—188.
Eloge de *Pierre* MAGNOL, par M. Gauteron.
Hist. de la Soc. de Montpellier, Tome 1. p. 260—268.
Marcelli MALPIGHII vita, a seipso scripta. in ejus Ope-
ribus posthumis, p. 1—102.   Londini, 1697. fol.
Vie de Malpighi.
Journal de Physique, Tome 1. p. 73—78.
(E vitis Italorum doctrina excellentium, qui sæculo 18
floruerunt.)
Lebensgeschichte *Andreas Sigismund* MARGGRAF'S, von
Lorenz Crell.
Crell's chem. Annalen, 1786. 1 Band, p. 181—192.
De scriptis Comitis *Aloysii Ferdinandi* MARSILII; Jo-
sephus Monti.
Comm. Instit. Bonon. Tom. 2. Pars 2. p. 378—388.
D. *Friedrich Heinrich Wilhelm* MARTINI's leben, aufge-
sezt von J. A. E. Goeze.
Pagg. 112; cum icone Martini.   Berlin, 1779. 4.
Auszug aus der lebensbeschreibung des Herrn D. Mar-
tini.   Beschäft. der Berlin. Ges. Naturf. Fr. 4 Band, p.
642—647.
Some account of *John* MARTYN and his writings, pre-
fixed to his dissertations upon the Æneids of Virgil.
Pagg. lxiii.   London, 1770. 8.
Kurze lebensgeschichte des Herrn Philipp Ludwig Sta-
tius MÜLLER.   Beschäft. der Berlin. Ges. Naturf. Fr.
2 Band, p. 584—592.
Elogium *Jo. Andreæ* MURRAY, a Chr. G. Heyne.
Commentat. Societ. Gotting. Vol. 10. Pagg. 8.
De *Antonio* MUSA, Octaviani Augusti Medico, et libris
qui illi adscribuntur, Prolusio Jo. Christiani Gottlieb
Ackermann.
Pagg. 24.   Altorfii, 1786. 4.
Notice sur *Noel Joseph* NECKER, par Remi Willemet.
Magasin encycloped. 2 Année, Tome 1. p. 192—199.
Historia vitæ et mortis *Simonis* PAULLI. impr. cum ejus
Quadripartito botanico; p. 799—811.
                                    Francofurti, 1708. 4.
Catalogue of my Works. *Thomas* PENNANT. Downing,
March 1. 1786. Plagula dimidia.   4.
The literary life of the late Thomas Pennant,Esq. by him-
self.   London, 1793. 4.
Pagg. 144. tab. ænea 1; præter effigiem auctoris, æri
incisam.

Vita *Antonii Guilielmi* PLAZII.

Comment. Medic. Lips. Vol. 26. p. 546—554.

Variæ in vitam et opera PLUKENETII observationes, partim ex ipsius Msto; autore Paulo Dieterico Giseke. impr. cum hujus Indice Linnæano in L. Plukenetii Opera. Pagg. x. Hamburgi, 1779. 4.

Eloge de *Jean Henry* POTT.

Hist. de l'Acad. de Berlin, 1777. p. 55—66.

The life of *John* RAY, by William Derham. Select remains of John Ray, published by G. Scott, p. 1—100.

Eloge de *René-Antoine Ferchault* DE REAUMUR.

Hist. de l'Acad. des Sc. de Paris, 1757. p. 201—216.

Elogio di *Francesco* REDI. (Auctore, ni fallor, Johanne Fabbroni.) Pagg. 26. (1796.) 8.

Nachricht von dem leben, schriften und werken *August Johann* RÖSELS VON ROSENHOF, entworfen von Christian Friedrich Carl Kleemann. præfixa Tomo 4to operis Roeselii, cui titulus: Insectenbelustigung. Pagg. 48.

Notice sur la vie et les ouvrages de M.- DE ROME' DE L'ISLE.

Journal de Physique, Tome 36. p. 315—323.

Vita *Michaelis Reinboldi* ROSINI. in Joannis Ludolfi Quentin Memoriæ clarorum Mundensium literis et meritis præstantium refricatæ, commentatione secunda, p. 30—39. Gottingæ, 1790. 4.

Vita *Olavi* RUDBECK (*filii.*)

Act. Societ. Upsal. 1740. p. 124—132.

Memoria *Francisci Boissierii* DE SAUVAGES.

Comment. Medic. Lips. Vol. 15. p. 554—560.

Einige nachrichten von den lebensumständen *Carl Wilhelm* SCHEELE'NS, von Lorenz Crell.

Crell's chem. Annalen, 1787. 1 Band, p. 175—192.

————— : Some account of the life of C. W. Scheele.

Crell's chemical Journal, Vol. 1. p. 1—23.

Biographische nachrichten von *J. A.* SCOPOLI.

Magazin für die Botanik, 5 Stück, p. 3—11.

Vita *Johannis* SLOANE.

Comment. Medic. Lips. Vol. 2. p. 366—368, & p. 727—732.

Sloanii Vita, a Joanne Davide Michaelis.

Comment. Societ. Gotting. Tom. 4. p. 503—511.

————— : Levens-beschryving van den Heere Hans Sloane.

Uitgezogte Verhandelingen, 1 Deel, p. 1—17.

Eloge de M. Sloane.
 Hist. de l'Acad. des Sc. de Paris, 1753. p. 305—320.
Kurzer auszug aus der lebensgeschichte des Herrn Professor *Jacob Reinbold* S P I E L M A N N.
 Schr. der Berlin. Ges. Naturf. Fr. 5 Band, p. 497—506.
Lebensgeschichte Dr. Jacob Reinbold Spielmann's, von Philipp Ludwig Wittwer.
 Crell's chem. Annalen, 1784. 1 Band, p. 545—580.
Vita *Joannis* S W A M M E R D A M I I. latine et belgice. præfixa ejus Bibliis naturæ. Plagg. 9. Leydæ, 1737. fol.
Eloge de *M.* D E T O U R N E F O R T.
 Hist. de l'Acad. des Sc. de Paris, 1708. p. 143—154.
 ———— impr. avec sa Relation d'un voyage du Levant. Plagg. 1½.
 ————: The elogium of M. Tournefort. printed with his Voyage into the Levant; p. xxxviii—xlix.
The life of M. Tournefort, in a letter to M. Begon. (by Lauthier.) ib. p. i—xxxvii.
Extrait on abregé du projet de M. Reneaume sur les manuscrits de feu M. de Tournefort, par M. Terrasson.
 Mem. de l'Acad. des Sc. de Paris, 1709. p. 315—320.
Some particulars about *John* T R A D E S C A N T, by Andrew Coltee Ducarel.
 Philosoph. Transact. Vol. 63. p. 82—88.
Monumentum *Christophoro Jacobo* T R E W positum ab Herm. Ernest. Rumpel.
 Nov. Act. Ac. Nat. Cur. Tom. 4. App. p. 315—332.
Memoria Christophori Jacobi Trew.
 Comment. Medic. Lips. Vol. 15. p. 712—720.
Elogium *Rudolphi Augustini* V O G E L, a Chr. Gottl. Heyne.
 Nov. Comm. Soc. Gotting. Tom. 5. App. p. 1—10.
Lebensgeschichte *Johann Ernst Immanuel* W A L C H S, (von Johann Samuel Schröter. Cobres, p. 152.)
 Pagg. 91; cum effigie Walchii.   Jena, 1780. 8.
Academiæ Hafniensis programma in exequias *Olai* W O R M I I. impr. cum hujus Epistolis; p. i—x.
In excessum Ol. Wormii oratio Thomæ Bartholini. ibid. p. xi—xxxvi.
Kurze lebensgeschichte des Herrn *Joh. Fried.* Z Ü C K E R T.
 Schr. der Berlin. Ges. Naturf. Fr. 1 Band, p. 395—408.

4. *Bibliothecæ.*

Joachimus C A M E R A R I U S.
 Catalogus autorum, quorum scripta tam extant, quam

desiderantur, qui aliquid in Georgicis et similibus scrip
serunt. impr. cum ejus Opusculis de re rustica; fol.
42 verso—53.   Noribergæ, 1577. 4.
———— cum iisdem ; p. 201—235.   ib. 1596. 8.
Johannes Antonides van der Linden.
Lindenius renovatus, sive J. A. van der Linden de scriptis
medicis libb. 2, continuati, amplificati, interpolati et
ab extantioribus mendis purgati a Ge. Abr. Mercklino.
Pagg. 1097 et 160.   Norimbergæ, 1686. 4.
Johannes Jacobus Scheuchzer.
Bibliotheca scriptorum historiæ naturali omnium terræ
regionum inservientium.
Pagg. 241.   Tiguri, 1716. 8.
——————   ib. 1751. 8.
Est eadem editio, prima tantum plagula reimpressa.
Christiani Henrici Erndelii
De Flora Japanica, Codice Bibliothecæ Regiæ Berolinen-
sis rarissimo, Epistola.
Pagg. 14.   Dresdæ, 1716. 4.
(De variis codicibus Bibliothecæ Berolinensis, figuras
animalium et plantarum continentibus, agit.)
Laurentius Theodorus Gronovius.
Bibliotheca regni Animalis atque Lapidei, seu recensio
auctorum et librorum, qui de regno animali et lapideo
tractant. Pagg. 326.   Lugduni Bat. 1760. 4.
Joannis Caroli Heffteri
Museum Disputatorium Physico-medicum.
Vol. 1. Pars 1. pagg. 480. Pars 2. pagg. 80. Pars 3.
     . pagg. 84.   Zittaviæ, 1763. 4.
Vol. 2. Pars 1. pagg. 526.   1764.
An Pars 2 et 3. Voluminis 2di prodierunt, ignoro.
Johann Traugott Müller.
Einleitung in die Oekonomische und Physikalische bü-
cherkunde.
1 Band. pagg. 558.   Leipzig, 1780. 8.
2 Bandes 1 Abtheilung. pagg. 718.   1782.
         2 Abtheilung. pagg. 739.   1784.
Jos. Paul von Cobres.
Deliciæ Cobresianæ J. P. v. Cobres Büchersammlung zur
naturgeschichte.   (Augsburg, 1782.) 8.
1 Theil. pagg. 470. 2 Theil pag. 471—956.
Anon.
Systematisches verzeichniss aller derjenigen schriften,
welche die naturgeschichte betreffen.
Pagg. 446.   Halle, 1784. 8.

Georgius Rudolphus BOEHMER.
Bibliotheca scriptorum historiæ naturalis, oeconomiæ, aliarumque artium ac scientiarum ad illam pertinentium, realis systematica.
Pars 1. Scriptores generales.
Vol. 1. pagg. 778.   Lipsiæ, 1785. 8.
     2. pagg. 772.   1786.
Pars 2. Zoologi. Vol. 1. pagg. 604. Vol. 2. pagg. 536.
     3. Phytologi. Vol. 1. pagg. 808.   1787.
              2. pagg. 642.
     4. Mineralogi. Vol. 1. pagg. 510.   1788.
              2. pagg. 412.   1789.
     5. Hydrologi. acc. index universalis. Pagg. 740.

5. *Bibliothecæ Venales.*

Guillaume DE BURE, *fils ainé*.
Catalogue des livres de la bibliotheque de M. BUC'HOZ.
Pagg.-212.   Paris, 1778. 8.
(*Cornelius* JÆNISCH.)
Bibliothecæ, quam collegit *Godofredus Jacobus* JÆNISCH *Sen.* Part. 2. Cap. 2. complectens libros historiæ naturalis, divendend. a. 1783. Pagg.136. Hamburgi. 8.
(*Fridericus* ECCARDUS.)
Catalogi bibliothecæ THOTTIANÆ Tomus tertius, libros continens mathematico-physicos, physico-historicos, medico-chirurgico-chymicos etc. publica auctione distrahendos a. 1790.   Havniæ. 8.
Pars 1. pagg. 706. Pars 2. pagg. 879.
Martinus Thrane BRÜNNICH.
Catalogus bibliothecæ historiæ naturalis, libris præsertim ad regnum animale et lapideum spectantibus instructæ, qui auctione publica 1793 vendentur.
Pagg. 78.   Havniæ. 8.
(*Fridericus* EKKARD.)
Catalogus bibliothecæ *Theodori* HOLMSKJOLD, quæ publica auctionis lege a. 1794 divendetur.
Pagg. 406.   Havniæ. 8.

6. *Bibliothecæ Topographicæ.*

Joannes Jacobus SCHEUCHZER.
In Historiæ Helveticæ naturalis prolegomenis, p. 3—19, scriptores historiæ naturalis topographicos recenset.
Tiguri, 1700. 4.

Cornelius Nozeman.
 Antwoord op de vraage, wat is 'er tot nu toe over de na-
 tuurlyke historie van ons vaderland geschreeven? wat
 ontbreekt 'er nog aan? en, welke is de beste wyze,
 waarop de gemelde geschiedenis zoude dienen geschree-
 ven te worden?
 Verhand. van de Maatsch. te Haarlem, 11.Deel, 2 Stuk,
 p. 1—60.
Johannes Florentius Martinet.
 Antwoord op dezelve vraag. ibid. p. 61—326.
Jacobus Le Long.
 De scriptoribus historiæ naturalis *Galliæ.* impr. cum
 Scheuchzeri bibliotheca; p. 213—230.
Louis-Antoine-Prosper Herissant.
 Bibliotheque physique de la France, ou liste de tous les
 ouvrages, tant imprimés que manuscrits, qui traitent
 de l'histoire naturelle de ce royaume. Paris, 1771. 8.
 Pagg. 420. Supplement p. 421—496.
Faujas *de Saint-Fond.*
 Notice bibliographique des divers auteurs, qui ont ecrit
 sur quelques parties d'histoire naturelle, de physique,
 de medecine, d'agriculture et d'economie, relatives à la
 province de *Dauphiné.* dans son Histoire naturelle du
 Dauphiné, Tome 1. p. 403—433.
Joseph Quer.
 Catalogo de los autores *Espanoles,* que han escrito de his-
 toria natural. in ejus Flora Española, Tomo 2. p. 105
 —128.
Gottlieb Emanuel de Haller.
 Catalogue raisonné des Auteurs qui ont ecrit sur l'his-
 toire naturelle de la *Suisse.*
 Act. Helvetic. Vol. 7. p. 181—330.
 Bibliothek der Schweizer-geschichte, und aller theile, so
 dahin bezug haben, systematish-chronologisch geordnet.
 1 Theil. Pagg. 628.   Bern, 1785. 8.
 Continet hoc volumen auctores topographicos, et histo-
 riæ naturalis Helvetiæ; reliqua volumina non hujus loci.
Johann Daniel Denso.
 Von einigen *Pommerischen* naturalscribenten.
 in ejus Physikalische briefe, p. 189—216.
Martinus Thrane Brünnich.
 Bibliotheca, ordine chronologico recensens *Daniæ, Norve-
 giæ,* Islandiæ et Holsatiæ autores et libros, scientias
 naturales tractantes.
 Pagg. 242 et xiv.   (Hafniæ) 1783. 8.

Johannes Philippus Breynius.
De Scriptoribus rerum naturalium *Borussiæ* et *Poloniæ,*
præfatio ad Helwingii Floram quasimodogenitam, p. 1
—11.   Gedani, 1712. 4.
Christoph Gottlieb von Murr.
Beyträge zur naturgeschichte von *Japon* und *Sina.*
Naturforscher, 7 Stück, p. 1—51.
(De libris Japonicis et Sinensibus ad Historiam natu-
ralem.)

7. *Relationes de libris novis.*

Michael Bernardus Valentini.
Specimina historiæ literariæ medicæ S. R. I. Acad. Nat.
Cur.
Ephem. Ac. Nat. Cur. Dec. 2. Ann. 3. p. 573—587.
                            4. App. p. 217—235.
                            5. App. p. 167—182.
            Dec. 3. Ann. 1. App. p. 147—164.
                            3. App. p. 113—129.
                            4. App. p. 167—178.
                            5 & 6. App. p. 81—90.
                            7 & 8. App. p. 78—84.
———— Historia literaria S. R. I. Academiæ Naturæ
Curiosorum, complectens recensionem librorum, a Præ-
sidibus, Adjunctis et Collegis, loco pensi academici,
editorum; nunc auctior et emendatior conjunctim
emissa. impr. cum ejus Armamentario naturæ syste-
matico.
Pagg. 152.   Gissæ, 1708. 4.
Anon.
Commentarii de rebus in Scientia Naturali et Medicina
gestis.
Vol. 1—36.   Lipsiæ, 1752—1794. 8.
Unumquodque volumen, in 4 partes divisum, continet
paginas a 726 ad 784.
Primæ decadis supplementum 1—4.
Pagg. 736.   ib. 1763—1768. 8.
Secundæ decadis supplementum 1—4.
Pagg. 736.   1772—1775.
Tertiæ decadis supplementum 1—3.
Pagg. 576.   1777—1784.
Quartæ decadis supplementum 1.
Pagg. 138.   1796.
Primæ decadis index. Plagg. 27. 1770.

Secundæ decadis index.   Plagg. 39½.   1779.
Tertiæ decadis index.   Plagg. 35.   1793.
Johann BECKMANN.
Physikalisch-ökonomische bibliothek, worinn von den
   neuesten büchern, welche die Naturgeschichte, Natur-
   lehre und die Land-und Stadtwirthschaft betreffen,
   nachrichten ertheilet werden.   1 Band—19 Bandes 3
   Stück.   Göttingen, 1770—1797.   8.
Unusquisque tomus, in 4 partes divisus, continet pagi-
   nas a 600 ad 654.
Johann Christian Polykarp ERXLEBENS
Physikalische Bibliothek.   1—4 Band.
                          Göttingen, 1774—1779.   8.
Unusquisque tomus, in 4 partes divisus, continet 504
   vel 508 paginas, præter ultimum,451 tantum paginarum.
J. FIBIG et *B.* NAU.
Bibliothek der gesammten naturgeschichte.   1 und 2 Band.
               Frankf. u. Mainz, 1789—1791.   8.
Uterque tomus in 4 partes divisus; continet alter 742,
   alter 748 paginas.

                    8. *Lexica.*

Otho BRUNFELSIUS.
   Ονομαϛιχον Medicinæ.
   Terniones 30.   Argentorati, 1534.   fol.
ANON.
De latinis et græcis nominibus Arborum, Fruticum, Her-
   barum, Piscium et Avium liber, cum gallica eorum no-
   minum appellatione.
   Pagg. 123. æditio secunda.   Lutetiæ, 1545. 8.
—————— Pagg. 104. tertia æditio.   ib. 1547. 8.
—————— Pagg. 148.   Lugduni, 1552. 12.
Appellationes Quadrupedum, Insectorum, Volucrum, Pis-
   cium, Frugum, Leguminorum, Olerum et Fructuum com-
   munium, collectæ a *Paulo* EBERO et *Casparo* PEU-
   CERO.
   impr. cum eorum Vocabulis rei numariæ; plag. C—O.
                          Vitebergæ, 1558. 8.
—————— cum iisdem; plag. C—O. Lipsiæ, 1570. 8.
Johannes Henricus ALSTEDIUS.
Lexicon Physicæ. in ejus Lexico Philosophico, p. 1794
   —1924.   Herbornæ, 1626. 8.
Lexicon hoc philosophicum incipit in pag. 1777, adeo-
   que pars libri, nescio cujus; desinit in pag. 3394.

John R A Y.
Nomenclator classicus, sive dictionáriolum trilingue.
Seventh edition. Pagg. 84. London, 1726. 8.
Pag. 4—27, nomina anglica, latina, græca, mineralium, plantarum, animalium, cum notis criticis et historicis.
Valentin K R Ä U T E R M A N N.
Compéndieuses lexicon éxoticorum et materialium, oder beschreibung derer vornehmsten ausländischen Ost-und West-Indianischen materialien und vegetabilien, ingleichen derer fossilien, metallen, wie auch aller auslandischen thiere, fische, und vögel &c.
Pagg. 552. Arnstadt, 1730. 8.
Antonio V A L L I S N E R I.
Saggio d'istoria medica, e naturale, colla spiegazione de' nomi, alla medesima spettanti, posti per alfabeto.
in ejus Opere, Tomo 3. p. 341—481.
Antoine Joseph Desallier D'A R G E N V I L L E.
Table alphabetique des mots difficiles, tant latins que derivés du gree, dont se sont servis la plupart des naturalistes.
impr. avec sa Lithologie et Conchyliologie; p. 397—456. Paris, 1742. 4.
————— impr. avec sa Conchyliologie; p. i—c.
ib. 1757. 4.
A N O N.
Manuel du naturaliste.
Pagg. 598. Paris, 1770. 8
V A L M O N T D E B O M A R E.
Dictionnaire raisonné universel d'histoire naturelle.
Troisieme edition. Lyon, 1776. 8.
Tome 1. pagg. 592. Tome 2. pagg. 654. Tome 3. pagg. 623. Tome 4. pagg. 617. Tome 5. pagg. 574. Tome 6. pagg. 642. Tome 7. pagg. 638. Tome 8. pagg. 613. Tome 9. pagg. 667.
A N O N.
(Maleidsch) Register der geslagten van de drie ryken der natuur. Verhandel. van het Bataviaasch Genootsch.
1 Deel, p. 87—109.
Domingos V A N D E L L I.
Diccionario dos termos technicos de historia natural, extrahidos das obras de Linneo, com a sua explicaçaõ.
Coimbra, 1788. 4.
Pagg. 291. tabb. æneæ 20; præter libellum de utilitate hortorum botanicorum, de quo Tomo 3. p. 94.

Philipp Andreas NEMNICH.
Allgemeines Polyglotten-Lexicon der Natur-geschichte.
1 und 2 Lieferung. A—F. Coll. 1684.
          Hamburg, 1793.   4.
3 und 4 Lieferung. G—Z Coll. 1592.   1794, 95.
5 Lief. Deutsch. u. Engl. Wörterb. Coll. 946.
              1796.
6 Lief. Portug. Wörterb. Col. 949—1056.

9. *Methodus studii Historiæ naturalis.*

Caroli LINNÆI.
Methodus juxta quam Physiologus concinnare potest his-
 toriam cujuscunque naturalis subjecti. impr. cum ejus
 Systemate naturæ. Pag. 1. Lugd. Bat. 1736. fol. max.
———— sub titulo Methodi demonstrandi animalia,
 vegetabilia aut lapides; ad calcem Systematis naturæ,
 inde ab edit. 2da ad 9nam.
Carolo Friderico MENNANDER
Præside, Dissertatio usum Logices in historia naturali sis-
 tens. Resp. Petr. Kiellin.
 Pagg. 24.   Aboæ, 1747.   4.
Pehr KALM.
Om sättet at rätt tracktera historia naturalis. Resp.
 Henr. Aulin. Pagg. 23.   Åbo, 1760.   4.
Jacob Christian SCHÆFFERS
Erläuterte vorschläge zur ausbesserung und förderung der
 naturwissenschaft.
 Pagg. 35.   Regensburg, 1763.   4.
George EDWARDS.
On natural history, and chiefly Ornithology.
 in his Essays on natural history, p. 41—68.
Anders Jahan RETZIUS.
Tal, om det, som förbinder oss til natural-historiens lä-
 rande, samt huru den bör drifvas vid liya informations
 inrättningen i Stockholm, hållit den 3 Nov. 1770.
 Pagg. 20.   Stockholm.   8.
Johann Christian Polykarp ERXLEBENS.
Betrachtungen über den unterricht in der naturgeschichte
 auf akademien.
 Pagg. 12.   Göttingen, 1773.   4.
Immanuel Karl Heinrich BÖRNER.
Die kunst sich das landleben angenehm und nüzlich zu
 machen. in ejus Samml. aus der Naturgesch. 1 Theil,
 p. 407—567.

Gottlieb Konrad Christian STORR.
  Ueber seine bearbeitungsart der naturgeschichte.
    Pagg. 112.   Stuttgart, 1780. 8.
Franz von Paula SCHRANK.
  Ueber die weise die naturgeschichte zu studiren. Eine
    vorlesung.
    Pagg. 39.   Regensburg, 1780. 8.
Heinrich SANDER.
  Ueber die kunstsprache der naturforscher.
    in seine kleine Schriften, 1 Band, p. 1—41.
Johann Melchior Gottlieb BESECKE.
  Ueber beobachtung und räsonnement bey der betrach-
    tung der natur.
    Leipzig. Magaz. 1784. p. 471—478.
  Ein zuruf an die naturforscher.
    Pagg. 29. tabb. æneæ color 3.   Leipzig, 1786. 8,
    ———— Leipzig. Magaz. 1786. p. 129—147.
REYNIER.
  Discours sur l'etude de l'histoire naturelle et principale-
    ment de la botanique.
    Mem. pour l'hist. nat. de la Suisse, Tome 1. p. 1—28.
Bernhard Sebastian NAU.
  Etwas über die frage: wie sollte naturgeschichte für solche
    gelehrt werden, welche nicht profession davon machen?
    in sein. Neu. Entdeckung. 1 Band, p. 129—133.
Heinrich Friedrich LINK.
  Ueber den gebrauch der hypothesen in der naturge-
    schichte.
    in sein. Annalen der Naturgesch. 1 Stück, p. 1—11.
John BRAND.
  On the latin terms used in natural history.
    Transact. of the Linnean Soc. Vol. 3. p. 70—75.

10. *Elementa Historiæ naturalis.*

Andreas CARLBAUM.
  Dissertatio sistens ideam generalem historiæ naturalis,
    stricte sic dictæ. Resp. Sam. Godenius.
    Pagg. 8.   Arosiæ, 1750. 4.
(*Johan* TÖRNER.)
  Utkast til foerelæsningarna œfver naturkunningheten,
    hållne i Linkœpings Gymnasio.
    Pagg. 64.   Linköping, 1758. 8.

186   *Elementa Historiæ naturalis.*

Johanne Gotschalk WALLERIO
Præside, Dissertatio sistens indolem Historiæ naturalis in
genere. Resp. Laur. Lyth.
   Pagg. 8.   Holmiæ, 1764. 4.
Daniel Gottlob RUDOLPH.
Kurze anweisung wie man naturalien-sammlungen mit
nuzen betrachten soll. Pagg. 432. Leipzig, 1766. 8.
Johann BECKMANN.
Anfangsgründe der naturhistorie.
   Pagg. 302.   Göttingen und Bremen, 1767. 8.
Johann Christian Polykarp ERXLEBEN.
Anfangsgründe der naturgeschichte.
                Göttingen und Gotha, 1768. 8.
   1 Theil. pagg. 271. 2 Theil. pagg. 281.
Adam Daniel RICHTER.
Lehrbuch einer natur-historie.
   2 Auflage. pagg. 404.   Leipzig, 1775. 8.
Johann Daniel TITIUS.
Lehrbegriff der naturgeschichte.
   Pagg. 413. tabb. æneæ 12.   Leipzig, 1777. 8.
Gottlieb Konrad Christian STORR.
Entwurf einer folge von unterhaltungen zur einleitung in
die naturgeschichte. 1 Band.
   Pagg. 632.   Frankf. u. Leipzig, 1777. 8.
Johann Friedrich BLUMENBACH.
Handbuch der naturgeschichte.
   Pagg. 448. tabb. æneæ 2.   Göttingen, 1779. 8.
   2 Theil. pag. 449—559.   1780.
——— Vierte auflage.
   Pagg. 704. tabb. æneæ 3.   ib. 1791. 8.
——— Fünfte auflage.
   Pagg. 714. tabulæ desiderantur.   ib. 1797. 8.
Josephus CONRAD.
Philosophia historiæ naturalis. Specimen inaugurale.
   Pagg. 84.   Viennæ, 1779. 8.
Anton Friedrich BÜSCHING.
Unterricht in der naturgeschichte, für diejenigen, welche
noch wenig oder gar nichts von derselben wissen.
   4 auflage. Pagg. 190.   Berlin, 1781. 8.
Christian Ernst WUNSCH.
Brjefwechsel über die naturprodukte.
   1 Theil, von den Mineralien. Pagg. 602. tabb. æneæ
   color. 16.   Leipzig, 1781. 8.
   2 Theil, von den Gewächsen und Thieren.
      Pagg. 404. tabb. æneæ color. 19.   1787.

ntoine François DE FOURCROY.
Leçons elementaires d'histoire naturelle et de chimie.
Paris, 1782. 8.
Tome 1. pagg. 584. Tome 2. pagg. 848. tab. ænea 1.
Franz von Pàula SCHRANK.
Allgemeine anleitung, die naturgeschichte zu studiren.
Pagg. 223. München, 1783. 8.
ANON.
Grondbeginzelen der natuurlyke historie.
Algem. géneeskund. Jaarboeken, 3 Deel, p. 336—358.
4 Deel, p. 92—108 &
p. 111—124.
COTTE.
Leçons elementaires d'histoire naturelle.
Pagg. 471. Paris, 1787. 12.
Manuel d'histoire naturelle, pour servir de suite aux leçons
elementaires d'histoire naturelle.
Pagg. 180. ib. 1787. 8.
Joannes Reinboldus FORSTER.
Enchiridion historiæ naturali inserviens, quo termini et
delineationes ad Avium, Piscium, Insectorum et Plan-
tarum adumbrationes intelligendas et concinnandas, se-
cundum methodum systematis Linnæani continentur.
Pagg. 224. Halæ, 1788. 8.
Aug. Joh. Georg Carl BATSCH.
Versuch einer anleitung, zur kenntniss und geschichte der
Thiere und Mineralien.
1 Theil. pagg. 528. tabb. æneæ 5. Jena, 1788. 8.
2 Theil. pag. 529—860. tab. 6. 7. 1789.
John WALKER.
Institutes of natural history, containing the heads of the
lectures in natural history, delivered in the University
of Edinburgh. Pagg. 169. Edinburgh, 1792. 8.
Aubin Louis MILLIN.
Elemens d'histoire naturelle; ouvrage couronné par le
juri des livres elementaires, et adopté par le corps legis-
latif pour les ecoles nationales. Seconde edition.
Pagg. 563. Paris, l'an 5. 1797. 8.

11. *Systemata rerum naturalium.*

Carolus LINNÆUS.
Systema naturæ, sive regna tria naturæ systematice pro-
posita per classes, ordines, genera, et species.
Foll. 7. Lugduni Bat. 1735. fol. max.

——— Ed. 2.   Pagg. 80.   Stockholmiæ, 1740.   8.
——— latine, et germanice per, J. J. Lange.
Pagg. 70.   Halle, 1740.   4. obl.
——— Ed. 4. accesserunt nomina gallica.
                                  Parisiis, 1744.   8.
Pagg. 108; præter fundamenta botanica.
——— Ed. 6.   Pagg. 224. tabb. æneæ 8.
                                  Stockholmiæ, 1748.   8.
——— Secundum sextam editionem.
Pagg. et tabb. totidem.   Lipsiæ, 1748.   8.
——— Pagg. 227. tabb. æneæ 8.
                                  Lugd. Bat. 1756.   8.
——— inter ejus Opera varia, p. 147—376.
                                  Lucæ, 1758.   8.
——— Ed. 10. reformata.
Tom. 1. Animalia. pagg. 823.   Holmiæ, 1758.   8.
    2. Vegetabilia. pag. 825—1384.   1759.
(3. de Mineralibus non prodiit in hac editione.)
——— Ad editionem decimam.
Tom. 1. pagg. 823.   Tom. 2. pag. 825—1380.
                                  Halæ, 1760.   8.
    3. Mineralia. (ad sequentem editionem.)
        Pagg. 236. tabb. æneæ 3.   ib. 1770.   8.
——— Ed. 12. reformata.
Tom. 1. Mammalia-Pisces. pagg. 532.
                                  Holmiæ, 1766.   8.
        Pars 2. Insecta, Vermes. pag. 533—1327.
                                      1767.
    2. Vegetabilia. pagg. 736.   1767.
    3. Mineralia. Appendix animalium et vegetabi-
        lium.
        Pagg. 236. tabb. æneæ 3.   1768.
Regni animalis appendix. in Mantissa plantarum altera,
    p. 521—552.
——— ex editione 12ma in epitomen redactum a Joh.
Beckmann.   Gottingæ, 1772.   8.
Tom. 1. Animalia. pagg. 240.   Tom. 2. Vegetabilia.
pagg. 356.
——— Pagg. 103.   (Batavia,) 1783.   8.
Sola nomina generica, additis nominibus belgicis.
——— Ed. 13. aucta, reformata, cura Jo. Frid. Gmelin.
Tom. 1. Mammalia, Accipitres, Picæ. pagg. 500.
                                  Lipsiæ, 1788.   8.
        Pars 2. Anseres-Passeres. pag. 501—1032.
            3. Amphibia, Pisces. pag. 1033—1516.

Systemata rerum naturalium : Linnæus. 189

Tom. 1. Pars 4. Coleoptera, Hemiptera. pag. 1517—
    2224.
    5. Lepidoptera-Aptera. pag. 2225—3020.
    6. Vermes. pag. 3021—3909.
    7. Index. pag. 3911—4120.
Tom. 2. Pars 1. Monandria-Polyandria, pagg. 884.
                                1791.
    2. Didynamia-Cryptogamia. pag. 885—
    1661.
Tom. 3. Mineralia. pagg. 476.   1793.
* * *

Nomenclator extemporaneus rerum naturalium : planta-
rum, insectorum, conchyliorum, secundum Systema Na-
turæ Linnæanum (editionis x mæ) editus a Car. Clerck.
Pagg. 67 et plag. 1.   Stockholmiæ, 1759. 8.
Johann Samuel Schröter.
Einige erläuterungen für das Linnäische natursystem.
  Schröter's Journal, 6 Band, p. 315—349.
John Hill.
A general natural history.
  Vol. 1. Fossils. pagg. 654. tabb. æneæ 12.
                      London, 1748. fol.
    2. Plants. pagg. 642. tabb. 16.   1751.
    3. Animals. pagg. 584. tabb. 28.   1752.
Martinus Houttuyn.
Natuurlyke historie oft uitvoerige beschryving der Dieren,
Planten en Mineraalen, volgens het samenstel van Lin-
næus.
  1 Deel. Dieren.
    1 Stuk. pagg. 500. tabb. æneæ 10.
                  Amsterdam, 1761. 8.
    2 Stuk. pagg. 504. tab. 11—21.
    3 Stuk. pagg. 554. tab. 22—28.   1762.
    4 Stuk. pagg. 452. tab. 29—36.
    5 Stuk. pagg. 618. tab. 37—49.   1763.
    6 Stuk. pagg. 558. tab. 50—56.   1764.
    7 Stuk. pagg. 446. tab. 57—62.
    8 Stuk. pagg. 525. tab. 63—70.   1765.
    Supplementa Vol. 8 priorum. pagg. 30,
    9 Stuk. pagg. 640. tab. 71—76.   1766.
    10 Stuk. pagg. 528. tab. 77—83.
    11 Stuk. pagg. 750. tab. 84—92.   1767.
    12 Stuk. pagg. 624. tab. 93—98.   1768.
    13 Stuk. pagg. 534. tab. 99—106.   1769.
    14 Stuk. pagg. 530. tab. 107—114.   1770.

15 Stuk. pagg. 458. tab. 115—119,   1771.
16 Stuk. pagg. 629. tab. 120—125.
17 Stuk. pagg. 613. tab. 126—138.   1772.
18 Stuk. pagg. 226. tab. 139—143.
  Indices. plagg. 26.   1773.
2 Deel. Planten.
  1 Stuk. pagg. 438. tabb. 4.
  2 Stuk. pagg. 616. tab. 5—11.   1774.
  3 Stuk. pagg. 688. tab. 12—17.
  4 Stuk. pagg. 564. tab. 18—23.   1775.
  5 Stuk. pagg. 576. tab. 24—29.
  6 Stuk. pagg. 468. tab. 30—37.   1776.
  7 Stuk. pagg. 832. tab. 38—44.   1777.
  8 Stuk. pagg. 784. tab. 45—52.
  9 Stuk. pagg. 760. tab. 53—60.   1778.
  10 Stuk. pagg. 828. tab. 61—69.   1779.
  11 Stuk. pagg. 456. tab. 70—76.
  12 Stuk. pagg. 558. tab. 77—86.   1780.
  13 Stuk. pagg. 616. tab. 87—93.   1782.
  14 Stuk. pagg. 698. tab. 94—105.   1783.
3 Deel. Mineraalen.
  1 Stuk. pagg. 600. tabb. 12.   1780.
  2 Stuk. pagg. 700. tab. 13—24.   1781.
  3 Stuk. pagg. 638. tab. 25—34.   1782.
  4 Stuk. pagg. 498. tab. 35—41.   1784.
  5 Stuk. pagg. 360. tab. 42—48.   1785.
  Indices plagg. 14,

* * *

Des Ritters C. von Linné vollständiges natursystem, nach der 12ten lateinischen ausgabe, und nach anleitung des holländischen Houttuynischen werks, mit einer ausführlichen erklärung ausgefertiget von *Philipp Ludwig Statius* Müller.
1 Theil. pagg. 508. tabb. æneæ 32.
    Nürnberg, 1773. 8.
2 Theil. pagg. 638. tabb. 28.
3 Theil. pagg. 350. tabb. 12.   1774.
4 Theil. pagg. 400. tabb. 11.
5 Theil. 1 Band. pagg. 758. tabb. 22.
    2 Band. pag. 761—1066. tab. 23—36.
    1775.
6 Theil. 1 Band. pagg. 638. tabb. 19.
    2 Band. pag. 641—960. tab. 20—37.
Supplements-und Register-Band. pagg. 384 et 536. tabb. 3.   1776.

Des Ritters C. von Linné vollständiges Pflanzensystem,
nach der 13ten lateinischen ausgabe, und nach anleitung
des holländischen Houttuynischen werks übersezt, und
mit einer ausführlichen erklärung ausgefertiget (von
Gottlieb Friedrich Christmann.)

1 Theil. pagg. 798. tabb. 11.		1777.
2 Theil. pagg. 548. tab. 12—17.		
3 Theil. pagg. 683. tab. 18—25.		1778.
4 Theil. pagg. 709. tab. 26—37.		1779.
5 Theil. pagg. 870. tab. 38—44.		
6 Theil. pagg. 696. tab. 45—51.		1780.
7 Theil. pagg. 584. tab. 51b—57.		1781.
8 Theil. (von *Georg Wolffgang Franz* Panzer.)		
pagg. 794. tab. 57b—65.		1782.
9 Theil. pagg. 630. tab. 66—69.		1783.
10 Theil. pagg. 381. tab. 70—76.		
11 Theil. pagg. 664. tab. 77—86.		1784.
12 Theil. pagg. 810. tab. 87—93.		1785.
13 Theil. 1 Band. pagg. 562. tab. 94—101, 105.		
		1786.
2 Band. pagg. 565. tab. 102—104.		
		1787.
14 Theil. Register. pagg. 614.		1788.

Des Ritters C. von Linné vollständiges natursystem des
Mineralreichs, nach der 12ten lateinischen ausgabe, in
einer freyen und vermehrten übersezung, von *Johann
Friedrich* Gmelin.

1 Theil. pagg. 652. tabb. 5.		1777.
2 Theil. pagg. 496. tabb. 9.		1778.
3 Theil. pagg. 486. tabb. 9. (13.)		
4 Theil. pagg. 548. tab. 10—36.		1779.

Anon.
Sisteme d'histoire naturelle. en Hollandois, François et
Anglois.
Regnum Animale. Pars 1. pag. 1—20. tab. ænea 1—17.
Regnum Vegetabile. Pars 1. pag. 1—40. tab. 1—12.
Hagæ-Comitum, 1765. fol.
An plura prodierint, ignoro. Vix crediderim librum,
quo certe ineptior nullus, emtores invenisse.

James Edward Smith.
Review of a Dutch edition of the Systema Naturæ of Linnæus. in his Tracts, p. 203—214.

George Heinrich Borowski.
Systematische tabellen über die allgemeine und besondre
naturgeschichte. Pagg. 142. Berlin, 1775. 8.

Joannes Antonius SCOPOLI.
   Introductio ad historiam naturalem, sistens genera lapi-
      dum, plantarum, et animalium, hactenus detecta, carac-
      teribus essentialibus donata, in tribus divisa, subinde ad
      leges natura.
      Pagg. 506.   Pragæ, 1777.   8.
Eugenius Johann Christoph ESPER.
   Naturgeschichte im auszuge des Linneischen-systems, mit
      erklárung der kunstwörter.
      Pagg. 740. tabb. æneæ 7.   Nürnberg, 1784.   8.

12. *De Methodis Historiæ Naturalis Scriptores
                  Critici.*

Johannes MITCHELL.
   Dissertatio de principiis Botanicorum et Zoologorum,
      deque novo stabiliendo naturæ rerum congruo.
      Act. Acad. Nat. Cur. Vol. 8. App. p. 187—202.
   —————— (seorsim edita.)   Norimbergæ, 1769.   4.
      Pagg. 20; præter genera plantarum, de quibus Tomo 3.
ANON.
   Ueber die systematische eintheilung der Mineralien, Pflan-
      zen und Thiere in classen und ordnungen.
      Physikal. Belustigung. 3 Band, p. 1491—1496.
Johann Samuel SCHRÖTER.
   Haben wir auch ein vollständiges system der natur zu
      hoffen? und wenn es ist, durch welchen weg gelangen
      wir dazu?
      Berlin. Sammlung. 2 Band, p. 249—271.
                           3 Band, p. 353—375.
   —————— in seine Abhandl. über die Naturgesch. 1 Theil,
      p. 41—81.

            ———————

Antoine Nicolas DUCHESNE.
   Memoire sur l'etablissement d'une nomenclature euro-
      peenne d'histoire naturelle.
      Magasin encyclopedique, 2 Année, Tome 1. p. 147—
         164.

      13. *Affinitates rerum naturalium.*

Richard BRADLEY.
   A philosophical account of the works of nature, endeavour-
      ing to set forth the several gradations remarkable in the

Affinitates rerum naturalium.

mineral, vegetable, and animal parts of the creation,
tending to the composition of a scale of life.
Pagg. 194. tabb. æneæ color. 28.   London, 1721.   4.
ANON.
Von dem stufmässigen steigen in der vollkommenheit des
naturreichs.
Physikal. Belustigung. 3 Band, p. 1479—1490.
Zufällige gedanken über die kenntniss und untersuchung
der natürlichen dinge.
Dresdnisches Magazin, 1 Band, p. 1—17.
Zufällige gedanken über das stuffenmässige steigen der
erschaffenen dinge. ibid. p. 152—157.
J. B. ROBINET.
Vue philosophique de la gradation nâturelle des formes de
l'etre, ou les essais de la nature, qui apprend à faire
l'homme.
Pagg. 260. tabb. æneæ 10.   Amsterdam, 1768.   8.
Carolus Joseph OEHME.
De serie corporum naturalium continua.
Pagg. 18.   Lipsiæ, 1772.   4.
———— Ludwig Delect. Opusculorum, Vol. 1. p. 1—
22.
Natalis Josephus DE NECKER.
Physiologia Muscorum per examen analyticum de corpo-
ribus variis naturalibus inter se collatis continuitatem
proximamve animalis cum vegetabili concatenationem
indicantibus.
Pagg. 343. tab. ænea 1.   Manhemii, 1774.   8.
Peter Bened. Christ. GRAUMANN.
Betrachtungen über die allgemeine stuffenfolge der natür-
lichen körper.
Pagg. 38.   Rostock, 1777.   4.
Stephanus LUMNITZER.
Dissertatio inaug. de rerum naturalium adfinitatibus.
Pagg. 40.   Posonii, 1777.   8.
Jean Etienne GUETTARD.
Sur differents corps naturels qui peuvent faire sentir le
passage qu'il y a d'une classe ou d'un genre d'etres, à
une classe ou a un genre d'un autre etre.
dans ses Memoires, Tome 4. p. 419—439.
ANON.
Over de trapsgewyze overgang der natuurlyke dingen.
Nieuwe geneeskund. Jaarboeken, 5 Deel, p. 216—220.
Jean André DE LUC.
Memoire sur la question : que doit-on penser de la grada-
TOM. I,   O

tion que plusieurs Philosophes ont admise entre les etres
naturels, et jusqu'à. quel point pouvons-nous parvenir
à nous assurer de la realité de cette gradation, et de
l'ordre que la nature y observe? Verhand. van de
Maatsch. te Haarlem, 25 Deel, p. 457—498.
Antoine Nicolas DUCHESNE.
Sur les rapports entre les êtres naturels.
Magasin encyclopedique, Tome 6. p. 289—294.

14. *Historiæ rerum naturalium.*

HILDEGARDIS.
Physica, elementorum, metallorum, leguminum, fructuum,
et herbarum, arborum, et arbustorum, piscium denique
volatilium, et animantium terræ naturas et operationes
4 libris mirabili experientia posteritati tradens.
Argentorati, 1533. fol.
Pagg. 121; præter Oribasium de simplicibus, Theo-
dori dietam, et Esculapium.
ANON.
(H) Ortus sanitatis. sine loco et anno. fol.
Quaterniones 9, Trierniones 47, Duernio; omnino plagg.
179.
————— Moguntiæ, 1491. fol.
Quaterniones 32, Trierniones 33.
————— 1517. fol.
Quaterniones 13, Trierniones 42.
————— Argentorati, 1536. fol.
Foll. 130. In hac editione adsunt tantum libri de ani-
malibus et mineralibus, omisso libro de plantis.
Omnes cum figuris ligno incisis.
John MAPLET.
A greene forest, or a naturall historie.
Foll. 111. London, 1567. 8.
Ferrante IMPERATO.
Dell' historia naturale libri 28.
Pagg. 791; cum figg. ligno incisis. Napoli, 1599. fol.
————— in questa seconda impressione aggiontovi da
Gio. Maria Ferro alcune annotationi alle piante nel libro
28vo. Venetia, 1672. fol.
Pagg. 696; cum figg. ligno incisis.
Zacharias ROSENBACH.
Quatuor indices physici corporum naturalium perfecte
mixtorum. in Lexico Philosophico J. H. Alstedii, p.
1925—3250. Herbornæ, 1626. 8.

Joannes Eusebius NIEREMBERGIUS.
Historia naturae, maxime peregrinæ.
Antverpiae, 1635. fol.
Pagg. 502 ; cum figg. ligno incisis.
Johannes HEINZELMAN.
Zoologia seu mictologia vera, itidem divina, continens
doctrinam de mixtis tantum veris, seclusis, ex numero
mixtorum mineralibus, admissis vero tantum homine,
brutis, plantis.
Plagg. 52.				Berolini, 1657. 8.
Sir Thomas Pope BLOUNT, *Bart.*
A natural history.
Pagg. 469.				London, 1693. 8.
R. BROOKES.
A new and accurate system of natural history.
Vol. 1. pagg. 374. Vol. 2. pagg. 460. Vol. 3. pagg.
408. Vol. 4. pagg. 360.		London, 1763. 12.
Vol. 5. pagg. 312. Vol. 6. pagg. 322 ; cum tabb.
æneis.					1772.
SAURI.
Precis d'histoire naturelle.		Yverdon, 1779. 12.
1 Partie. Tome 1. pagg. 429. Tome 2. pagg. 260.
2 Partie. Tome 1. pagg. 252. Tome 2. pagg. 185.
Tome 3. pagg. 340. Tome 4. pagg. 360. Tome 5.
pagg. 360.
Georg Christian RAFF.
Naturgeschichte fur kinder. Dritte Auflage.
Pagg. 672. tabb. æneæ 12.		Göttingen, 1781. 8.

15. *Icones rerum naturalium.*

Codex chartaceus 418 foliorum, continens figuras rudes,
coloribus fucatas, plantarum et animalium, adscriptis
nominibus græcis.				fol.
E Bibliotheca Jacobi Soranzo emtus Patavii, 1781.
Herbarum, arborum, fruticum, frumentorum ac legumi-
num, animalium præterea terrestrium, volatilium et
aquatilium aliorumque, quorum in medicinis usus est,
simplicium imagines.
Francoforti ap. Chr. Egenolphum, 1546. 4.
Pagg. 265 ; sed desunt in nostro exemplo paginæ ulti-
mæ 257—265, et titulus.
--------				ib. 1562. 4.
Pagg. plantarum 391, animalium 19.
O 2

——————   ib.   4.

Exemplum nostrum desinit in pag. 312, quæ insecta
continet; deficiente fine, et anno impressionis.
    In omnibus figuræ ligno incisæ, in nostris exemplis
    coloribus male fucatæ.
Portraits d'oyseaux, animaux, serpens, herbes, arbres,
hommes et femmes, d'Arabie et Egypte, observez par
P. Belon; le tout enrichy de quatrains.
    Foll. 121; cum figg. ligno incisis.   Paris, 1557.   4.
La clef des champs, pour trouver plusieurs animaux, tant
bestes qu'oyseaux, avec plusieurs fleurs et fruitz.
    Imprimé aux Blackefriers, (London) pour *Jaques* le
    Moyne, *dit de Morgues* Paintre. 1586.   4. obl.
    Præter titulum et dedicationem, 47 folia, in quorum
    singulis, pagina adversa, 2 figuræ ligno incisæ, colo-
    ribus fucatæ, animalium vel plantarum, cum nomi-
    nibus latinis, gallicis, germanicis et anglicis. Folium
    primum forte deest; manu enim exarati numeri fo-
    liorum incipiunt a 2do.
Archetypa studiaque patris *Georgii* Hoefnagelii Ja-
cobus F. ab ipso scalpta philomusis communicat.
                              Francof. ad Moen. 1592.
    Partes 4, quarum singulæ continent, præter titulos,
    tabb. æneas 12, longit. 6 unc. latit. 8 unc.
(Icones animalium et plantarum.)
    Assuwer. van Londerseel fecit. Clas Janss. Visscher ex-
    cudebat. A°. 1625.
    Tabb. æneæ 12, longit. 3½ unc. latit. 5 unc.
(Icones florum, insectorum et avium.)
    C. J. Visscher excudit.
    Tabb. æneæ 4, long. 7 unc. lat. 5 unc.
A booke of beast, birds, flowers, fruits, flies, and wormes,
exactly drawne with their lively colours truly described.
Ar to be sould by Thomas Johnson in Brittaynes Burse.
    1630   Tabb. æneæ 20, long. 6 unc. lat. 8 unc.
A booke of flowers, fruicts, beastes, birds, and flies, exactly drawne, and are to bee sold by P. Stent, at the
white hors in Guiltspur street without Newgate.
    Tabb. æneæ 20, long. 5 unc. lat. 7 unc.
The second booke of flowers .... exactly drawne,
newly printed with additions by John Dunstall, anno
1661, sould by Peter Stent. Tabb. 20.
The therd booke of flowers ...... drawne, with additions
by John Dunstall. Are to be sould by P. Stent, at the

whit horse in Guiltspur street, betwixt Newgate and
Pye-corner, 1661. Tabb. 20.
(Icones florum et animalium)
  John Dunstall fecit. P. Stent excu.
  Tabb. æneæ 4, long. 6½ unc. lat. 9 unc.
James PETIVER.
Gazophylacii naturæ et artis. Decas Prima.
                                      Londini, 1702.
  Textus pagg. 16. 8vo. tabb. æneæ 10, in folio.
Decas 2. Pag. 17—32. tab. 11—20.
      3. Pag. 33—48. tab. 21—30.   1704.
      4. Pag. 49—62. tab. 31—40.
      5. Pag. 65—78. tab. 41—50.
A classical and topical catalogue of all the things figured
  in the 5 Decades, or first volume of the Gazophylacium
  naturæ et artis.
  Pag. 81—94.   1706. 8.
———— : Catalogus classicus et topicus omnium rerum
  figuratarum in 5 Decadibus, seu primo volumine Gazo-
  phylacii naturæ et artis.
  Pagg. 4.   Londini, 1709. fol.
———— ———— in Valentini Museo Museorum, 2 Theil,
  App. p. 43—52.
Gazophylacii naturæ et artis Decas 6.
  Pagg. 4. in folio. tab. 51—60.
Decas 7 & 8. Pag. 5—8. tab. 61—80.
      9 & 10. Pag. 9—12. tab. 81—100.
Catalogus classicus et topicus omnium rerum figuratarum
  in 5 Decadibus, seu secundo volumine Gazophylacii na-
  turæ et artis.
  Pagg. 4.   ib. 1711. fol.
———— Redeunt hæ tabulæ, (et textus in folio,) in
  Operum ejus Vol. 1mo, auctæ tab. 101—156, cum textu
  pagg. 10, ubi vero nulla mentio tab. 156tæ.

* * *

Icones arborum, fruticum et herbarum exoticarum qua-
  rundam, a Rajo, Mentzelio, aliisque Botanophilis qui-
  dem descriptarum, ast non delineatarum, ut et anima-
  lium peregrinorum rarissimorum.
  Lugduni Bat. apud Petrum van der Aa.
  Tabb. æneæ 80, variæ magnitudinis, pleræque long. 5
  unc. lat. 7 unc.
Petrus Antonius MICHELI.
Icones plantarum submarinarum.
  Tabb. æneæ 60, ineditæ.   fol.

* * *

(Icones Animalium et Plantarum.)
Painted, engraved, and published by *John Frederick*
MILLER. 1776—1794.
Tabb. æneæ color. 60, longit. 18 unc. lat. 12 unc. No-
mina et loci natales in pagg. impressis 10.

_____

Antoine DE JUSSIEU.
Histoire de ce qui a occasioné et perfectionné le recueil de
peintures de plantes et d'animaux sur des feuilles de
velin, conserve dans la Bibliotheque du Roy.
Mem. de l'Acad. des Sc. de Paris, 1727. p. 131—138.

16. *Descriptiones rerum naturalium, et Observa-*
tiones miscellæ de rebus naturalibus.

Valerius CORDUS.
Sylva observationum variarum, quas inter peregrinandum
notavit, primum de rebus fossilibus, deinde etiam plantis (et animalibus.)
in Operibus ejus, editis a C. Gesnero, fol. 217—224.
Additiones et emendationes. in C. Gesneri operibus, editis a C. C. Schmidel, Part. 1. p. 31, 32.

Johannes CAJUS.
De rariorum animalium et stirpium historia liber 1. impr.
cum ejus de canibus Britannicis libro.
Foll. 30. Londini, 1570. 8.
——— cum eodem libro; p. 37—122. ib, 1729. 8.

Andreas LIBAVIUS.
Singularium pars 1. pagg. 375. Francofurti, 1599. 8.
2. pagg. 524.
3. pagg. 2015 (h. e. 1115.) 1601.
4. pagg. 704.

Carolus CLUSIUS.
Exoticorum libri 10, quibus animalium, plantarum, aromatum, aliorumque peregrinorum fructuum historiæ
describuntur. Antverpiæ, 1605. fol.
Pagg. 144; cum figg. ligno incisis; præter Garc. ab
Orta, Chr. a Costa, Monarden et Bellonium, de quibus
-suis locis.
Curæ posteriores, seu plurimarum non ante cognitarum,
aut descriptarum stirpium, peregrinorumque aliquot
animalium novæ descriptiones, quibus et omnia ipsius
opera, aliaque ab eo versa augentur, aut illustrantur.
ib. 1611. fol.

Pagg. 71; cum figg. ligno incisis; præter Vorstium de vita Clusii, de quo supra p. 171.

——————— ib. 1611. 4.

Pagg. 134; cum figg. ligno incisis; præter Vorstium.

Constantino Ziegra

Præside, Exercitatio de Zoophytis. Resp. Joh. Guil. Hilliger. Plagg. 2½. Wittebergæ, 1667. 4.

Gabriele Arnoldi

Præside, Dissertatio de Zoophytis. Resp. Jo. Chph. Nollavius. Plagg. 2. Lipsiæ, 1670. 4.

Don Paolo Boccone.

Recherches et observations curieuses.

Pagg. 69. Paris, 1671. 12.

——————— in editione Amstelædamensi mox sequenti, p. 1—23, & p. 284—295.

Recherches et observations naturelles.

Pagg. 112. Paris, 1671. 12.

——————— Priores 82 paginæ redeunt in editione Amstelædamensi, p. 118—124, p. 296—328, & p. 44—52.

Recherches et observations naturelles.

Pagg. 328; cum tabb. æneis. Amsterdam, 1674. 8.

Osservazioni naturali.

Pagg. 400. Bologna, 1684. 12.

Epistola 14ta ad Car. Howard, anglice versa, in Memoirs for the curious, 1708. p. 99—105.

Museo di fisica e di esperienze.

Pagg. 319; cum tabb. æneis. Venetia, 1697. 4.

——————— : Curiöse anmerckungen, aus seinem noch nie im druck gewesenen museo experimentali-physico zusammen gezogen, und im durchreisen durch Teutschland, zum andenken seiner in teutscher sprach zum druck hinterlassen. Frankf. u. Leipzig, 1697. 12.

Pagg. 501. tab. ænea 1.

Francesco Redi.

Esperienze intorno a diverse cose naturali, e particolarmente a quelle, che ci son portate dall' Indie, scritte in una lettera al R. P. Atan. Chircher.

Pagg. 122. tabb. æneæ 6. Firenze, 1686. 4.

——————— : Experimenta circa res diversas naturales, speciatim illas, quæ ex Indiis adferuntur.

Amstelodami, 1675. 12.

Pagg. 193; cum tabb. æneis; præter observationes de Viperis, de quibus Tomo 2. p. 514.

——————— ——————— in Parte 2. Opusculorum ejus, p. 1—151.

ib. 1685. 12.

Gioseffo PETRUCCI.
Prodromo apologetico alli studi Chircheriani, nella quale
— — si dà prova dell' esquisito studio ha tenuto il ce-
lebratissimo Padre Atanasio Chircher, circa il credere
all opinioni degli Scrittori — — e particolarmente intorno a quelle cose naturali dell' India, che gli furon
portate, o referte da' quei, che abitarono quelle parti.
Pagg. 200; cum tabb. æneis.   Amsterdam, 1677.   4.

Henricus VOLLGNAD.
Rariora quædam naturæ sive luxuriantis sive ludentis exempla.
Ephem. Acad. Nat. Curios. Dec. 1. Ann. 6 & 7. p. 345
—353.

Johannes Otto HELBIGIUS.
De rebus variis Indicis.
Ephemer. Acad. Nat. Curios. Dec. 1. Ann. 9 & 10. p.
453—464.

Georgius Everardus RUMPHIUS.
(Observationes variæ ad historiam naturalem.)
Ephem. Ac. Nat. Cur. Dec. 2. Ann. 1. p. 55—57.
3. p. 70—81.
4. p. 212.

Hermannus Nicolaus GRIMM.
(Observationes variæ ad historiam naturalem.)
ibid. Ann. 1. p. 363—373, & p. 405—412.
3. p. 99—111, & p. 406—411.
4. p. 130, 131.

George GARDEN.
Extract of a letter to Dr. Middleton.
Philosoph. Transact. Vol. 15. n. 175. p. 1156—1158.

Christianus Franciscus PAULLINI.
Observationes medico-physicæ selectæ.
Ephem. Ac. Nat. Cur. Dec. 2. Ann.
5. App. p. 1—100.
6. App. p. 1—80.
7. App. p. 109—162.

Johannes Matthæus FABER.
De Spongite lapide.   ibid. Dec. 3. Ann. 1. p. 196—200.

Michael Bernhard VALENTINI.
Muse Museorum, oder der vollständigen Schaubühne
frembder naturalien 2 Theil.
Frankf. am Mayn, 1714.   fol.
Pagg 196. tabb. æneæ 38; præter appendicem de Mu-
seis, de qua infra pag 219.   Partem 1. vide infra inter
Scriptores Materiæ Medicæ.

(Observationes variæ.)
Ephem. Acad. Nat. Curios. Cent. 7 & 8. p. 334—338.
Johannes Christianus BUXBAUM.
De plantis submarinis observationes.
Comment. Acad. Petropol. Tom. 4. p. 279—281.
Franciscus Ernestus BRUCKMANN.
De Alga saccharifera, Polypo marino petrifacto, Kaker-
lacken, frutice Koszodrewina et arbore Limbowe drewo,
Epistola itineraria 23. Cent. 1.
Pagg. 8. tabb. æneæ 3.   Wolffenbuttelæ, 1730. 4.
ANON.
A description of a great variety of animals and vegetables,
being a supplement to a description of 300 animals.
Pagg. 137; cum tabb. æneis.   London, 1736. 12.
Johannes Gotschalk WALLERIUS.
Decades binæ Thesium medicarum, Resp. Joh. A. Da-
relius. Pagg. 38.   Upsaliæ, 1741. 4.
(Adversus Linnæum.)
——————— impr. eum epistolis C. a Linné, editis a D. H.
Stoever; p. 119—158.
Turbervil NEEDHAM.
A letter concerning certain chalky tubulous concretions,
called Malm, microscopical observations on the farina
of the Red Lily, and of Worms discovered in smutty
corn.
Philosoph. Transact. Vol. 42. n. 471. p. 634—641.
James MOUNSEY.
Letter concerning the Russia Castor, the baths at Carls-
bad, che Salt-mines near Cracau, and various other
notices.
Philosoph. Transact. Vol. 46. n. 493. p. 217—232.
Abraham TREMBLEY.
Extract of a letter to Dr. Birch. ibid. Vol. 50. p. 58—62.
——————— : Verscheide byzonderheden raakende de dier-
tjes der Koraal-gewassen en andere deelen der natuur-
lyke historie.
Uitgezogte Verhandelingen, 4 Deel, p. 620—626.
Jobus BASTER.
Opuscula subseciva, observationes miscellaneas de animal-
culis et plantis quibusdam marinis, eorumque ovariis et
seminibus continentia.
Lib. 1. pagg. 46. tabb. æneæ 6. Harlemi, 1759. 4.
      2. pag. 53—95. tab. 7—10.   1760.
      3. pag. 101—148. tab. 11—16.   1761.
Tom. 2. Lib. 1. pagg. 47. tabb. 4.   1762.

Tom. 2. Lib. 2. pag. 53—99. tab. 5—9. 1765.
3. pag. 105—150. tab. 10—13.
1765.
Eric SCHYTTE.
Adskillige anmærkninger, insendte til Biskopen i Trond-
hiem.
Norske Vidensk. Selsk. Skrift. 1 Deel, p. 284—293.
MONTET.
Memoires sur plusieurs sujets d'histoire naturelle.
Mem. de l'Acad. des Sc. de Paris, 1762. p. 632—661.
1768. p. 538—556.
1773. p. 687—694.
1777. p. 640—664.
ALLEON DULAC.
Melanges d'histoire naturelle.
Tome 1. pagg. 456. Tome 2. pagg. 471.
Lyon, 1763. 8.
Tome 3. pagg. 467. Tome 4. pagg. 472. Tome 5.
pagg. 500. Tome 6. pagg. 536. 1765.
Ole LIE.
Efterretning om nogle naturalier.
Norske Vidensk. Selsk. Skrift. 3 Deel, p. 571—576.
Johann August UNZER.
Betrachtungen uber verschiedene gegenstånde aus der na-
turlehre.
in seine physical. Schriften, 1 Samml. p. 256—267.
———— Neu. Hamburg. Magaz. 84 Stück, p. 503—519.
* * *
Deliciæ naturæ selectæ, oder auserlesenes naturalien-ca-
binet, welches aus den drey reichen der natur zeiget,
was gesammlet zu werden verdienet; ehemahls heraus-
gegeben von *Georg Wolffgang* KNORR, fortgesezet von
dessen erben, beschrieben von *Philipp Ludwig Statius*
MÜLLER, und in das französische ubersezet von Mat-
thæus Verdier de la Blaquiere. Nürnberg, 1766. fol.
Pagg. 132. tabb. æneæ color. 38.
2 Theil. pagg. 144. tabb. 53. 1767.
Pierre Joseph BUCHOZ.
La nature considerée sous ses differens aspects, ou lettres
sur les Animaux, les Vegetaux et les Mineraux.
Tomes 8. Paris, 1771, 72. 12.
Unusquisque Tomus continet 360 paginas, præter ter-
tium, 349 paginarum.
COMMERSON.
Lettre à M. de la Lande. impr. avec le Supplement au

voyage de M. Bougainville, traduit de l'anglois, par
M. de Freville; p. 251—286.   Paris, 1772. 8.
Johannes Gerhardus Koenig.
> De remediorum indigenorum ad morbos cuivis regioni en-
> demicos expugnandos efficacia, Dissertatio Præside Chr.
> Fr. Rottböll. Pagg. 80.   Hafniæ, 1773. 8.
> (Continet etiam observationes circa plantas et minera-
> lia, in itineribus ejus factas.)
Johannes Antonius Battarra.
> Epistola selectas de re naturali observationes complectens.
> Pagg. 25. tabb. æneæ 4.   Arimini, 1774. 4.
Johann Samuel Schröter.
> Etwas zum nuzen und zum vergnügen aus der naturge-
> schichte. Pagg. 80.   Weimar, 1775. 8.
> Gesammlete eigne und fremde beobachtungen aus den rei-
> chen der natur. in seine Abhandl. über die Naturgesch.
> 1 Theil, p. 81—134.
Fredrik Baron van Wurmb.
> Bydraagen tot de natuurlyke historie. Verhand. van het
> Bataviaasch Genootsch. 2 Deel, p. 455—488.
>   3 Deel, p. 339—422.
>   4 Deel, p. 515—565.
> ———— : Beyträge zur naturgeschichte.
> Lichtenberg's Magaz. 2 Band. 4 Stück, p. 3—10.
>   3 Band. 2 Stuck, p. 1—18.
>   3 Stück, p. 1—10.
>   4 Band. 2 Stuck, p. 1—14.
>   5 Band. 2 Stuck, p. 1—29.
> (Omissæ sunt descriptiones quædam in hac versione.)
August Christian Kühn.
> Vermischte naturhistorische bemerkungen.
> Naturforscher, 17 Stück, p. 214—225.
>   21 Stück, p. 190—200.
Otto Friderich Muller.
> Anmerkungen beym durchlesen einiger aufsäze in den 10
> ersten stucken des Naturforschers.
> Naturforscher, 19 Stück, p. 159—176.
>   20 Stück, p. 131—146.
Johann Carl Christian Löwe.
> Vermischte beobachtungen. Abhandl. der Hallischen
> Naturf. Gesellsch. 1 Band, p. 121—136.
Defay.
> La nature considerée dans plusieurs de ses operations, ou
> Memoires et observations sur diverses parties de l'his-
> toire naturelle.   Paris, 1783. 8.

Pagg. 160; præter Mineralogie de l'Orleanois, de qua
Tomo 4.

Johann Christoph MEINECKE.
Vermischte anmerkungen über verschiedne gegenstände
aus der naturgeschichte.
Naturforscher, 20 Stück, p. 185—210.

Heinrich SANDER.
Naturhistorische bemerkungen.
in seine kleine Schriften, 1 Band, p. 365—383.

Mademoiselle LE MASSON LE GOLFT.
Balance de la Nature.
Pagg. 124.   Paris, 1784. 12.

Joannes Antonius SCOPOLI.
Deliciæ floræ et faunæ Insubricæ, seu novæ, aut minus
cognitæ species plantarum et animalium, quas in Insu-
bria Austriaca, tam spontaneas, quam exoticas vidit,
descripsit, et æri incidi curavit.
Pars 1. pagg. 85. tabb. æneæ 25. Ticini, 1786. fol.
    2. pagg. 115. tabb. 25.   1786.
    3. pagg. 87. tabb. 25.   1788.
       Tabulæ 1 partis, coloribus fucatæ etiam adsunt.

ANON.
Ueber verschiedene gegenstände aus der naturgeschichte.
Lichtenberg's Magaz. 3 Band. 3 Stuck, p. 78—80.

Petrus CAMPER.
Auszug aus einem brief an den Herrn D. Bloch.
Beob. der Berlin. Ges. Naturf. Fr. 1 Band, p. 479—483.

Carl GRUBER VON GRUBERFELS.
Auszug eines schreibens an den Herrn D. Bloch. ibid. 2
Band, p. 81, 82.

George SHAW.
The naturalist's miscellany, or coloured figures of natural objects, drawn and described immediately from nature (?).   8.
Inde ab a. 1789 prodierunt hactenus 8 volumina, quibus continentur 300 tabb. æneæ color. cum textu anglico et latino.

Johann Friedrich BLUMENBACH.
Beyträge zur naturgeschichte.
1 Theil. pagg. 126.   Göttingen, 1790. 8.
Abbildungen naturhistorischer gegenstände.
1 Heft. foll. et tabb. 10.   ib. 1796. 8.
(excludend. Tomo 2. p. 570. hujus Catalogi.)
2 Heft. fol et tab. 11—20.   1797.
3 Heft. fol. et tab. 21—30.   1798.

Johannes HERMANN.
Programma in mutatione Rectoratus.
Plag. 1.   Argentorati, 1790. fol.
Bernhard Sebastian NAU.
Kurze uebersicht der beobachtungen in der naturgeschichte
von dem jahr 1790.
in sein. Neue Entdeckung. 1 Band, p. 269—310.
Gilbert WHITE.
Observations on various parts of nature ; printed with his
Naturalist's calendar ; p. 55—170 ; cum tab. ænea co-
lor. 1.   London, 1795. 8.

17. *Opusculorum Historiæ Naturalis Collectiones.*

ARISTOTELIS et THEOPHRASTI
Historiæ, latine, Theodoro Gaza et Petro Alcyonio inter-
prete ; edidit And. Cratander.
Pagg. 320 et 264.   Basileæ, 1534. fol.
——————— Pagg. 495 & 399.   Lugduni, 1552. 8.
Gothofredus VOIGTIUS.
Curiositates physicæ.
Pagg. 184.   Gustrovii, 1668. 8.
BOURGUET.
Lettres philosophiques.
Pagg. 220. tab. ænea 1.   Amsterdam, 1729. 12.
——————— Pagg. 270. tab. ænea 1.   ib. 1762. 8.
Albertus RITTER.
Supplementa scriptorum suorum historico-physicorum
successu temporis particulatim in lucem editorum.
Pagg. 120. tab. ænea 1.   Helmstadii, 1748. 4.
Jacobus PETIVER.
Opera, historiam naturalem spectantia.
                            London, 1764.
Vol. 1. plagg. 10. tabb æneæ 180.
Vol. 2. plagg. 23½. tabb. æneæ 126.   fol.
Vol. 3. pagg. 93 et 96. tabb. 4.   ib. 1695, seqq.   8.
Johann Gottlieb GLEDITSCH.
Vermischte physicalisch-botanisch-oeconomische abhand-
lungen.
1 Theil. pagg. 318. tabb. æneæ 2. Halle, 1765. 8.
2 Theil. pagg. 440. tabb. 2.   1766.
3 Theil. pagg. 397. tab. 1.   1767.
Vermischte bemerkungen aus der arzneywissenschaft,
kräuterlehre und oeconomie.
1 Theil. pagg. 230. tab. ænea 1. Leipzig, 1768. 8.

Joannes Antonius SCOPOLI.
Annus 1. historico-naturalis.
  Pagg. 168.   Lipsiæ, 1769. 8.
Annus 2. pagg. 118. Annus 3. pagg. 108.
Annus 4. pagg. 150. tabb. æneæ 2.   1770.
Annus 5. pagg. 128.   1772.
Dissertationes ad scientiam naturalem pertinentes.
  Pars 1. pagg. 120. tabb. æneæ 46. Pragæ, 1772. 8.
* * *

Der Naturforscher.
  1 Stück. pagg. 294. tabb. æneæ 4. Halle, 1774. 8.
  2 Stück. pagg. 246. tabb. 6, quarum 2 color.
  3 Stuck. pagg. 290. tabb. 5, quar. 2 color.
  4 Stück. pagg. 274. tabb. 4, quar. 1 color.
  5 Stuck. pagg. 256. tabb. 3.   1775.
  6 Stück. pagg. 275. tabb. 8, quar. 6 color.
  7 Stück. pagg. 277. tabb. ligno incisæ 3, et æneæ 7,
    quar. 3 color.
  8 Stück. pagg. 296. tabb. 7, quar. 4 color. 1776.
  9 Stück. pagg. 318. tabb. 6, quar. 5 color.
  10 Stück. pagg. 208. tabb. color. 2.   1777.
  11 Stück. pagg. 204. tabb. color. 4.
  12 Stück. pagg. 244. tabb. 5. quar. 4 color. 1778.
  13 Stück. pagg. 236. tabb. color. 5.   1779.
  14 Stück. pagg. 220. tabb. 6, quar. 4 color. 1780.
  15 Stück. pagg. 256. tabb. 5, quar. 3 color. 1781.
  16 Stück. pagg. 212. tabb. 4, quar. 3 color.
  17 Stuck. pagg. 250. tabb. color. 4.   1782.
  18 Stück. pagg. 268. tabb. 5, quar. 4 color.
  19 Stück. pagg. 220. tabb. 8, quar. 4 color. 1783.
  20 Stück. pagg. 322. tabb. 3, quar. 2 color. 1784.
  21 Stuck. pagg. 200. tabb. 5, quar. 4 color. 1785.
  22 Stuck. pagg. 206. tabb. 6, quar. 5 color. 1787.
  23 Stück. pagg. 224. tabb. color. 2.   1788.
  24 Stuck. pagg. 200. tabb. 4. quar. 3 color. 1789.
  25 Stück. pagg. 222. tabb. 4, quar. 1 color. 1791.
  26 Stück. pagg. 232. tab. color. 1.   1792.
  27 Stück. pagg. 176. tabb. 6.   1793.
Johann Samuel SCHRÖTER.
Journal für die liebhaber des Steinreichs und der Kon-
chyliologie.
  1 Band. pagg. 124 et 332. tab. ænea 1.
                      Weimar, 1774. 8.
  2 Band. pagg. 530. tabb. 2.   1775.
  3 Band. pagg. 504. tabb. 2.   1776.

4 Band. pagg. 520. tabb. 2.   1777.
5 Band. pagg. 581. tab. 1.   1779.
6 Band. pagg. 584. tabb. 2.   1780.
Abhandlungen über verschiedene gegenstände der naturgeschichte.
  1 Theil. pagg. 488. tabb. æneæ color. 3.
                                   Halle, 1776. 8.
  2 Theil. pagg. 462. tabb. æneæ 5.   1777.
Für die litteratur und kenntniss der naturgeschichte, son-
  derlich der Conchylien und der Steine.
                                   Weimar, 1782. 8.
  1 Band. pagg. 278. tab. ænea 1. 2 Band. pagg. 314.
Neue litteratur und beyträge zur kenntniss der naturgeschichte, vorzuglich der Conchylien und Fossilien.
  1 Band, pagg. 550. tabb. æneæ 3.
                                   Leipzig, 1784. 8.
  2 Band. pagg. 598. tabb. 4.   1785.
  3 Band. pagg. 614. tabb. 3.   1786.
  4 Band. pagg. 456. tabb. 3.   1787.
Unterhaltungen für Conchylienfreunde und für sammler
  der Mineralien.
  1 Stück. pagg. 106. tabb. æneæ color. 2.
                                   Erlangen, 1789. 8.
Lazaro SPALLANZANI.
  Opuscoli di fisica animale e vegetabile.
                                   Modena, 1776. 8.
  Vol. 1. pagg. 304. tabb. æneæ 2. Vol. 2. pagg. 277.
  tab. 3—6.
  ——— : Opuscules de physique, animale et vegetale,
  traduits par J. Senebier.   Geneve, 1777. 8.
  Tome 1. pagg. cxxiv et 255. tabb. æneæ 2. Tome 2.
  pagg. 405. tab. 3—6.
Fisica animale e vegetabile.   Venezia, 1782. 8.
  Tomo 1. pagg. 312. Tomo 2. pagg. 396. tabb. æneæ
  2. Tomo 3. pagg. 488.
  ——— : Dissertations relative to the natural history of
  animals and vegetables.   London, 1784. 8.
  Vol. 1. pagg. 328. Vol. 2. pagg. 347. tabb. æn. 3.
Franz von Paula SCHRANK.
  Beytrage zur naturgeschichte.
  Pagg. 137. tabb. æneæ 7.   Leipzig, 1776. 8.
Otto Friedrich MÜLLERS
  Kleine schriften aus der naturhistorie, herausgegeben von
  J. A. E. Goeze. 1 Band.   Dessau, 1782. 8.
  Pagg. 132. tabb. æneæ 8, quarum quædam color.

* * *

Memoires pour servir à l'histoire physique et naturelle de
la Suisse, redigés par M. REYNIER et par M. STRUVE.
Tome I.
Pagg. 296. tabb. æneæ 3.   Lausanne, 1788. 8.
Delectus opusculorum ad scientiam naturalem spectan-
tium ; edidit *Chr. Frid.* LUDWIG.   Vol. I.
Pagg. 560. tabb. æneæ 7.   Lipsiæ, 1790. 8.
Heinrich Friedrich LINK.
Annalen der Naturgeschichte.
1 Stück. pagg. 126.   Göttingen, 1791. 8.

* * *

Journal d'histoire naturelle, redigé par M M. LAMARCK,
BRUGUIERE, OLIVIER, HAÜY, et PELLETIER.
Tome 1. pagg. 504. tabb. æneæ 24.   Paris, 1792. 4.
  2. pag. 1—320. tab. 25—40.   8.
Rheinisches Magazin zur erweiterung der naturkunde,
herausgegeben von *Moriz Balthasar* BORKHAUSEN.
1 Band. pagg 724.   Giesen, 1793. 8.
Sammlung physikalisch-ökonomischer aufsäze, zur auf-
nahme der naturkunde und deren damit verwandten
wissenschaften in Böhmen; herausgegeben von *Franz
Wilibald* SCHMIDT.
1 Band. pagg. 375. tabb. æneæ 3.   Prag. 1795. 8.
James Edward SMITH.
Tracts relating to natural history.   London, 1798. 8.
Pagg. 312. tabb. æneæ 7, quarum 6 color.

18. *Micrographi.*

Petrus BORELLUS.
Observationum microscopicarum centuria.
Pagg. 45.   Hagæ-Comitis, 1656. 4.
Henry POWER.
Microscopal observations. in his experimental philosophy,
p. 1—83.   London, 1664. 4.
Robert HOOKE.
Micrographia, or some physiological descriptions of minute
bodies made by magnifying glasses.
Pagg. 246. tabb. æneæ 38.   London, 1665. fol.
Phil Jac. SACHS A LEWENHEIMB.
Messis observationum microscopicarum. Ephem. Acad.
Nat. Cur. Dec. 1. Ann. 1. p. 34—49, et Addenda, p.
3, 4.

Antoni VAN LEEUWENHOEK.

A specimen of some observations made by a microscope, contrived by M. Leeuwenhoek.

Philosoph. Transact. Vol. 8. n. 94. p. 6037, 6038.
       97. p. 6116—6118.

Letters to the Secretary of the Royal Society.

  ibid. Vol. 9. n. 102. p. 21—25.
      106. p. 121—131.
      108. p. 178—182.
    10. n. 117. p. 378—385.
    11. n. 127. p. 653—660.
    12. n. 133. p. 821—831.
      134. p. 844—846.
      136. p. 899—905.
      140. p. 1002—1005.
      142. p. 1040—1046.

Hooke's lectures and collections, p. 81—89.
Hooke's philosophical collections, n. 1. p. 3—5.
———— : latine, in ejus Anatomia, p. 1 bis—11.
———— : belgice, epistola 28va, vide infra.
Hooke's philosophical collections, n. 3. p. 51—58.
———— : latine, in ejus Arcanis Naturæ, p. 6—27.
———— : latine, in Actis Eruditor. Lips. 1682. p. 321 —327.
———— : belgice, epistola 33.
Hooke's philosophical collections, n. 4. p. 93—98.
        5. p. 152—160.
        7. p. 188—190.
———— : hæ tres epistolæ, latine, in ejus Anatomia, p. 32 bis—57.
———— : belgice, epist. 34, 35, et 36.
Philosoph. Transact. Vol. 13. n. 145. p. 74—81.
———— : latine, in ejus Arcanis Naturæ, p. 28—41.
———— : belgice, epistola 37.
Philosoph. Transact. Vol. 13. n. 148. p. 197—208.
       152. p. 347—355.
———— : Epistolæ hæ duæ, latine, in ejus Anatomia, p. 12 bis—24, et p. 49—64.
———— : belgice, epist. 29 et 38.
Philosoph. Transact. Vol. 14. n. 159. p. 568 bis—574.
———— ibid. Vol. 17. n. 197. p. 646—649.
Philosoph. Transact. Vol. 14. n. 160. p. 586—392.
       165. p. 780—789.
———— : Epistolæ hæ tres, latine, in ejus Arcanis Naturæ, p. 41—86.

TOM. I.   P

————— : belgice, epist. 39, 40, et 41.
Philosoph. Transact. Vol. 15. n. 168. p. 883—895.
170. p. 963—979.
173. p. 1073—1090.
174. p. 1120—1134.
17. n. 196. p. 593, 594.
199. p. 700—708.
200. p. 754—760.
202. p. 838—843.
205. p. 949—960.
————— : Epistolæ hæ, in Vol. 15. et 17. editæ, latine
adsunt in ejus Anatomia, p. 1—48, p. 119—177, p.
25bis—31, p. 58—81, p. 178—209, et p. 82—118.
————— : belgice, epist. 42—45, 30, 31, 46, 48, 49 et
47.
Philosoph. Transact. Vol. 18. n. 213. p. 194—199.
————— : latine, in ejus Arcanis naturæ, p. 261—281.
————— : belgice, in ejus Vervolg der brieven aan de
. Kon. Societeit in Londen, p. 396—429.
Philosoph. Transact. Vol. 18. n. 213. p. 224, 225.
————— : latine, in ejus Anatomia, p. 241—258.
————— : belgice, epistola 52.
Philosoph. Transact. Vol. 19. n. 221. p. 269—280.
————— : latine, in ejus Continuatione arcanorum naturæ, p. 126—141.
————— : belgice, in Sesde vervolg der brieven, p. 269
—285.
Philosoph. Transact. Vol. 19. n. 235. p. 790—799.
20. n. 240. p. 169—175.
21. n. 255. p. 270—272.
301—308.
22. n. 260. p. 447—455.
261. p. 509—518.
265. p. 635—642.
266. p. 659—672.
268. p. 739—746.
269. p. 786—792.
270. p. 821—824.
272. p. 867—881 bis.
273. p. 903—907.
23. n. 279. p. 1137—1151.
————— : Epistolæ hæ, inde a Vol. 19. n. 235. latine
adsunt in ejus Epistolis ad Societatem Anglicam, p. 25
—47, 82—102, 107—120, 146—158, 231—239, 249
—253, 263—354, 367—379, et 395—408.

——————— : belgice, in Sevende vervolg der brieven, p. 29—52,, 88—108, 113—126, 152—166, 243—251, 261—264, 275,—374, 387—399, et 415—429.

Philosoph. Transact. Vol. 23. n. 279. p. 1152—1155.

283. p. 1304—1311.

(Two letters relating to M. Leeuwenhoek's letter in the Transact. n. 283. ibid. n. 288. p. 1494—1501.)

Philosoph. Transact. Vol. 23. n. 286. p. 1430—1443.

287. p. 1461—1474.

24. n. 289. p. 1522—1527.

1537—1555.

293. p. 1723—1748.

294. p. 1774—1784.

295. p. 1784 bis—1797.

296. p. 1843—1859.

297. p. 1868—1874.

298. p. 1906—1917.

304. p. 2158—2163.

25. n. 305. p. 2205—2209.

307. p. 2305—2312.

311. p. 2416 bis—2432.

312. p. 2446—2462.

26. n. 314. p. 53—58.

315. p. 111—123.

316. p. 126—134.

318. p. 210—214.

319. p. 250—257.

320. p. 294—301.

323. p. 416—419.

444—449.

324. p. 479—484.

493—502.

27. n. 325. p. 20—23.

331. p. 316—320.

333. p. 398—415.

334. p. 438—446.

336. p. 518—522.

529—534.

28. n. 337. p. 160—164.

29. n. 339. p. 55—58.

——————— : Ultimæ duæ epistolæ, latine, adsunt in ejus Epistolis physiologicis, p. 64—69, et p. 2—8.

——————— : belgice, in Send-brieven (1718), p. 64—69, et 2—8.

212 *Micrographi: A. van Leeuwenhoek.*

Philosoph. Transact. Vol. 31. n. 366. p. 91—97.
367. p. 129—141.
368. p. 190—203.
369. p. 231—234.
32. n. 371. p. 72—75.
372. p. 93—99.
373. p. 151—161.
374. p. 199—206.
377. p. 341—343.
379. p. 400—407.
380. p. 436—440.

Ontledingen en ontdekkingen, vervat in verscheyde brieven, geschreven aan de Koninglijke Societeit tot Londen.   Leyden, 1686. 4.
Titulus hic, in nostro exemplo, præfixus opusculis, diversis temporibus editis, quibus continentur epistolæ ejus ad Regiam Societatem Londinensem missæ, inde a 28va ad 52 dam incl. Compactæ sunt secundum ordinem præscriptum in præfatione ad Vervolg der Brieven ; hinc ita se habent paginæ : 40, 8, 32, 35, 21, 24, 19, 24, 26, 25—94, 76, 78, et 109.
Vervolg der brieven, geschreven aan de Koninglijke Societeit in Londen. (Epist. 53—60.)
Pagg. 155.   Leyden, 1704. 4.
Tweede vervolg der brieven (Epist. 61—67.) pag. 157—350.   Delft, 1697. 4.
Derde vervolg. (Epist. 68—75.) pag. 351—531.
ib. 1693.
Vierde vervolg. (Epist. 76—83.) pag. 533—730.
1694.
Register van alle de werken van de Heer A. van Leeuwenhoek, verdeeld in twee deelen, daar van het eene de stoffe die in de tien eerste tractaten begrepen is, en het andere die van de vier vervolgen der brieven aanwijst; door een beminnaar der natuurlijke wetenschappen t' samen gesteld. Pagg. 34 et 29.   Leiden, 1695. 4.
Vijfde vervolg der brieven, geschreven aan verscheide hoge standspersonen en geleerde luijden. (Epist. 84—96.)
Pagg. 172.   Delft, 1696. 4.
Sesde vervolg. (Epist. 97—107.) pag. 173—342.
1697.
Sevende vervolg. (Epist. 108—146.) pagg. 452. 1702.
Epistolæ hæ, latine versæ, diverso tamen ordine, et diversa divisione partium, continentur in Tomis tribus prioribus Operum ejus : viz.

Anatomia seu interiora rerum, cum animatarum tum ina-
nimarum, (sic) ope et beneficio exquisitissimorum mi-
croscopiorum detecta.
Pagg. 58 (64) et 258. Lugduni Bat. 1687. 4.
————: Opera Omnia. (viz. Tomi 1. Pars 1.)
Pagg. 64 et 260. ibid. 1722. 4.
Continuatio Epistolarum datarum ad Regiam Societatem
Londinensem.
Pagg. 124. ib. 1689. 4.
———— Pagg. 124. ib. 1715. 4.
(Operum Tomi 1mi Pars 2.)
Arcana naturæ detecta.
Pagg. 568. Delphis, 1695. 4.
———— Pagg. 515. Lugduni Bat. 1722. 4.
(Operum Tomi 2di Pars 1.)
Continuatio Arcanorum naturæ detectorum. (Epist. 93
—107.)
Pagg. 192. Delphis, 1697. 4.
———— Lugduni Bat. 1722. 4.
(Operum Tomi 2di Pars 2) Eadem editio, novo titulo.
Epistolæ ad Societatem Regiam Anglicam, et alios illustres
viros, seu continuatio mirandorum arcanorum naturæ
detectorum. (Epist. 108—146.)
Pagg. 429. ib. 1719. 4.
(Operum Tomus 3)
Epistola 134. p. 263—280, germanice versa, in Berlin.
Sammlung. 9 Band, p. 341—366.
Send-brieven, zoo aan de Hoog-edele Heeren van de Ko-
ninklyke Societeit te Londen, als aan andere aansienelyke
en geleerde lieden, over verscheyde verborgentheden
der natuure.
Pagg. 460. Delft, 1718. 4.
————: Epistolæ physiologicæ super compluribus na-
turæ arcanis. Pagg. 446. Delphis, 1719. 4.
(Operum Tomus 4.)
Omnes cum tabb. æneis, et figuris æri incisis.
The select works of A. v. Leeuwenhoek, containing his
microscopical discoveries in many of the works of nature,
translated from the dutch and latin editions published
by the author; by Sam. Hoole.
Part. 1. pagg. 88. tabb. æneæ 4. London, 1798. 4.
Friderici Schraderi
Dissertatio epistolica de Microscopiorum usu in naturali
scientia et anatome.
Pagg. 36. Gottingæ, 1681. 8.

Johannes Franciscus G RI EN DEL VON A CH.
  Micrographia nova.
    Pagg. 64; cum tabb. æneis. Norimbergæ, 1687. 4.
Philippus BON ANNI.
  Micrographia curiosa. impr. cum ejus de viventibus quæ
  in rebus non viventibus reperiuntur.
    Pagg. 106. tabb. æneæ 40.   Romæ, 1691. 4.
Stephen G RAY.
  Several microscopical observations and experiments.
    Philosoph. Transact. Vol. 19. n. 221. p. 280—287.
A NON.
  An extract of some letters to Sir C. H. relating to some
  microscopical observations. ibid. Vol. 23. n. 284. p.
  1357 bis—1372.
L. JOBLOT.
  Descriptions et usages de plusieurs nouveaux microscopes,
  avec de nouvelles observations sur des insectes, et autres
  animaux qui naissent dans les liqueurs.
                              Paris, 1718, 4.
    1 Partie. pagg. 78. tabb. æneæ 22. 2 Partie. pagg.
    96. tabb. 12.
    ————— : Observations d'histoire naturelle, faites avec le
  microscope,
    Tome 1. partie 1. pagg. 38. tabb. 14. Partie 2. pagg.
      124. tabb. 15; a pagina 3 ad 90, eadem editio ac pars
      posterior prioris libri.   ib. 1754. 4.
    Tome 2.   1755.
      1. Partie pagg. 78; inde a pag. 3. eadem editio ac pars
      1. prioris libri. 2 Partie pagg. 27. tabb. 24.
Cosmus Conrad CUNO.
  Observationes durch dessen verfertigte microscopia deren
  unterschiedlichen Insecten nebst andern unsichtbaren
  kleinigkeiten der natur.
    Pagg. 11. tabb. æneæ 16.   Augspurg, 1734. fol.
Henry B AKER.
  The microscope made easy. Third edition.
    Pagg. 311. tabb. æneæ 14.   London, 1744. 8.
    ————— : Het microscoop gemakkelyk gemaakt.
    Pagg. 300. tabb. æneæ 14.   Amsterdam, 1744. 8.
  Employment for the microscope. Second edition.
    Pagg. 442. tabb. æneæ 17.   London, 1764. 8.
Turberville N EED HAM.
  An account of some new microscopical discoveries.
    Pagg. 126. tabb. æneæ 6.   London, 1745. 8.

———— : Nouvelles decouvertes faites avec le micro‑
scope.   Leide, 1747. 12.
Pagg. 136. tabb. 7; præter Trembleyum de Polypo,
de quo Tomo 2 p. 496.
———— : Introductio, et Cap. 1—6, & 11, germanice
per Goeze, in Berlin. Sammlung. 7 Band, p. 271—289,
 p. 341—362, p. 453—475, & p. 565—582.
George ADAMS.
Micrographia illustrata, or the knowledge of the Micro‑
scope explained.   Second edition.
Pagg. 263. tabb. æneæ 65.   London, 1747. 4.
John HILL.
Essays in natural history and philosophy, containing a
series of discoveries, by the assistance of microscopes.
Pagg. 415.   London, 1752. 8.
———— : Versuche in der naturhistorie und der philo‑
sophie, in einer folge von entdeckungen durch hülfe des
verg·össerungsglases.
Hamburg. Magaz. 12 Band, p. 3—45, p. 115—153, &
                         355—398.
               13 Band, p. 115—165.
               14 Band, p. 30—68.
               17 Band, p 391—445.
               19 Band,p.233—290,& p.339—372.
               20 Band,p.467—519,&p.579—610.
———— : Observatio 16ta latine versa, impr. cum Klei‑
nii dubiis circa plantarum marinarum fabricam vermi‑
culosam ; p. 38—51.   Petropoli, 1760. 4.
Edward WRIGHT.
Microscopical observations.
Philosoph. Transact. Vol. 49. p. 553—558.
Emanuel WEISS.
Observations diverses de l'histoire naturelle.
Act Helvet. Vol. 5. p. 340—353.
Giovanni Maria DELLA TORRE.
Nuove osservazioni intorno la storia naturale.
Pagg. 172. tabb. æneæ 6.   Napoli, 1763. 8.
———— Pagg 184. tabb. 6.   ib. 1768. 8.
Usque ad pag. 160. incl. eadem editio, cum priori.
Nuove osservazioni microscopiche.
Pagg. 135. tabb. æneæ 14.   ib. 1776. 4.
Johan Carl WILCKE.
Om en liten vaxt, som växer uti dricksglas, och hålles för
en Sertularia eller Conferva.
Vetensk. Acad. Handling. 1764. p. 264—270.

Martin Frobenius LEDERMULLER.
Amusement microscopique, tant pour l'esprit, que pour
les yeux. Nuremberg, 1764. 4.
Pagg. 126. tabb. æneæ color. 50.
2 Cinquantaine. pagg. 138. tab. 50—100. 1766.
3 Cinquantaine. pagg. 118. tabb 50. 1768.
Reponse à quelques objections à lui faites par M. le Baron
de Gleichen, laquelle servira de supplement aux amuse-
mens microscopiques ; avec une addition.
Pagg. 23. tabb. æneæ color. 2. 1768.
Carolus VON LINNE'.
Dissertatio mundum invisibilem breviter delineatura.
Resp. Joh. Car. Roos. Pagg. 23. Upsaliæ, 1767. 4.
———— Amoenit. Academ. Vol. 7. p. 385—408.
Wilh. Friedr. Freyh. VON GLEICHEN *genannt Russworm.*
Observations microscopiques sur les parties de la genera-
tion des plantes, renfermées dans leurs fleurs, et sur les
insectes, qui s'y trouvent ; traduit de l'Allemand par J.
F. Isenflamm, Nurnberg, 1770. fol.
Pagg. 76. tabb. æneæ color. 10 ; pagg. 48. tabb. 30 ;
et pagg. 24. tabb. 10.
Jacob Philipp PELISSON.
Vergleichung der bekanntesten und besten vergrösserungs
glaser, nebst kurzer nachricht von einigen im vorigen
jahr angestellten mikroskopischen versuchen. Beschäft.
der Berlin. Gesellsch. Naturf. Fr. 1 Band, p. 332—343.
Jean SENEBIER.
Sur les decouvertes microscopiques dans les trois regnes
de la nature, et leur influence sur la perfection de l'es-
prit humain ; Introduction à sa traduction des Opus-
cules de physique de Spallanzani.
Pagg. cxxiv. Geneve, 1777. 8.
Heinrich SANDER.
Ueber mikroskopische beobachtungen.
in seine kleine Schriften, 1 Band; p. 72—80.
George ADAMS, *the Son.*
Essays on the microscope.
Pagg. 724. tabb. æneæ 31. London, 1787. 4.
August Johann Georg Carl BATSCH.
Ueber das schlängliche gewebe, welches organische kör-
per unter der vergrösserung im sonnenlichte zeigen.
Magazin fur die Botanik, 3 Stück, p. 3—18.

19. *Musea.*

Rerum naturalium collectio et deportatio.

Brief directions for the easie making, and preserving col‧
lections of all natural curiosities for *James* PETIVER,
Pag. 1, æri incisa.   fol,
────── in operum ejus volumine 2do.

(*Henry Louis* DU HAMEL DU MONCEAU.)
Avis pour le transport par mer des arbres, des plantes vi‑
vaces, des semences, et de diverses autres curiosites d'his‑
toire naturelle.
2de edition.   Pagg. 90.   Paris, 1753.   12.
────── impr. cum libro sequenti; p. 147—235.
(omisso tamen capite tertio de animalibus.)
──────: Vorschlage, nach welchen der transport der
baume, landgewächse, saamen, und verschiedener an‑
derer naturalien, über die see zu veranstalten ist. (per
G. C. Oeder, vide Brünnich p. 165.)
Pagg. 133.   Kopenhagen, 1756.   8.
──────: Underretning om, hvorledes træer, perenne‑
rende urter, froe, og adskillige andre naturalier, best
kand forsendes til soes. (per N. H. Tyrholm, vide
Brunnich p. 166.)
Pagg. 93.   ibid. 1760.   8.
──────: Caput 1. germanice, in Nordische Beyträge,
1 Bandes 2 Th. p. 75—102.

(TURGOT.)
Memoire instructif sur la maniere de rassembler, de pre‑
parer, de conserver, et d'envoyer les diverses curiosités
d'histoire naturelle.   Lyon, 1758.   8.
Pagg. 146; (præter Du Hamelii libellum anteceden‑
tem.) tabb. æneæ 25.

John Reinhold FORSTER.
Directions in what manner specimens of all kinds may be
collected, preserved, and transported to distant coun‑
tries. printed with his Catalogue of the animals of
North America; p. 35—43.   London, 1771.   8.
────── : Beschreibung auf was weise allerley arten na‑
turalien gesammlet, aufbewahret, und nach entlegenen
ländern verschickt werden können.
Berlin. Sammlung. 4 Band, p. 453—469.

(*John Coakley* LETTSOM.)
The naturalist's and traveller's companion, containing in‑

structions for discovering and preserving objects of na-
tural history.   London, 1772. 8.
  Pagg. 69. tab. ænea color. 1.
Johann Jakob BOSSART.
  Kurze anweisung naturalien zu sammlen.
    Pagg. 24.   Barby, 1774. 8.
ANON.
  Breves instrucçoes aos correspondentes da Academia das
    Sciencias de Lisboa, sobre as remessas dos productos, e
    noticias pertencentes a' historia da natureza, para for-
    mar hum Múseo nacional.
    Pagg. 45.   Lisboa, 1781. 4.
Thomas DAVIES.
  Some instructions for collecting and preserving the vari-
    ous productions of Plants, Animals, Minerals, Vege-
    tables, Birds, Insects, and other subjects of natural his-
    tory. Pagg. 15.   8.

20. *Musei instructio.*

Dan. Guil. MOLLERO
  Præside, Dissertatio de Technophysiotameis. Resp. Frid.
  Sig. Wurffbain.
    Pagg. 60.   Altdorfii, 1704. 4.
Joan Daniel DENSO.
  Von anlegung einer algemeinen kunst-und naturalien-
    kammer. in sein. Beitr. zur Naturkunde, 6 Stück, p.
    431—488.
Carolus LINNÆUS.
  Dissertatio : Instructio Musei rerum naturalium. Resp.
  Dav. Hultman.
    Pagg. 19.   Upsaliæ, 1753. 4.
  ———— Amoenitat. Academ. Vol. 3. p. 446—464.
Joannes Gotthelf HERMANN.
  Dissertatio de modo cavendæ corruptionis corporum natu-
    ralium in Museis. Resp. Jo. Dan. Reichel.
    Pagg. 60.   Lipsiæ, 1766. 4.
MADONETTI.
  Discours sur l'utilité des cabinets d'histoire naturelle dans
    un etat, et principalement en Russie.
    Plagg. 2½.   (Petersburg?) 1766. 8.
Immanuel Karl Heinrich BÖRNER.
  Von der anlegung und ordnung eines ökonomischen na-
    turalien-und kunstkabinets.. in sein. Samml. aus der
    Naturgesch. 1 Theil, p. 368—395.

ANON.

Verhandeling over de Kabinetten van natuurlyke zeld-
zaamheden.

Geneeskund. Jaarboeken, 4 Deel, p. 105—125.

ANON.

Handbuch bey anordnung und unterhaltung natürlicher
körper in Naturalienkabinettern.

Pagg. 372. tab. æneæ 4.   Leipzig, 1784. 8.

Johann BECKMANN.

Naturalien samlungen. in sein. Beytr. zur Geschichte
der Erfind. 2 Band, p. 364—391.

——— : Collections of natural curiosities. in his Hist.
of inventions, Vol. 2. p. 43—64.

21. *Musea varia.*

Pierre BOREL.

Roolle des principaux cabinets curieux, qui se voyent ez
principales villes de l'Europe.

dans ses Raretez de Castres, p. 124—131.

Johann Daniel MAJOR.

Unvorgreiffliches bedencken von kunst-und naturalien-
kammern insgemein. Vorstellung etlicher kunst-und
naturalien-kammern in America und Asia. Vorstellung
etlicher kunst-und naturalien-kammern in Africa, und
an granzen Europæ. Vorstellung etlicher kunst-und
naturalien-kammern in Italien. impr. cum Valentini
Museo Museorum, Vol. 1.

Pagg. 76.   Franckf. am Mayn, 1704. fol.

Michael Bernhard VALENTINI.

Verschiedene kunst-und naturalien-kammer, welche entweder rar zu bekommen, oder noch gar nicht im druck
sind. impr. cum ejus Museo Museorum, Vol. 2.

Pagg. 116.

Joannes Christianus KUNDMANN.

Promtuarium rerum naturalium et artificialium Vratislaviense.   Vratislaviæ, 1726. 4.

Pag. 1—88, varia musea Vratislaviensia; pag. 89—364,
museum autoris.

Caspar Frid. NEICKELIUS. (EINKEL.)

Museographia, oder anleitung zum rechten begriff und
nüzlicher anlegung der Museorum, oder raritaten kammern, mit zusazen und dreyfachem anhang vermehret
von Joh. Kanold.

Pagg. 464.   Leipzig und Breslau, 1727. 4.

Franciscus Ernestus BRUCKMANN.
Epistola itineraria 32. (Centuriae 1.) sistens memorabilia
Musei Ritteriani.
Pagg. 16. tabb. aeneae 2. Wolffenbuttelae, 1734. 4.
Epist. itiner. 50. memorabilia musei Lesseriani sistens.
Pagg. 16. tabb. aeneae 2. 1735.
Ep. it. 57, 58, 59. sistentes sciagraphiam musei Bruck-
manniani. Pagg. 12, 8 & 8. 1737.
Rariora musei Ott. Joach. Anhalt.
Epist. itiner. 12. Cent. 2. p. 94—102.
Thesaurus rerum naturalium Comitis Johannae Sophiae
(de Hohenlohe.) Epist. 49. p. 524—532.
Museum Oloffianum. Epist. 66. p. 737—750.
Cimeliotheca, Mus. antiquitatum, nec non nummophyla-
cium regium Berolinense. Ep. 70. p. 873—891.
Museum Orphanotrophii Halensis. Ep. 79. p. 1010—
1025.
Museum Dresense. Ep. 88. p. 1124—1136.
De Museis Lipsiensibus. Ep. 14. Cent. 3. p. 144—
187.
Rariora Musei Carsteniani. Ep. 25. p. 302—310.
Musea Viennensia. Ep. 36. p. 434—440.
Curiosa Musei Bruckmanniani. Ep. 50. p. 573—581.
Memorabilia Ratisbonensia. Ep. 60. p. 795—818. (pag.
810—814, rariora variorum museorum Ratisbonen-
sium.)
De Bibliothecis ac Museis Noribergensibus. Ep. 63. p.
842—857.
Bibliothecae ac Musea Cobergensia. Ep. 65. p. 863—
868.
De Museis Lycopolitanis. Ep. 69. p. 928—940.
Rariora Musei Schmidiani. Ep. 72. p. 964—966.
Memorabilia Vallis Salinarum. Ep. 73. p. 967—981.
(Rariora Musei Ducalis Guelpherbytani in Salzdal.)

22. *Musea Magnae Britanniae.*

Nehemiah GREW.
Musaeum Regalis Societatis, or a catalogue and description of the natural and artificial rarities belonging to
the Royal Society, and preserved at Gresham College.
London, 1681. fol.
Pagg. 386. tabb. aeneae 22; praeter anatomen compa-
ratam intestinorum, de qua Tomo 2. p. 391.

Anon.
The general contents of the British Museum.
2d edition. Pagg. 210. London, 1762. 12.
John and *Andrew* van Rymsdyk.
Museum Britannicum, being an exhibition of a great variety of antiquities and. natural curiosities, belonging to the British Museum.
Pagg. 84. tabb. æneæ 30. London, 1778. fol.

John Tradescant.
Musæum Tradescantianum, or a collection of rarities preserved at South-Lambeth neer London.
Pagg. 183. London, 1656. 8.
Robert Hubert *alias* Forges.
A catalogue of many natural rarities, dayly to be seen, at the place called the musick house, at the Miter, near the west end of St. Paul's church.
Pagg. 62. London, 1664. 8.
James Petiver.
Musei Petiveriani centuria prima, rariora naturæ continens, viz. animalia, fossilia, plantas, ex variis mundi plagis advecta, ordine digesta, et nominibus propriis signata. Pagg. 15. tab. ænea 1. Londini, 1695. 8.
Centuria 2 & 3. pag. 16—28 ; (besides an instruction for collecting natural curiosities, of 4 pages.) tab. ænea 1.
1698.
Centuria 4 & 5. pag. 33—42. (besides an abstract of what collections he had received the last 12 months, of 5 pages.) 1699.
Centuria 6 & 7. pag. 49—64. 1699.
8. pag. 65—80. 1700.
9 & 10 pag. 81—93. 1703.
Omnes in Volumine 3tio Operum ejus.
Petiveriana, seu naturæ collectanea, domi forisque auctori communicata. Pagg. 4. London, 1716. fol.
Petiveriana 2. pag. 5—8. 1716.
3. pag. 9—12. 1717.
Volumine 2do Operum ejus.
Ralph Thoresby.
Letter concerning several observables in his Musæum.
Philosoph. Transact. Vol. 23. n. 277. p. 1070—1072.
Anon.
A catalogue of the rarities, to be seen at Don Saltero's Coffee-house in Chelsea.
The 39th edition. pagg. 19. 8.

A catalogue of the Portland Museum, lately the property
of the Duchess Dowager of Portland, deceased, which
will be sold by auction, Apr. 24, 1786.
Pagg. 194. tab. ænea 1.   4.
A companion to the Museum, late Sir Ashton Lever's.
(Part. 1.) pagg. 53. tab. ænea 1. London, 1790. 4.
Part. 2. pag. 55—122. tab. 1.

Robertus SIBBALD.
Auctarium Musæi Balfouriani, e musæo Sibbaldiano, sive
enumeratio et descriptio rerum rariorum, quas Rob.
Sibbaldus Academiæ Edinburgenæ donavit.
Pagg. 216.   Edinburgi, 1697.   8.

23. *Musea Belgica.*

Res curiosæ et exoticæ in ambulacro horti academici Lug-
duno-Batavi cónspicuæ.
Plag. 1.   4.
———— Valentini Museum Museor. 2 Theil, Append.
p. 21—23.
Animantia varia utriusque Indiæ nativa facie, liquori balsamico innatantia.   ib. p. 23—25.
   (Numerus titulorum 120.)
————: Musæi indici index, exhibens varia exotica
   animalia et vegetabilia nativa facie, liquori balsamico
   innatantia, prosantia apud Jacobum Voorn juxta Acade-
   miam Lugduni Batavorum.   (numerus titulorum 150.)
Plag. 1.   4.
Musæi indici index, exhibens varia exotica animalia et vegetabilia nativa facie, liquori balsamico innatantia,
conspicienda in horti academici ambulacro Lugduni
Batavorum.
Plag. 1½. (numerus tit. 271, diverso a prioribus ordine.)   4.
————: Register van 't Indiaanse cabinet, zijnde te
sien in de thuyn van de Academie tot Leyden.
Plag. 1.   4.
A catalogue of rarities, which is to be seen in the cham-
ber of rarities belonging to the famous physick garden
at Leyden.   Plag. 1.   Anno 1737.   4.

A catalogue of all the cheifest rarities in the publick
theater and Anatomie-hall of the University of Leiden.
Plag. 1½.   Leiden, 1683.   4.

———— : Catalogus antiquarum et novarum rerum, quarum visendarum copia Lugduni in Batavis in Anatomia publica.

Plagg. 2.   Lugduni Bat. 1690. 4.

A methodical catalogue of all the chiefest rarities, in the publick theatre and anatomie-hall in the university of Leyden.

Memoirs for the Curious, 1707. p. 389—196, & p. 217 —221.

(E præcedenti catalogo anni 1683, et alio anni 1697, qui non adest, methodice congestus.)

Catalogus rerum memorabilium, quæ in Theatro anatomico Academiæ, quæ Lugduni Batavorum floret, demonstrantur per Franciscum Schuyl.

Pagg. 16.   Lugduni Bat. 1726. 4.

———— : Catalogue de ce qu'on voit de plus remarquable dans la chambre de l'anatomie publique de l'université de la ville de Leide, par François Schuyl.

Pagg. 16.   ib. 1735. 4.

———— : A catalogue of all the cheifest rarities in the publick Anatomie-hall of the university of Leyden, by John Eysendrach.

Pagg. 16.   ib. 1753. 4.

Nicolas CHEVALIER.

Description de la chambre de raretez de la ville d'*Utrecht.*

Utrecht, 1707. fol.

Pagg. 16; præter explicationem tabularum, pagg. 5. tabb. æneæ 36, quarum quatuor tantum postremæ ad historiam naturalem spectant. Additæ præterea 300 numismatum icones, tabb. 25.

————

ANON.

Nachricht von Carl *Clusii* naturalien-cabinet.

Hamburg. Magaz. 3 Band, p. 559—564.

———— Neu. Hamburg. Magaz. 112 Stück, p. 378—384.

Fredericus RUYSCH.

Thesaurus animalium primus. latine et belgice.

Pagg. 42. tabb. æneæ 7.   Amstelædami, 1710. 4.

Levinus VINCENT.

Wondertoneel der nature, geopent in eene korte beschryvinge der hoofddeelen van de byzondere zeldsaamheden daar in begrepen.

Pagg. 30.   Amsterdam, 1706. 4.

Het tweede deel, of vervolg van het wondertooneel der

natuur, ofte een korte beschryvinge zo van Dieren, als
van Hoornen, Schulpen, enz. van de welke een zeer
groote meenigte word bevat in de kabinetten van L.
Vincent.
Pagg. 278. tabb. æneæ 8.   Amsteldam, 1715. 4.
Elenchus tabularum, pinacothecarum, atque nonnullorum
cimeliorum, in Gazophylacio Levini Vincent. latine
et gallice.   Harlemi, 1719. 4.
Pagg. 52. tabb. æneæ 9, quarum 8 posteriores eædem
ac in priori libro.
Korte beschryving van den inhout der cabinetten begree-
pen in de rariteitkamer, of wondertooneel der natuur,
van L. Vincent.
Pagg. 24.   1727. 4.
Albertus SEBA.
Locupletissimi rerum naturalium thesauri accurata de-
scriptio, et iconibus artificiosissimis expressio. latine et
gallice.
Tomus 1. pagg. 178. tabb. æneæ 111.
      Amstelædami, 1734. fol.
Tomus 2. pagg. 154. tabb. 114.   1735.
Tomus 3. pagg. 212. tabb. 116.   1758.
Tomus 4. pagg. 226. tabb. 108.   1765.

24. *Musea Belgica Venalia.*

Catalogus musei .... Joh. Jac. *Swammerdam.* latine et
belgice.
Pagg. 143.   1679. 8.
Catalogus musei Indici, continens varia exotica, collecta
a Paulo *Hermanno*; publica auctione distrahentur ad
diem 29 Junii 1711.
Pagg. 52.   Lugduni Bat. 8.
Museum *Boerbavianum.* Auctio fiet 16 Nov. 1739.
Pagg. 20.   Lugduni Bat. 1739. 8.
Fridericus Christianus MEUSCHEN.
Catalogue systematique d'une superbe collection .....
rassemblée par le feu Michel *Oudaan,* qui sera vendue à
Rotterdam le 18 Novembre 1766. (en françois et en
hollandois.) Pagg. 144.   8.
Catalogue systematique d'un magnifique cabinet rassem-
blé par feu M. Arnoud *Leers*; toutes lesquelles choses
seront vendues le 20 May 1767. à Amsterdam. (en
françois et en hollandois.) Pagg. 230.   8.
Catalogue systematique d'un magnifique cabinet rassem-

blé par feu M. K * * (*Koening*) dont la vente se fera
le 16 May 1770. à Amsterdam. Pagg. 113.   8.
Museum Gronovianum, sive index rerum naturalium, quas
    sibi comparavit Laur. Theod. *Gronovius*, quæ publice
    sub hasta distrahentur ad diem 7 Octob. 1778.
    Pagg. 251.   Lugduni Bat. 1778.   8.
Museum Geversianum, sive index rerum naturalium, quas
    comparavit Abrah. *Gevers,* publice distrahend. Rotte-
    rodami diebus 12 Sept. et seqq. 1787.
    Pagg. 659.   à la Haye.   8.
ANON.
Catalogue systematique et raisonné d'une superbe collec-
    tion d'objets des trois regnes de la nature, dont la vente
    se fera le 9 Novembre 1773, et jours suivans, à Amster-
    dam. en francois et en hollandois.
    Pagg. 400.   8.
Dion. VAN DE WYNPERSSE et *Seb. Just.* BRUGMANS.
    Musei *Doeveriani* catalogus ; publica auctio fiet die 18
    April.. 1785.
    Pagg. 150.   (Lugduni Bat.)   8.
ANON.
Catalogue systematique d'une collection de Quadrupedes,
    d'Oiseaux, d'Insectes, Coquilles, et autres parties d'his-
    toire naturelle, rassemblée pendant de longues années
    par M. W. S. *Boers,* la quelle collection sera vendue à
    la Haye le 14 Aout 1797. Pagg. 77.   8.

25. *Musea Gallica.*

Adresses et projet de reglemens, presentés à l'Assemblée
    Nationale par les Officiers du Jardin des plantes et du
    Cabinet d'histoire naturelle.
    Pagg. 80.   Paris, 1790. 8.
Claude DU MOLINET.
    Le cabinet de la bibliotheque de *Saint Genevieve.*
                            Paris, 1692.   fol.
    Pagg. 224 ; tabb. æneæ 45. A pag. 185. ad finem, de
    rebus naturalibus.
Jean Etienne GUETTARD.
    Memoire sur plusieurs morceaux d'histoire naturelle, tirés
    du cabinet du *Duc d'Orleans.*
    Mem. de l'Acad. des Sc. de Paris, 1753. p. 369—400.

Paul CONTANT.
Exagoge mirabilium naturæ e gazophylacio Pauli Contanti.
TOM. I.   Q

Le Jardin et Cabinet Poetique de Paul Contant.
  dans les divers exercices de J. et P. Contant.
                          Poictiers, 1628.   fol.
  Pagg. 90 et 59 ; cum tabb. æneis.
Pierre BOREL.
  Catalogue des choses rares qui sont dans son cabinet.
  Edition 2. dans ses Raretez de Castres, p. 132—149.

26. *Musea Gallica Venalia.*

E. F. GERSAINT.
  Catalogue raisonné de Coquilles, et autres curiosités na-
    turelles.
      Pagg. 167.   Paris, 1736.   12.
  Catalogue d'une collection de curiositez de differens genres,
    dont la vente doit commencer le Lundi 2 Decembre,
    1737.
      Pagg. 64.   ibid. 1737.   12.
  Catalogue raisonné des differents effets contenus dans le
    cabinet de feu M. le Chev. *de la Roque.*
      Pagg 258.   ibid. 1745.   8.
(DE ROME' DE L'ISLE.)
  Catalogue systematique et raisonné des curiosités de la
    nature et de l'art, qui composent le cabinet de M. *Da-*
    vila.   Paris, 1767.   8.
      Tome 1. pagg. 571. tabb. æneæ 22.
      Tome 2. pagg. 656.
      Tome 3. pagg. 290 et 286. tabb. æneæ 8.
ANON.
  Catalogue raisonné d'une collection de mineraux, cristal-
    lisations, coquilles, petrifications et autres objets d'histoire
    naturelle.   La vente s'en fera le Lundi 25 Avril, 1772.
      Pagg. 269.   Paris, 1772.   8.
  Catalogue du cabinet d'histoire naturelle de feu M. *Vil-*
    liez.
      Pagg. 165. tabb. æneæ 2.   Nancy, 1775.   8.
  Catalogue raisonné d'histoire naturelle et de physique,
    qui compose le cabinet de M. *de Montribloud.*
      Pagg. 367.   Lyon, 1782.   8.
(DE FAVANNE)
  Catalogue systematique et raisonné, ou description du
    cabinet appartenant ci-devant à M. le C. de * * *
    (le Comte *de la Tour d'Auvergne.*)
      Pagg. 558.   Paris, 1784.   8.

27. *Musea Italica.*

Museo Cospiano, annesso a quello del famoso Ulisse Al-
drovandi, e donato alla sua patria dall' ill. Sig. Ferdinando *Cospi*; descrizione di *Lorenzo* Legati.
Bologna, 1677. fol.
Pagg. 532; cum figg ligno incisis.
Romani Collegii Societatis Jesu Musæum, ex legato Al-
phonsi Donini, relictum; Athanasius *Kircherus* novis
et raris inventis locupletatum, magno rerum apparatu
instruxit; innumeris insuper rebus ditatum, publicæ
luci votisque exponit *Georgius* DE SEPIBUS.
Amstelodami, 1678. fol.
Pagg. 66; cum tabb. æneis, et figg. æri lignoque incisis. Pauca ad historiam naturalem, p. 23—34, et
41—45.
Musæum Kircherianum, sive Musæum a P. Athanasio
Kirchero in Collegio Romano Societatis Jesu jam pri-
dem incoeptum, nuper restitutum, auctum, descriptum,
et iconibus illustratum a *Philippo* BONANNI.
Romæ, 1709. fol.
Pagg. 522 tabb. æneæ numerosissimæ.

De reconditis, et præcipuis collectaneis a Francisco *Calceo-
lario* in Musæo adservatis, *Joannis Baptistæ* OLIVI
testificatio. Pagg. 54. Venetiis, 1584. 4.
Musæum Franc. *Calceolarii* Jun, a *Benedicto* CERUTO
incœptum, et ab *Andrea* CHIOCCO luculenter descrip-
tum et perfectum. Veronæ, 1622. fol.
Pagg. 746; cum figg æri incisis.
Note overo memorie del Museo di Lodovico *Moscardo*.
Padoa, 1656. fol.
Pagg. 306 (307); cum figg. æri incisis.
Verona, 1672. fol.
——— Pagg. 307; cum figg. aliis æri, aliis ligno incisis.
Parte seconda. Verona, 1672. fol.
Pag. 311—488; cum figg. liano incisis.
Musæum Septalianum, Manfredi *Septalæ*, a *Paulo Maria*
TERZAGO descriptum.
Pagg. 324. Dertonæ, 1664. 4.
———: Museo ò galeria, adunata dal sapere, e dallo
studio del Sig. M. Settala, descritta in latino dal Sig. P.
M. Terzago, e hora in italiano dal Sig. P. F. Scarabelli.
Pagg. 408. tab. ænea 1. ib. 1666. 4.

Q 2

Tortona, (1677.) 4.
Pagg. 363. tab. ænea 1.
Enumeratio rerum naturalium, quæ in Musæo *Zannichel-*
liano asservantur. Pagg. 126.   Venetiis, 1736. 4.
Produzioni naturali che si ritrovano nel Museo *Gınanni*
in Ravenna.
Pagg. 259. tabb. æneæ 15.   Lucca, 1762. 4.
Conspectus Musei *Dominici* VANDELLII. Patavii, 1763.
impr. cum ejus Dissertatione de arbore Draconis ; p.
31—37.   Olisipone, 1768. 8.

28. *Musea Helvetica.*

Musei *Eliæ* BERTRANDI conspectus. dans son Recueil de
traités sur l'histoire naturelle, p. 497—508.

29. *Musea Germanica.*

Adam OLEARIUS.
  Gottorffische Kunst-kammer.
    Pagg. 80. tabb. æneæ 37.   Schleswig, 1674. 4.
ANON.
  Kurzer entwurf der königlichen naturalienkammer zu
    Dresden. Deutsch und fransosisch.
              Dresden und Leipzig, 1755. 4.
    Pagg. textus germanici 102, totidemque textus gallici ;.
    tabb. æneæ 2, icnographiam musei sistentes.
Johann Samuel SCHROTER.
  Nachricht von der naturalien-und kunstkabinet des Her-
    zogs zu *Weimar.*
    Schroter's Journal, 5 Band, p. 498—506.
              6 Band, p. 396—410.
J. M. A.
  Beschreibung des Hochfürstlichen naturalienkabinets in
    Meerspurg. Pagg. 23.   Bregenz, 1786. 8.

Fasciculus rariorum et aspectu dignorum varii generis, quæ
  collegit et suis impensis æri ad vivum incidi curavit
  Basilius BESLER.
  Anno ChrIstI DoMInI serVatorIs VerI. (1616.)
  Tabb. æneæ 24, lat. 8 unc. long. 6 unc.
Gazophylacium rerum naturalium ... nunquam hactenus
  in lucem editarum, fidelis cum figuris æneis ad vivum
  incisis representatio, opera *Michaelis Ruperti* BESLERI.
  Tabb. æneæ 24, lat. 8 unc. long. 13 unc.   1642.

Musea Germanica. **229**

——————— Leipzig, 1733. fol·
Tabb. æneæ 35. foll. textus impressa 4.
Rariora musei Besleriani, quæ olim Basilius et Michael
Rupèrtus *Besleri* collegerunt, æneisque tabulis ad vivum
incisa evulgarunt, nunc commentariolo illustrata a *Jo-
banne Henrico* LOCHNERO, denuo luci publicæ com-
misit Michael Fridericus Lochnerus.   1716. fol.
Pagg. 112. tabb. æneæ 40, quarum 24 eædem ac Ba-
silii Besleri nuper dictæ.
Johann Joachim BOCKENHOFFER.
Musæum *Brackenbofferianum* delineatum.
Pagg. 52.   Argentorati, 1677. 4.
——————— Valentini Museum Museorum, 2 Theil, ap-
pend. p. 69—81.
ANON.
Musæum Brackenhofferianum, das ist, beschreibung aller,
so wohl natürlicher als kunstreicher sachen, welche sich
in weyland Hrn. Eliæ Brackenhoffers hinterlassenem ca-
binet befinden.
Pagg. 160.   Straszburg, 1683. 8.
Johann Conrad RÄTZEL.
Specification vieler aus dem regno animali, vegetabili, und
minerali, raren colligirten natural-auch einiger artificial-
cabinet-stücke. Valentini Museum museorum, 2 Theil,
append. p. 61—69.
——————— F. E. Bruckmann Epist. itiner. 64. Cent. 2. p.
702—723.
Bruckmanni editio exscripta est ex editione secunda Au-
toris, quæ parum differt a priori.
Christian WARLITZ.
Beschreibung derer raren und ausländischen sachen, so
bey Hrn. Gottfried *Nicolai* zu Wittenberg befindlich.
Valentini Museum Museorum, 2 Theil, app. p. 81—95.
——————— : Museum curiosum auctum, oder neu verbes-
serte beschreibung derer raren und ausländischen sachen,
so zu-befinden bey Herrn Christian Nicolai.
Plagg. 7.   Wittenberg.   4.
Abrahamus VATER.
Catalogus variorum exoticorum, quæ in Museo suo, brevi
luci exponendo, possidet A. Vater.
Pagg. 16.   Wittembergæ, 1726. 4.
Joannis Jacobi BAJERI
Sciagraphia musei sui.   Norimbergæ, 1730. 4.
Pagg. 26; præter Supplementa Oryctographiæ Noricæ.
——————— Act. Ac. Nat. Cur. Vol. 2. App. p. 65—90.

Henricus Johannes BYTEMEISTER.
Bibliothecæ appendix,sive catalogus apparatus curiosorum,
artificialium et naturalium, subjunctis experimentis, a
possessore editus.
Editio altera.   Helmestadii, 1735.   4.
Pagg. 58. tabb. æneæ 28.
Johann Christian KUNDMANN.
Rariora naturæ et artis, oder seltenheiten der natur und
kunst des Kundmannischen naturalien-cabinets.
                              Breslau und Leipzig, 1737. fol.
Coll. 1312. tabb. æneæ 17.
J. C. Kunc manni collectio rerum naturalium, artificialium
et nummorum, quæ hoc 1753 anno publica auctionis
lege distrahetur. latine et germanice.
Pagg. 517 et 84.   Bresslau.   8.
Joannes Ernestus HEBENSTREIT.
Museum *Richterianum,* continens fossilia, animalia, vege-
tabilia mar. illustrata iconibus et commentariis.
                                   Lipsiæ, 1743. fol.
Pagg. 384. tabb. æneæ 14; præter Dactyliothecam, non
hujus loci.
Fridericus Laurentius VON JEMGUMER CLOSTER.
Museum Closterianum. impr. cum Centuria 2da Episto-
larum itiner. Fr. E. Bruckmanni.
Pagg. 60. tab. ænea 1.
Friedrich Christian LESSERS
Nachricht von seinem naturalien-und kunstcabinet.
Hamburg. Magaz. 3 Band, p. 549—558.
Johann Gottfried MULLER.
Verzeichniss der vornehmsten stücke, welche in dem nun-
mehr zertheilten curiositaten-und naturalien-cabinet
Johann Christoph *Olearii* befindlisch gewesen sind.
Pagg. 23.   Jena, 1750.   4.
Friedrich Christian LESSERS
Nachricht von Herrn August *Schulzens* naturalien ca-
binette. Hamburg. Magaz. 15 Band, p. 277—295.
ANON.
Elenchus pinacothecæ (*Bozenhardianæ*) sive collectionis
præclaræ,ex tribus naturæ regnis, cum multis artificiosis
et diversis curiosis, quæ existit Augustæ Vindel.
Pagg. 96.   1756.   8.
(*Johann Hieronymus* CHEMNITZ.)
Sendschreiben von den merckwürdigsten naturalien son-
derlich Conchylien sammlungen in Wien. impr. cum
ejus Beytr. zur Testaceotheologie; p. 107—139.

Johann Samuel SCHRÖTER.
Nachricht von dem naturalien-und kunstkabinet des sel.
Hrn. Geh. Rath *von Buchner* zu Halle.
Berlin. Sammlung. 3 Band, p 134—198.
Von einigen seltenheiten in dem Cabinette des Herrn Erb-
prinzen zu Schwarzburg-Rudolstadt, und des Herrn
G. C. R. von Brockenburg in Rudolstadt.
Naturforscher, 25 Stuck, p. 137—169.
ANON.
Kurze beschreibung des von dem Hrn. *Kaltschmied* hin-
terlassenen naturalienkabinets.
Schröter's Journal, 1 Band. 1 Stück, p. 106—115.
                2 Stuck, p. 116—127.
                3 Stück, p. 215—222.
                4 Stuck, p. 300—309.
Des Herrn Hofraths *Lanckhavels* in Zerbst kunst-und na-
turalienkabinet, fur Fritzen, und alle, die es zu kennen
wunschen, beschrieben. Pagg. 120. Leipzig, 1777. 8.
Johann Heinrich LINCK.
Index Musæi Linckiani, oder kurzes systematisches verzeichniss der vornehmsten stucke der Linckischen naturaliensammlung zu Leipzig.
1 Theil. pagg 297.   Leipzig, 1783. 8.
2 Theil. pagg. 328.   1786.
3 Theil. pagg. 260.   1787.

30. *Musea Germanica Venalia.*

Catalogus von natur-und kunst gebildeter seltenheiten,
welche zusammen gebracht hat Christ.Maximil. *Spener.*
Pagg. 204.   Berlin, 1718. 8.
Friedrich Wilhelm Heinrich MARTINI.
Verzeichniss einer sammlung von naturalien und kunst-
sachen.   Berlin, 1774 8.
Pagg. 80; præter appendicem de Testaceis, de qua
Tomo 1. p. 316.
ANON.
Verzeichnis von dem naturalien cabinet des Herrn *Jänisch*,
welches entweder im ganzen, oder durch eine öffentliche
auction, 1784 den 13 Jan. u. f. t. verkauft werden soll.
Pagg. 92.   Hamburg. 8.
Verzeichniss einer auserlesenen naturaliensammlung, wel-
che weiland Herr Emanuel Theophilus *Harrer* hinter-
lassen, und zu Regensburg versteigert werden solle.
Pagg. 348.   Regensburg, 1787. 8.

31. *Musea Danica.*

Museum Regium, seu catalogus rerum tam naturalium,
quam artificialium, quæ in basilica bibliothecæ Christiani V. Hafniæ asservantur, descriptus ab *Oligero* JA-
COBÆO.   Hafniæ, 1696. fol.
Pagg. 201. tabb. æneæ 37. Ad historiam naturalem
spectat pars 1. p. 1—40.
Auctarium rariorum, quæ Museo Regio per triennium
Havniæ accesserunt, uberioribus illustrata commentariis. Pagg. 97. tab. 38—41.   1699. fol.
Museum Regium, seu catalogus rerum tam naturalium,
quam artificialium, quæ in basilica bibliothecæ Friderici IV. Havniæ asservantur, Christiano Vto regnante
ab Olig. Jacobæo quondam describtus, nunc vero magna
ex parte auctior, uberioribusque commentariis illustratus, accurrante *Johanne* LAUERENTZEN.
                          Havniæ (1710. *Brünnich:*) fol.
Alphab 13. plagg. 5. tabb. æneæ 8, 3, 3, 1, 1, 1, 1, 2,
6, 1, et 28.
Index alphabeticus describtionis Musei Regii rariorum,
quæ Havniæ asservantur, secundum editionem ultimam
et auctiorem, una cum quibusdam analectis uberioribus.
                                   Havniæ, 1726. fol.
Pars 1. plagg. 12½. Pars 2. plagg. 18.
Thomas FUIREN.
Rariora Musei Henrici Fuiren, quæ Academiæ Regiæ Haf-
niensi legavit. Plagg. 3¾.   Hafniæ, 1663. 4.

* * *

Georgius SEGER.
Synopsis methodica rariorum tam naturalium, quam arti-
ficialium, quæ Hafniæ servantur in Musæo Olai *Wormii.*
Pagg. 44.   Hafniæ, 1653. 4.
Olaus WORMIUS.
Museum Wormianum, seu historia rerum rariorum, tam
naturalium, quam artificialium, quæ Hafniæ Danorum
in ædibus Authoris servantur. Lugduni Bat. 1655. fol.
Pagg. 389; cum figg. ligno incisis.
ANON.
Physicotheca beati Doct. Georgii *Hannæi,* sive catalogus
rerum naturalium et artificialium, quæ in museo beati
possessoris asservantur, et jam, post ejus obitum, curio-
sum desiderant emptorem.
Plag. 1½.   Hafniæ, 1699. 4.

3 2. *Musea Svecica.*

Catalogus generalis seu prodromus indicis specialioris rerum curiosarum, tam artificialium quam naturalium, quæ inveniuntur in Pihacotheca *Olai* BROMELII.
Plagg. 2.   Gothoburgi, (1698.)   4.
Johan Eberhard FERBER.
Rariora musei Ferberiani. impr. cum ejus Horto Agerumensi; p. 72—76.
Carolus LINNÆUS.
Museum Tessinianum, opera Comitis Caroli Gustavi Tessin collectum. latine et svethice.
Pagg. 123. tabb. æneæ 12.   Holmiæ, 1753.   fol.
Carolus Petrus THUNBERG.
Museum naturalium Academiæ Upsaliensis. (Dissertationibus Academicis.)
Pars 1. Resp. Frid. Wilh. Radloff. pagg. 16.
                                    Upsaliæ, 1787.   4.
   2. Resp. Laur. Magn. Holmer. pag. 19—32.
   3. Resp. And. Gust. Ekeberg. pag. 33—42.
   4. Resp. Petr. a Bjerkén. pag. 43—58. tab. æn. 1.
   5. Resp. Ol. Gallén. pag. 59—68.
   6. Resp. Car. Gust. Schalen. pag. 69—84. tab. æn. 1.   1788.
   7. Resp. Joh. Branzell. pag. 85—94.   1789.
   8. Resp. Car. Er. Rademine. pag. 95—106.
   9. Resp. Joh. Mart. Ekelund. pag. 133—140.
                                         1791.
   10. Resp. Har. Kugelberg. pag. 141—164.
   11. Resp. Joh. Petr. Sjöberg. pag. 165—191.
                                         1792.
   12. Resp. Car. Alex. Lindbladh. pag. 93—102.
   13. Resp. Nic. Ferelius. pag. 103—109.
   14. Resp. Nic. Mathesius. pag. 111—120.
                                         1793.
   15. Resp. Magn. Hedrén. pag. 121—129.
                                         1794.
   16. Resp. Sven Algurén. pag. 132—139.
   17. Resp. Gabr. Sandsten. pag. 140—153.
   18. Resp. Car. Zetterström. pag. 157—161.
   19. Resp. Sveno Eric. Albom. pag. 165—172.
                                         1796.
   20. Resp. Car. Nordblad. pag. 175—186.

Pars 21. Resp. Joh. Berndtson. pag. 185—102.
> 1797.

22. Resp. Ge. Wahlenberg. pag 208—226.
Appendix 1. Resp. Jon. Lundelius. pag. 111—120.
> 1791.

2. Resp. Hans Yman. pag. 123—129.
3. Resp. Petr. Aspelin. pag. 131—143.
> 1794.

4. Resp. Petr. Sundberg. pag. 145—150.
> 1796.

5. Resp. Eric. Gadelius. pag. 103—108.
> 1797.

33. *Musea Borussica.*

Musæum *Gottwaldianum,* sive Catalogus rerum rariorum, collectarum a Christophoro Gottwaldio, et Joh. Christoph Gottwaldio, publica auctione a. 1714 divend.
Plagg. 2½.   (Gedani.)   8.

Friedrich Samuel BOCK.

Nachricht von einem Preussischen naturaliencabinet, so sich in dem Saturguschen garten zu Königsberg befindet.
Pagg. 16.   Königsberg, 1764. 8.

34. *Musea Russica.*

Musei Imperialis Petropolitani Vol. 1. Pars 1. qua continentur 1es naturales ex regno animali.
Pagg. 755.   Petropoli, 1742. 8.
Pars 2. qua continentur res naturales ex regno vegetabili.
Pagg. 636.   1745.
Pars 3. qua continentur res naturales ex regno minerali.
Pagg. 227.   1745.
Vol. 2. Pars 1. qua continentur res artificiales.
Pagg. 212.   1741.
Pars 2 qua continentur nummi antiqui.
Pagg. 784.   1745.
Pars 3. qua continentur nummi recentiores.
Pagg. 477.   1745.
Integra exempla, quale hoc est, omnium rarissima sunt.

Jean BACMEISTER.

Essai sur la bibliotheque et le cabinet de curiosités et d'histoire naturelle de l'Academie des Sciences de S. Petersbourg.
Pagg. 254.   Petersbourg, 1776. 8.

35. *Historiæ Naturalis Scriptores Topographici.*

Robert BOYLE.
General heads for the natural history of a country.
 Pagg. 138.   London, 1692. 12.
Christianus Henricus ERNDL.
Dissertatio de usu historiæ naturalis exotico-geographicæ in Medicina. Resp. Dan. Kiessling.
 Plagg. 4½.   Lipsiæ, 1700. 4.
Joannes Jacobus SCHEUCHZER.
Historiæ Helveticæ naturalis prolegomena. Resp. Joh. Rod. Lavater.
 Pagg. 30.   Tiguri, 1700. 4.
 " Præmissa historico-geographica recensione, ejus, quod
 " in historia aliarum regionum naturali præstitum fuit,
 " methodum operis ipsius pandam, seu viam, quam inire
 " decrevi, exhibeam."

36. *Magnæ Britanniæ et Hiberniæ.*

J. CHILDREY.
Britannia Baconica; or the natural rarities of England, Scotland, and Wales, according as they are to be found in every shire, historically related, according to the precepts of the Lord Bacon.
 Pagg. 184.   London, 1660. 8.
————: Histoire des singularitez naturelles d'Angleterre, d'Escosse, et du pays de Galles.
 Pagg. 315.   Paris, 1667. 12.
Christophorus MERRETT.
Pinax rerum naturalium Britannicarum, continens vegetabilia, animalia et fossilia, in hac insula reperta, inchoatus.
 Pagg. 223.   Londini, 1667. 8.
John BERKENHOUT.
Outlines of the natural history of Great Britain and Ireland, containing a systematic arrangement of all the animals, vegetables, and fossiles, which have hitherto been discovered in these kingdoms.
 Vol. 1. the animal kingdom. pagg. 233.
          London, 1769. 8.
 Vol. 2. the vegetable kingdom. pagg. 353. 1770.
 Vol. 3. the fossil kingdom. pagg. 103. 1772.
———— Second edition.   ib. 1789. 8.

Vol. 1. the animal and fossil kingdoms. pagg. 334.
Vol. 2. the vegetable kingdom. pagg. 380.

———

John MARTYN.
Observations relating to natural history, made in a journey
to the *Peak in Derbyshire.*
Philosoph. Transact. Vol. 36. n. 407. p. 22—32.

Robertus SIBBALD.
Scotia illustrata, sive prodromus historiæ naturalis Scotiæ.
Edinburgi, 1684. fol.
Pars 1. pagg. 102. Partis 2. Tomus 1. de plantis Sco-
tiæ. pagg. 114. Tom. 2. de animalibus, et de minera-
libus Scotiæ. pagg. 56. tabb. æneæ 22.
Archibaldi PITCARNII
Dissertatio de legibus historiæ naturalis.
Pagg. 94.   ib. 1696. 8.
(Invectiva in Sibbaldi librum.)
Robertus SIBBALD.
Vindiciæ Scotiæ illustratæ, sive prodromi historiæ naturalis
Scotiæ, contra prodromomastiges, sub larva libelli de
legibus historiæ naturalis, latentes.
Pagg. 30.   ib. 1710. fol.

Gerard BOATE.
Irelands naturall history, published by Sam. Hartlib.
Pagg. 186.   London, 1652. 8.
———   ib. 1657. 8.
Est eadem editio, novo titulo, et omissis dedicatione et
præfatione.
——— : Histoire naturelle d'Irlande.
Pagg. 334.   Paris, 1666. 12.
A natural history of Ireland, in 3 parts.
Pagg. 213; cum tabb. æneis.   Dublin, 1755. 4.
Pars 1. Liber Boatei. Pars 2. A collection of such pa-
pers as were communicated to the Royal Society, refer-
ring to some curiosities in Ireland. Pars 3. A discourse
concerning the Danish mounts, forts and towers in Ire-
land, by Th. Molyneux.
Pars 2. annum impressionis habet 1726. Pars 3. 1725.

John RUTTY.
An essay towards a natural history of the County of *Dub-
lin.*   Dublin, 1772. 8.
Vol. 1. pagg. 392. tabb. æneæ 5. Vol. 2. pagg. 488.

37. *Galliæ.*

Olaus BORRICHIUS.
Quid ad historiam naturalem spectans observatum sit in
itinere Galliæ interioris.
Bartholini Act. Hafniens. Vol. 5. p. 201—208.

Louis Guillaume LE MONNIER.
Observations d'histoire naturelle, faites dans les provinces
meridionales de la France pendant l'année 1739.
impr. avec La Meridienne de l'Observatoire de Paris,
par Cassini de Thury ; p. cix—ccxxxv.
Paris, 1744. 4.

Giraud SOULAVIE.
Histoire naturelle de la France meridionale.
Tome 1. pagg. 492. tabb. æneæ 5. Nismes, 1780. 8.
  2. pagg. 478. tabb. 5.
  3. pagg. 402. tabb. 5.   1781.
  4. pagg. 410. tabb. 7.
  5. pagg. 174. tabb. 3.   1784.
  6. pagg. 416. tabb. 3.   1782.
  7. pagg. 175 et 185. tabb. 5.   1784.
Seconde partie. Les Vegetaux.
Tome 1. pagg. 399. tabb. 2.   1783.

Strataneo GRESALVI.
Storia naturale dell' isola di *Corsica.*
Pagg. 84.   Firenze, 1774. 8.

SECONDAT.
Remarks on stones of a regular figure found near *Bagneres*
in Gascony, with other observations.
Philosoph. Transact. Vol. 43. n. 472. p. 26—34.

de PLANTADE.
Memoire sur l'histoire naturelle de la province de *Langue-
doc.*
Mem. de la Soc. de Montpellier, Tome 1. p. 266—281.

GIRAUD-SOULAVIE.
La geographie de la nature, ou distribution naturelle des
trois regnes sur la terre. Description d'une carte du
Vivarais dressee en relief, où cette distribution est enlu-
minée selon la nature du sol et les varietés des êtres organisés. Methode pour rendre par des reliefs la forme

du sol d'une province dont on ecrit l'histoire physique,
et pour l'enluminer selon la nature du terrein.
Journal de Physique, Tome 16. p. 63—73.

DARLUC.
Histoire naturelle de la *Provence*, contenant ce qu'il y a
de plus remarquable dans les regnes vegetal, mineral,
animal et la partie geoponique.
Tome 1. pagg. 523.   Avignon, 1782. 8.
    2. pagg. 315.   1784.
    3. pagg. 373.   1786.

BRISSON.
Observations sur l'histoire naturelle, dans le Comté *Venais-
sin*, et le territoire d'*Avignon*.
Journal de Physique, Introd. Tome 2. p. 297—302.

FAUJAS *de Saint-Fonds*.
Histoire naturelle de la province de *Dauphiné*.
                            Grenoble, 1781. 8.
Tome 1. pagg. 464. tabb. æneæ 5.

VILLARS.
Observations de meteorologie et de botanique, sur quelques
montagnes du Dauphiné.
Journal de Physique, Tome 22. p. 269—279.
Extrait d'un memoire contenant le recit d'un voyage fait
en Oizans et à la Berarde en Dauphiné, pendant le mois
de Septembre, 1786.
Mem. de la Soc. d'Agricult. de Paris, 1787. Trim.
d'eté, p. 119—140.

* * *

An account of the glacieres or ice alps in *Savoy*, in two
letters, one from an english gentleman to his friend at
Geneva, the other from *Peter* MARTEL to the said english gentleman.
Pagg. 28. tabb. æneæ 3.   London, 1744. 4.

ALLEON DULAC.
Memoires pour servir à l'histoire naturelle des provinces de
Lyonnois, Forez, et *Beaujolois.*   Lyon, 1765. 8.
Tome 1. pagg. 384. tabb. æneæ 2. Tome 2. pagg. 319.
tabb. 4.

Joannes DU CHOUL.

Pylati montis descriptio.   impr. cum ejus Historia Quercus; p. 73—90.   Lugduni, 1555. 8.
———— impr. cum C. Gesnero de Lunariis; p. 68—75.   Tiguri, 1555. 4.

(*Antoine Louis* DE LATOURRETTE.)

Voyage au Mont-Pilat, dans la province du Lyonnois, contenant des observations sur l'histoire naturelle de cette montagne, et des lieux circonvoisins.
                                       Avignon, 1770. 8.
Pagg. 107; præter Botanicon Pilatense, de quo Tomo 3. pag. 144.

DESMARS.

De l'air, de la terre et des eaux de *Boulogne* sur mer, et des environs.
Pagg. 142.   Paris, 1761. 12.

38. *Hispaniæ.*

Petri LÖFLING

Iter hispanicum, eller resa til Spanska länderna uti Europa och America, förrättad ifrån år 1751 til år 1756, utgifven efter dess frånfalle af Carl Linnæus.
Pagg. 316. tabb. æneæ 2.   Stockholm, 1758. 8.
————— : Reise nach den Spanischen landern in Europa und America, ubersezet durch Alex. Bernh. Kölpin.   Berlin u. Stralsund, 1766. 8.
Pagg. 406. tabb. æneæ 2.
Maxime botanici argumenti, paucissima zoologica.

————— : An abstract of the most useful and necessary articles mentioned in his travels through Spain, and that part of South America called Cumana. printed with the Travels of Bossu, translated by Forster; Vol. 2. p. 69—422.

Guillermo BOWLES.

Introduccion a la historia natural, y a la geografia fisica de España.
Pagg. 529.   Madrid, 1775. 4.
————— : Introduction à l'histoire naturelle et à la geographie physique de l'Espagne, traduite par le Vicomte de Flavigny.
Pagg. 516.   Paris, 1776. 8.
————— : Introduzione alla storia naturale e alla geo-

grafia fisica di Spagna, comentata dal **Cav. D. Gius.
Nic.** d'Azara, tradotta da **Franc.** Milizia.

Parma, 1783. 4.

Tomo 1. pagg. 330. Tomo 2. pagg. 358.

Gaspar Casal.
Historia natural, y medica de el principado de *Asturias*,
obra posthuma, que saca a luz J. J. Garcia.
Pagg. 404. Madrid, 1762. 4.
Maxime medici argumenti, pauca nostri scopi.

(*Ignatius* de Asso.)
Introductio in oryctographiam et zoologiam *Aragoniæ.*
Pagg. 192. tabb. æneæ 7. 1784. 8.

George Cleghorn.
A short account of the climate, productions, inhabitants
and endemial distempers of *Minorca*; prefixed to his
Observations on the epidemical diseases in Minorca; p.
1—85. London, 1768. 8.

3 9. *Italiæ.*

Jacobus Petiver.
Plantarum Italiæ marinarum (Zoophytorum) et Grami-
num icones, nomina, &c.
Pag. 1. tabb. æneæ 5. Londini, 1715. fol.
——— in Operum ejus Vol. 2do.

Carl Heinrich Köstlin.
Briefe uber Italien.
Klipsteins Mineralog. Briefwechs. 1 Band, p. 51—64.

Dominicus Nocca.
De itineribus ad varia loca, *Alexandriam* præsertim Sta-
tiellorum, *Augustam Taurinorum* ac *Genuam*, commentarius epistolaris.
Usteri's Annalen der Botanik, 10 Stück, p. 1—34.

Cristoforo Pilati.
Saggio di storia naturale *Bresciana.* Vol. 1.
Pagg. 176. tab. ænea 1. Brescia, 1769. 4.

Dominicus Vandelli.
Dissertatio de *Aponi* thermis. Patavii, 1758. 8.
Pagg. 66. tab. ænea 1; præter Dissertationes zoologi-
cas, de quibus Tomo 2. p. 18.

Cap. 3. de herbis, quæ in aquis calidis vivunt. Cap. 4.
de animalibus aquarum thermalium.
Tractatus de thermis agri *Patavini.* Patavii, 1761. 4.
Pagg. 234. tabb. æneæ 3; præter bibliothecam hydro-
graphicam, et apologiam contra Hallerum.
Cap. 3. de historia naturali thermarum Patavinarum.

Antonio DONATI.
Trattato de semplici, pietre, e pesci marini, che nascono
nel lito di *Venetia.*
Pagg. 120; cum figg. æri incisis. Venetia, 1631. 4.

Domenico VANDELLI.
Dell' acqua di *Brandola* dissertazione.
Pagg. 48. Modena, 1763. 4.
Cap. 2. Descrizione de' monti di Brandola.

Ferdinandus BASSI.
Iter ad Alpes (Apenninas.)
Comment. Instituti Bonon. Tom. 4. p. 286—297.
Delle terme *Porrettane.*
Pagg. 283. tabb. æneæ 4. Roma, 1768. 4.
Cap. 1. Storia naturale del monte Porrettano.

Antonio MATANI.
Delle produzioni naturali del territorio *Pistojese* rela-
zione istorica e filosofica. Pistoja, 1762. 4.
Pagg. 204; cum mappa geographica æri incisa.

Giorgio SANTI.
Analisi chimica delle acque dei Bagni *Pisani,* e dell' acqua
acidula di Asciano.
Pagg. 136. Pisa, 1789. 8.
Cap. 3. Minerali, e Piante, che si trovano nelle vici-
nanze dei Bagni.

Pier' Antonio MICHELI.
Relazione del viaggio fatto l'anno 1733, per diversi luoghi
dello stato *Senese*; con alcune annotazioni di Gio. Targioni Tozzetti.
in hujus Viaggi della Toscana, Tomo 9. p. 333—456.
Relazione di un viaggio fatto nell' estate dell' anno 1734,
per le montagne di Pistoia. ibid. Tomo 10. p. 159—
178.

Tom. 1. R

Giuseppe BALDASSARI.
  Saggio di osservazioni intorno ad alcuni prodotti naturali
    fatte a Prata, ed altri luoghi della *Maremma di Siena.*
    Atti dell' Accad. di Siena, Tomo 2. p. 1—43.

Charles Henri KOESTLIN.
  Lettres sur l'histoire naturelle de l'isle d'*Elbe.*
                                            Vienne, 1780.   8.
    Pagg. 132 ; cum mappa geographica, æri incisa.

Domenico SCHIAVO.
  Descrizione di varie produzioni naturali della *Sicilia.*
    Nuova raccolta d'Opuscoli scientifici, Tomo 2. p. 11
    —95.
Domenico CIRILLO.
  A letter to Brownlow Earl of Exeter, dated Naples, Jan.
    22, 1765, giving an account of a voyage to Sicily.
    Manuscr. Autogr.   4.
    Pagg. 15 ; præter catalogum rariorum Siciliæ stirpium,
    de quo Tomo 3. p. 150.
Francesco Paolo CHIARELLI.
  Discorso che serve di preliminare alla storia naturale della
    Sicilia, sull' origine della decadenza di questo studio, sù i
    suoi vantaggi, e i mezzi di promuoverlo con sicurezza.
    Pagg. 108.   Palermo, 1789. 4.

40. *Helvetiæ.*

Johannes Jacobus WAGNER.
  Historia naturalis Helvetiæ curiosa.
    Pagg. 390.   Tiguri, 1680.   12
Horace Benedict DE SAUSSURE.
  Voyages dans les Alpes, precedés d'un essai sur l'histoire
    naturelle des environs de Geneve.
    Tome 1. pagg. 540. tabb. æneæ 8. Neuchatel, 1779. 4.
          2. pagg 641. tabb. 6.   Geneve, 1786. 4.
          3. pagg. 532. tabb. 2.   Neuchatel, 1796. 4.
          4. pagg. 594. tabb. 5.
Christoph GIRTANNER.
  Observations relatives à l'histoire naturelle, faites pendant
    un voyage dans les montagnes de la Suisse, des Grisons
    et d'une partie de l'Italie.
    Journal de Physique, Tome 28. p. 217—228.
    ————— : Waarneemingen van natuurlyke historie, ge-
    duurende eene reis in het gebergte van Zwitserland, van

Graauwbunderland, en een gedeelte van Italie.
Algem geneeskund. Jaarboeken, 4 Deel, p. 259—275.
———— : Beobachtungen betreffend einige gegenstände
aus der naturgeschichte Helvetiens. Höpfner's Magaz.
fur die Naturk. Helvet. 4 Band, p. 370—390.
———— : Naturhistorische beobachtungen auf einer reise
nach den Schweizergebirgen, Graubunden und einem
theil Italiens.
Voigt's Magaz. 4 Band. 2 Stück, p. 14—39.
Nachtrag. ibid. 5 Band. 3 Stuck, p. 89—93.

Conradus GESNERUS.
Descriptio montis Fracti, sive *montis Pilati,* ut vulgo no-
minant, juxta Lucernam in Helvetia.
impr. cum ejus de Lunariis commentario; p. 43—67.
Tiguri, 1555. 4.
Mauritius Antonius CAPPELLER.
Pilati montis historia, in pago Lucernensi Helvetiæ siti.
Pagg. 188. tabb. æneæ 7. Basileæ, 1757. 4.

41. *Germaniæ.*

Circuli Austriaci.

Johann BOHADSCH.
Bericht über seine im jahr 1763 unternommene reise nach
dem *Oberösterreich.* Salzkammerbezirk. Abhandl. einer
Privatgesellsch. in Böhmen, 5 Band, p. 91—227.

ANON.
Fragmente zur mineralogisch und botanischen geschichte
Steyermarks und *Kärnthens.* 1 Stuck.
Pagg. 83. Klagenfurth u. Laibach, 1783. 8.
Tabula desideratur.

Xavier VON WULFEN.
Winterbelustigungen. Beobacht. der Berlin. Ges. Naturf.
Fr. 2 Band. 1 Stück, p. 83—162.

Joannes Antonius SCOPOLI.
Iter *Goriziense.* in ejus Anno 2do historico-naturali, p.
7—36.
Additamenta. ib. Ann. 5. p. 12.

Iter *Tyrolense.* ib. Ann. 2. p. 37—96.
Additamenta. ib. Ann. 5. p. 12, 13.
Balthasar EHRHARDT.
Notabilia quædam in itinere Alpino-Tyrolensi observata.
Philosoph. Transact. Vol. 41. n. 458. p. 547—553.
Balthasar HACQUET.
Mineralogisch-botanische lustreise, von dem berge Terglou
in Krain, zu dem berge Glokner in Tyrol, im jahr 1779.
Schr. der Berlin. Ges. Naturf. Fr. 1 Band, p. 119—
201.
————— im jahr 1779 und 1781. Zwote vermehrte
auflage.
Pagg. 149. tabb. æneæ 4.   Wien, 1784. 8.

42. *Circuli Bavarici.*

Franz von Paula SCHRANK.
Nachricht von einer kleinen reise nach *Weltenburg.*
Moll's Oberdeutsche beyträge, p. 172 bis—179.

43. *Circuli Svevici.*

Gottlieb Fridr. RÖSLER.
Beyträge zur naturgeschichte des herzogthums *Wirtem-*
berg.
1 Heft. pagg. 240. tab. ænea 1. Tübingen, 1788. 8.
2 Heft. pagg. 272.   1790.
3 Heft, herausgegeben von Phil. Heinr. Hopf. pagg.
153. tab. ligno incisa 1.   1791.

Johannes BAUHINUS.
De lapidibus, stirpibus et animalibus, quæ *Bollensis* et
vicinus ager suppeditat. impr. cum ejus de aquis me-
dicatis, s. historia admirabilis fontis Bollensis.
                          Montisbeligardi, 1612. 4.
Pagg. 222; cum figg. ligno incisis.

Heinrich SANDER.
Vaterlandische (in *Baaden*) bemerkungen für alle theile
der naturgeschichte.
in seine kleine Schriften, 1 Band, p. 335—364.

44. *Circuli Franconici.*

Eugenius Johann Christoph Esper.
In ejus Naturgeschichte im auszuge des Linneischen sys-
tems, (vide pag. 192) species in principatibus *Bayreuth*
et *Anspach* obviæ designantur asterisco usque ad pag.
185, et inde ad finem asteriscis duobus.

45. *Circuli Rhenani Superioris.*

Georg Adolph Suckow.
Mineralogische (und ökonomisch-botanische) beobachtungen über einige benachbarte gegenden. (*Zweybrücken.*)
Bemerk. der Kuhrpfälz. Phys. Okon. Gesellsch. 1781.
p. 337—384.

Michael Bernhardus Valentini.
Dissertatio : Prodromus historiæ naturalis *Hassiæ.* Resp.
Joh. Nic. Müllerus. impr. cum illius Armamentario na-
turæ. Pagg. 38.   Gissæ, 1709. 4.

Philippi Conradi Fabricii
Sciagraphia historiæ physico-medicæ *Butisbaci* ejusque
viciniæ.
Pagg. 72.   Wetzlariæ, 1746. 8.

Joannes Jacobus Ritter.
Tentamen historiæ naturalis ditionis *Riedeselio-Avimon-
tanæ,* in quatuor partes, nempe Floram, Mineralogiam,
Faunam et commentatiunculam de aere, aquis et locis
etc. divisum.
Act: Acad. Nat. Cur. Vol. 10, App. p. 21—156.

Anon.
Beitrag zur naturgeschichte der landgrafschaft *Hessen-
Cassel.*
Hessische Beyträge, 2 Band, p. 88—105.

46. *Circuli Westphalici.*

Ulrich Jasper Seetzen.
Beyträge zur naturgeschichte der herrschaft *Jever* in

Westphalen. Neu. Schrift. der Berlin. Ges. Naturf.
Fr. 1 Band, p. 140—176.

47. *Circuli Saxonici Inferioris.*

J. Taube.
Beitrage zur naturkunde des herzogthums *Zelle.*
1 Band. pagg. 96.   Zelle, 1766. 8.
Beitrage zur naturkunde des herzogthums *Lüneburg.*
2 Stuck. pag. 97—264.   1769.

Friedrich August Ludwig von Burgsdorf.
Bemerkungen auf seiner reise nach dem *Unterharz,* des-
gleichen nach *Destedt, Helmstädt* und *Harbke.*
Schr. de Berlin. Ges. Naturf. Fr. 5 Band, p. 148—215.
Christoph Wilhelm Jakob Gatterer.
Anleitung den *Harz* und andere bergwerke mit nuzen zu
bereisen. 2 Theil. pagg. 314. Gottingen, 1786. 8.

Albertus Ritter.
Relatio de iterato itinere in Hercyniæ montem famosissi-
mum *Bructerum.*
Pagg. 56. tabb. æneæ 5.   Helmstadii, 1740. 4.
Supplementa. in Supplementis scriptorum suorum, p.
68—89.
Franciscus Ernestus Bruckmann.
Corollarium ad relationem de iterato itinere in montem
Bructerum.
Epistola itineraria 86. Cent. 1.   Wolffenb. 1740. 4.
Pagg. 16. tabb. æneæ 10, quarum 5 priores eædem ac
in Ritteri relatione.
Johann Esaias Silberschlag.
Physikalisch-mathematische beschreibung des Brocken-
bergs. Beschaft. der Berlin. Ges. Naturf. Fr. 4 Band,
p. 332—407.

Johann Gottlob Lehmann.
Von einigen *Halberstädtischen* merkwürdigkeiten der na-
turgeschichte.
Physikalische Belustigungen, 2 Band, p. 112—117.
——————: Sur les curiosités naturelles du pays de Halber-
stadt. dans ses Traités de physique, Tome 1. p. 350
—354.
Henrici Jacobi Sivers
Curiosa *Niendorpiensia,* sive variarum rerum naturalium

litoris Niendorpiensis descriptio et historia brevissima.
Specim. 1—4. pagg. 80.   Lubecæ, 1732.   8.
         5, 6. pag. 85—110.   1734.
Singulis tab. ænea 1.

48. *Circuli Saxonici Superioris.*

Schulze.
  Einige beyträge zur *Sächsischen* naturhistorie.
  Dresdnisches Magazin, 2 Band, p. 458—471.
  Nachricht von dem ohnweit Dresden befindlichen *Zscho-nengrunde,* und von den darinnen vorhandenen selten-heiten der natur.
  Neu. Hamburg. Magaz. 37 Stück, p. 3—75.
C. G. Rimrod.
  Natur und Oeconomie-beschreibung der gegend um
  Quenstedt. Schrift. der Leipzig. Oekonom. societ. 2
  Theil. p. 1—50.

(*Alexander Bernhard* Kölpin.)
  Ueber die naturgeschichte von *Pommern.*
  Pagg. 10.   4.
  (E Brüggemans Pommerische topographie.)
  ———— Sammlungen zur Physik, 1 Band, p. 679—699.
Johann Daniel Denso.
  Von der naturgeschichte *Stargards.*
  Physikalische briefe, p. 245—276.

49. *Bohemiæ.*

Alexius Parizek.
  Kurzgefasste naturgeschichte Böhmens.
  Pagg. 152.   Prag, 1784.   8.

J. D. Preysler, *J. T.* Lindacker, und *J. K.* Hoser.
  Beobachtungen uber gegenstände der natur, auf einer
  reise durch den *Böhmerwald,* im sommer 1791.
  Mayer's Samml. physikal. Aufsäze, 3 Band, p. 135—378.

Johann Mayer.
  Bemerkungen über natürliche gegenstände der gegend um
  Schüttenhofen in Böhmen, und eines theils der be-nachbarten gebirge. Abhandl. einer Privatgesellsch. in
  Böhmen, 4 Band, p. 132—184.

Johann Jirasek.
Versuch uber die naturgeschichte einiger im *Berauner*
kreise gelegenen kammeral-herrschaften, besonders
Zbirow, Tocznik und Konigshof, und der anliegen-
den, im Pilsner kreise gelegenen herrschaften Miro-
schau und Wosek.
Abhandl. der Böhm. Gesellsch, 1786. p. 60—106.

* * *

Beobachtungen auf reisen nach dem *Riesengebirge,* von
Johann Jirasek, Thaddæus Hænke, Abbé Gruber,
Franz Gerstner; veranstaltet und herausgegeben von
der Königl. Böhm. Gesellschaft der Wissenschaften.
Pagg. 309. tabb. æneæ 2.   Dresden, 1791. 4.

50. *Silesiæ.*

Joannes Jacobus Ritter.
Meletemata ad historiam naturalem *Svidnicensem.*
Nov. Act. Acad. Nat. Cur. Tom. 7. App. p. 103—142.

Johann Karl Christian Löwe.
Kurze naturgeschichte von *Weigelsdorf.*
Abhandl. der Hallischen Naturf. Ges. 1. Band, p. 69—96.
Einige physikalische und ökonomische bemerkungen bey
einer reise auf die *Schneekoppe.* ibid. p. 139—186.
Bemerkungen auf einer reise nach *Schönbrunn* im Streh-
lischen kreise des furstenthums Brieg. ib. p. 187—198.

51. *Imperii Danici.*

(*Elias* Müller. Brünnich p. 151.)
Inhalt einer abhandelung von fürtrefflichkeit der ge-
wächse (res naturales) in Dannemarck und Norwegen,
samt der dazu behörigen lander.
Pagg. 64.   Hamburg. 8.

Güntherus Christophorus Schelhammer.
De itinere ad insulam maris Baltici (*Femaram.*) Ephem.
Ac. Nat. Cur. Dec. 3. Ann. 9 et 10. p. 153—158.
Pehr Kalm.
A markningar uti natural historien och oeconomien
gjorde i *Norige.*
Vetensk. Acad. Handling. 1748. p. 185—202.

Carolus a LINNE'.
Dissertatio sistens rariora Norvegiæ. Resp. Henr. Ton-
ning.
Pagg. 19.   Upsaliæ, 1768. 4.
———— Amoenitat. Academ. Vol. 7. p. 466—496.
Christian SOMMERFELDT.
Forsög om de vigtigste natur-produkter af plante-og dyr-
riget i Norge, i sær i Aggershuus-stift.
Danske Landhuush. Selsk. Skrift. 1 Deel, p. 1—34.
Martin VAHL.
Nogle iagttagelser ved en reise giennem Norge til dets
nordlige dele,
Naturhist. Selsk. Skrivt. 2 Bind, 1 Heft. p. 1—71.
———— : Bemerkungen auf einer reise durch Norwegen,
bis zu dessen nördlichem theil. Römers Neu. Magaz.
fur die Botanik, 1 Band, p. 177—225.

N. MOHR.
Forsög til en *Islandsk* naturhistorie.
                            Kiöbenhavn, 1786. 8.
Pagg. 413, tabb. æneæ 7, in nostro exemplo color.

52. *Svecia.*

Nils GISSLER.
Tal om *Medelpads* och *Ångermanlands* naturliga lynne
och beskaffenhet.
Pagg. 36.   Stockholm, 1751. 8.

Pehr Adrian GADD.
Tal om *Finska* climatet, och dess följder i landets hus-
hållning. Pagg. 55.   ibid. 1761. 8.

53. *Borussiæ.*

George SCHWENGEL.
Schreiben von einigen natürlichen merkwürdigkeiten auf
den gütern des Carthäuser klosters bey *Danzig.*
Abhandl. der Naturf. Gesellsch. in Danzig, 3 Theil,
p. 458—469.

54. *Poloniæ.*

Gabriel RZACZYNSKI.
Historia naturalis Regni Poloniæ, Magni Ducatus Litua-
niæ, annexarumque provinciarum.
Pagg. 456.   Sandomiriæ, 1721. 4.

55. *Hungariæ.*

Michael KLEIN.
Sammlung merkwurdigster naturseltenheiten des könig-
reichs Ungarn.
Pagg. 126.   Pressburg und Leipzig, 1778. 8.

56. *Imperii Russici.*

Rosinus LENTILIUS.
Curlandiæ quædam memorabilia. Ephem. Acad. Nat. Cur.
Dec. 2. Ann. 10. App. p. 115—138.
Johann Jacob FERBER.
Ein ge anmerkungen zur physischen beschreibung von
Kurland. impr. cum Fischers zusaze ; (vide mox in-
fra) p. 209—305.

Jacob Benjamin FISCHER.
Versuch einer *Lieflandischen* naturgeschichte in grundriss.
in Hupel's Topographische nachrichten von Lief-und
Ehstland, 2 Band, p. 428—544.
Versuch einer naturgeschichte von Livland.
Pagg. 374. tabb. æneæ 2.   Leipzig, 1778. 8.
Zusaze zu seinem versuch einer naturgeschichte von Liv-
land.   Riga, 1784. 8.
Pagg. 208; præter libellum Ferberi supra dictum.
Versuch einer naturgeschichte von Livland. Zwote ver-
mehrte auflage.
Pagg. 826. tabb. æneæ 4.   Königsberg, 1791. 8.

(*Carl* HABLIZL.)
Description physique de la contrée de la *Tauride* relative-
ment aux trois regnes de la nature, traduite du Russe.
Pagg. 298.   la Haye, 1788. 8.
Excerpta germanice, in Bergbaukunde, 1 Band, p.
285—304.

Peter Simon PALLAS.
Tableau physique et topographique de la Tauride, tiré du journal d'un voyage fait en 1794.
Pagg. 59.   S. Petersbourg, 1795. 4.
——— : Physikalisch-topographisches gemählde von Taurien. in sein. neu. Nord. Beyträge, 7 Band, p. 371 —438.
——— : Physische und topographische schilderung Tauriens.
Gmelin's Journal, 1 Band, p. 86—134.

Joannes Reinholdus FORSTER.
Specimen historiæ naturalis *Volgensis.*
Philosoph. Transact. Vol. 57. p. 312—357.

57. *Indiæ Orientalis.*

COSMAS.
Εκ της χριςιανικης τοπογραφιας, περι ζωων ινδικων, και περι δενδρων ινδικων. en·grec, et en françois. Relations de divers voyages, par Thevenot, 1 Partie. pagg. 20.
ANON.
Brevis enarratio eorum animalium, fructuum, arborumque, quæ in diversis Indiæ locis, comprimis vero in Java insula sunt.
De Bry Indiæ Orientalis Pars 4. p. 91—103.
Jacobus BONTIUS.
Historia animalium et plantarum. in ejus Historiæ naturalis et medicæ Indiæ Orientalis libris, a Gul. Pisone in ordinem redactis, atque additionibus rerum et iconum adauctis; impr in hujus de Indiæ utriusque re naturali et medica, append. p 50—160.
Franciscus Ernestus BRÜCKMANN.
Notæ et animadversiones in J. Bontii historiæ naturalis et medicæ Indiæ Orientalis libros. in ejus Epistola itineraria 63. Cent. 1. p. 7, 8.
* * *
Oost-indianische send-schreiben, von allerhand raren gewächsen, bäumen, juvelen, auch andern raritäten, durch Cleyern, Rumphen, Herbert de Jager, ten Rhyne etc. gewechselt, und aus deroselben in holländischer sprach geschriebenen originalien übersezet von Mich. Bernh. Valentini. impr. cum hujus Museo Museorum, 2 Theil.
Pagg. 119; cum tabb. æneis.
——— : M. B. Valentini India literata, seu disserta-

tiones epistolicæ de plantis, arboribus, gemmis aliisqut
rarioribus, a Cleyero, Rumphio, Herberto de Jager, ten
Rhyne, Kæmpfero aliisque in India reciprocatæ; nunc
latinitate donatæ a Chph. Bernh. Valentini. in M. B.
Valentini Historia simplicium, p. 377—509.

Johannis Gerbardi KOENIG
Schedæ, quotquot in India, post mortem ejus, inveniri po-
tuerunt; nunc compacti 19 Voluminibus, variæ magnitudinis. Descriptiones præcipue plantarum Indiæ
Orientalis, quædam animalium; pauca de mineralibus.

Georgius Everbardus RUMPHIUS.
D'*Amboinsche* rariteitkamer.
Pagg. 340. tabb. æneæ 60. Amsterdam, 1705. fol.
——— Pagg. et tabb. totidem. ibid. 1741. fol.
Thesaurus imaginum piscium testaceorum, quibus acce-
dunt conchylia, denique mineralia.
Hagæ Comitum, 1739. fol.
Pagg. 14. tabb. æneæ 60, eædem ac prioris libri.

Alexander DALRYMPLE.
Account of some natural curiosities at *Sooloo*. in his Col-
lection of voyages and discoveries in the South Pacific
Ocean. Vol. 1. Pagg. 21. tab. ænea 1.
London, 1770. 4.

58. *Asiæ ulterioris.*

Robert SAUNDERS.
Some account of the vegetable and mineral productions of
Boutan and *Thibet*.
Philosoph. Transact. Vol. 79. p. 79—106.

Johan Abrabam GRILL, *Abrabamsson.*
Tal om orsakerna, hvarföre *Chinas* naturalhistoria är så
litet bekant.
Pagg. 14. Stockholm, 1773. 8.
Father d'INCARVILLE.
A letter to Dr. Mortimer.
Philosoph. Transact. Vol. 48. p. 253—260.

59. *Novæ Cambriæ.*

Volumen foliorum 70, continens figuras animalium et plantarum pictas, quas in Nova Cambria prope Port Jackson delineavit Edgar Thomas Dell. fol.

60. *Africæ et Insularum adjacentium.*

Adam AFZELIUS.

An account of the natural productions of *Sierra Leone,* being the substance of two reports, made to the Directors of the Sierra Leone Company. in the Report delivered by the Court of the Directors of the Sierra Leone Company to the General Court of Proprietors, March 27. 1794, p. 163—175. London, 1794. 8.

ANON.

Volumen 94 foliorum, continens icones animalium et plantarum, in *Promontorio bonæ spei* pictas. fol.

James CUNINGHAME.

A catalogue of Shells, &c. (plants, earths) gathered at the island of *Ascension.*
Philosoph. Transact. Vol. 21. n. 255. p. 295—300.

Jean MACE'.

Extrait d'une lettre à A. L. Millin. (sur l'histoire naturelle de l'*Isle de France.*)
Magasin encyclopedique, Tome 1. p 312—325.

61. *Americæ Septentrionalis.*

Nicholas COLLIN.

An essay on those inquiries in natural philosophy, which at present are most beneficial to the United States of North America. Transact. of the Amer. Society, Vol. 3. Introd. p. iij—xxvij.

John WINTHROP.

Letter concerning some natural curiosities of *New England.*
Philosoph. Transact. Vol. 5. n. 57. p. 1151—1153.
6. n. 74. p. 2221—2224.

Peter DELABIGARRE.
  Excursions on our blue Mountains. Transact. of the Soc.
    of New-York, Part 2. p. 128—139.

James PETIVER.
  Remarks on some animals, plants, &c. sent to him from
    Maryland, by the Rev. Mr. Hugh Jones.
  Philosoph. Transact. Vol. 20. n. 246. p. 393—406.
John BANISTER.
  Extracts of four letters to Dr. Lister. ibid. Vol. 17. n.
    198. p. 667—672.

Mark CATESBY.
  The natural history of *Carolina, Florida,* and the *Bahama*
    Islands. in english and french.
  Vol. 1. pagg. xliv et 100. tabb. æneæ color. 100.
                                        London, 1731. fol.
  Vol. 2. pagg. et tabb. 100.   1743.
  Appendix. pagg. et tabb. 20.
(*John Reinhold* FORSTER.)
  A catalogue of the animals and plants represented in
    Catesby's natural history of Carolina, with the Linnæan
    names. Foll. 2.   fol.
* * *
  Codex foliorum 102, continens icones animalium et plan-
    tarum, quas in itinere, supra p. 152 dicto, delineavit
    Gulielmus BARTRAM; harum quædam coloribus fu-
    catæ.   fol.
  E bibliotheca Johannis Fothergill, M. D.

Richard STAFFORD.
  Extract of a letter from the *Bermudas.*
  Philosoph. Transact. Vol. 3. n. 40. p. 792—795.

Franciscus HERNANDEZ.
  Nova plantarum, animalium et mineralium *Mexicanorum*
    historia, a Nardo Antonio Reccho, in volumen digesta,
    a Jo. Terentio, Jo. Fabro, et Fabio Columna Lynceis
    notis et additionibus illustrata.   Romæ, 1651. fol.
  Pagg. 899 et 90; cum figg. ligno incisis; præter Cæsii
    tabulas phytosophicas, de quibus Tomo 3. p. 15.
Don Joseph Antoine DE ALZATE y *Ramyrez.*
  Extrait d'une lettre adressée à l'Academie des Sciences,
    contenant des details sur l'histoire naturelle des environs

de la ville de Mexico. impr. avec le Voyage en Californie de Chappe d'Auteroche; p. 54—68.

Paris, 1772. 4.

Excerpta quædam in Journal de Physique, Tome 1.
p. 221—223.

62. *Americæ Meridionalis et Insularum adjacentium.*

STUBBES.

Observations made by a curious and learned person, sail-
ing from England, to the Caribe-Islands.
Philosoph. Transact. Vol. 2. n. 27. p. 493—501.
An enlargement of the observations, formerly publisht
numb. 27. ibid. Vol. 3. n. 36. p. 699—709.
37. p. 717—722.

NORWOOD.

An account of some particulars, referring to those of Jamaica, numb. 27 and 36. ibid. n. 41. p. 824, 825.

James PETIVER.

Pterigraphia americana, icones continens Filicum, nec
non Muscos, Lichenes, Fungos, Corallia, Spongias,
aliaque submarina; cui adjiciuntur Crustacea, Tes-
tacea, aliaque animalia fere omnia ex insulis nostris
Charibbæis.

Tabb. æneæ 3 catalogi, et 20 iconum.   fol.
————— in Operum ejus Vol. 2do.
Figuræ maximam partem e Plumerii filicibus desumtæ,
valde diminutæ.

Samuel FAHLBERG.

Utdrag af samlingar til natural-historien öfver ön *St. Barthelemi* i Vest-Indien. Vetensk. Acad. Handling. 1786.
p. 215—240, et p. 248—254.

William SMITH.

A natural history of Nevis, and the rest of the English
Leeward Charibee Islands in America.
Pagg. 318.   Cambridge, 1745. 8.

Griffith HUGHES.

The natural history of *Barbados.*
Pagg. 314. tabb. æneæ 29.   London, 1750. fol.

John POYNZ.
  Naturgeschichte der Insel *Tabago*.   Hamburg. Magaz.
    4 Band, p. 191—212, et p. 241—251.

LEBLOND.
  Memoire pour servir à l'histoire naturelle du pays de
    Santa-Fée de Bogota, relativement aux principaux phe-
    nomenes qui resultent de sa position.
    Journal de Physique, Tome 28. p. 321—334.
    —————: Beyträge zur naturgeschichte der gegend von
    Santa-Fée de Bogota.
    Voigt's Magaz. 5 Band. 4 Stück, p. 28—36.

Philippe FERMIN.
  Histoire naturelle de la Hollande equinoxiale, ou de-
    scription des animaux, plantes, fruits, et autres cu-
    riosités naturelles, qui se trouvent dans la colonie de
    Surinam.
    Pagg. 239.   Amsterdam, 1765. 8.
William LOCHEAD.
  Observations on the natural history of Guiana.
    Transact. of the R. Soc. of Edinburgh, Vol. 4. p. 41
    —63.
Pierre BARRERE.
  Essay sur l'histoire naturelle de la France equinoxiale, ou
    denombrement des plantes, des animaux, et des mine-
    raux, qui se trouvent dans l'Isle de *Cayenne,* les Isles de
    Remire, sur les côtes de la mer, et dans le continent de
    la Guyane.
    Pagg. 215.   Paris, 1741. 12.
MAUDUIT.
  Extrait du journal d'un voyage fait en 1772 par M. de la
    Borde, dans l'interieur des terres de la Guianne, vers le
    cap Cachipour, dans la dependance d'Ayapoque.
    Journal de Physique, Tome 1. p. 461—469.
BAJON.
  Memoires pour servir à l'histoire de Cayenne, et de la
    Guiane Françoise.
    Tome 1. pagg. 462. tabb. æneæ 5.   Paris, 1777. 8.
    Tome 2. pagg. 416. tabb. 4.   1778.

* * *

  Historia naturalis *Brasiliæ,* viz.
Guilielmi PISONIS de medicina Brasiliensi libri 4. et *Georgii*

MARCGRAVII historiæ rerum naturalium Brasiliæ libri
8. Joannes de Laet in ordinem digessit, et annotationes
addidit, et varia ab auctore omissa supplevit.
Lugd. Bat. et Amstelod. 1648. fol.
Pagg. 122 et 293 ; cum figg. ligno incisis.
Gul. Pisonis de Indiæ utriusque re naturali et medica libri
14. viz.
> G. Pisonis historiæ naturalis et medicæ Indiæ Occidentalis
> libri 5. pagg. 327 ; cum figg. ligno incisis.
> G. Marcgravii tractatus topographicus et meteorologicus
> Brasiliæ, idem cum libro 8vo voluminis antecedentis.
> pagg. 39.
> J. Bontii historiæ naturalis et medicæ Indiæ Orientalis
> libri 6, de quibus supra pag. 251.
> G. Pisonis mantissa aromatica, de qua Tomo 3. pag. 462.
Amstelædami, 1658. fol.
Franciscus Ernestus BRUCKMANN.
Notæ et animadversiones in G. Pisonis et J. Bontii libros
de Indiæ utriusque re naturali et medica. Epistola
itineraria 63. Cent. 1. pagg. 8. Wolffenb. 1737. 4.
Manoel FERREIRA DA CAMARA.
Ensaio de descripçaõ fizica, e economica da *Comarca dos
Ilheos* na America. Mem. econom. da Acad. R. das
Sciencias de Lisboa, Tomo 1. p. 304—350.

Giovanni Ignazio MOLINA.
Saggio sulla storia naturale del *Chili.*
Pagg. 367.   Bologna, 1782. 8.
————— : Essai sur l'histoire naturelle du Chili, traduit
par M. Gruvel.   Pagg. 351.   Paris, 1789. 8.

63. *Historia Naturalis Maris.*

Luigi Ferdinando MARSILLI.
Brieve ristretto del saggio fisico intorno alla storia del
Mare.   Venezia, 1711. 4.
Pagg. 72. tabb. æneæ color. 3, quarum pagg. 52
priores et tab. prima huc faciunt, reliquæ de Kermes,
vide Tom. 2. pag. 534.
Histoire physique de la Mer.   Amsterdam, 1725. fol.
Pagg. 173. tabb. æneæ color. 40.
Carolus LINNÆUS.
Dissertatio : Natura Pelagi. Resp. Joh. Henr. Hager.
Pagg. 15.   Upsaliæ, 1757. 4.
————— Amoenitat, Academ. Vol. 5. p. 68—77.
TOM. I.   S

George Christoph PISANSKI.
Einige bemerkungen uber den *Ostsee,* insonderheit an
den küsten von Preussen.
Pagg. 48.   Königsberg, 1782. 8.

Theodore Augustine MANN.
Memoire sur l'histoire naturelle de la *Mer du Nord.*
Mem. de l'Acad. de Bruxelles, Tome 2. p. 157—254.

Vitaliano DONATI.
Della storia naturale dell'*Adriatico,* saggio.
Pagg. lxxxi. tabb. æneæ 10.   Venezia, 1750. 4.
————: Essai sur l'histoire naturelle de la mer Adriatique.
Pagg. 73. tabb. æneæ 11.   la Haye, 1758. .4.
Conte Giuseppe GINANNI.
Opere postume, Tomo 1. nel quale si contengono 114
piante (Algæ et Zoophyta) che vegetano nel mare
Adriatico.
Pagg. 63. tabb. æneæ 55.   Venezia, 1755. fol
Tomum 2dum vide Tom. 2. pag. 321.

64. *Historia Naturalis Lacuum.*

Gio Serafino VOLTA.
Osservazioni sopra il lago di Garda, ed i suoi contorni.
Opuscoli scelti, Tomo 12. p. 35—45.

ANON.
Von der *Genfersee.* (e gallico, in Journal Helvetique)
Hamburg. Mag. 11 Band, p. 200—223, et p. 537—558.

Edward BROWN.
An accompt concerning an uncommon lake, called the
Zirchnitzer-sea in Carniola.
Philosoph. Transact. Vol. 4. n. 54. p. 1083—1085.
Some queries and answers relating to this account.   ibid.
Vol. 9. n. 109. p. 194—197.
John Weichard VALVASOR.
Description of the lake of Zirknitz in Carniola.   ib. Vol.
16. n. 191. p. 411—427.
ANON.
Beschreibung des Czirkniker sees in Ungarn. (e gallico,
in Nouvelliste Oeconomique.)
Neu. Hamburg. Magaz. 13 Stuck, p. 56—64.

Heinrich SANDER.
Von einem merkwürdigen see in der obern Marggrafschaft
Baden. in seine kleine Schriften, 1 Band, p. 324—328.

Albrecht RITTER.
Historisch-physicalisches send-schreiben von dem in der
Marck-Brandenburg belegenen merck-und wunderns-
würdigen *Arend-see.*
Pagg. 24.   Sondershausen, 1744. 4.
Supplementa.   in Supplementis scriptorum suorum, p.
108—112.
Georg Christoph SILBERSCHLAG.
Nachrichten von dem see bey Arendsee in der Altmark.
Beob. der Berlin. Ges. Naturf. Fr. 2 Band, p. 225—235.
4 Band, p. 78—89.

Johann Esaias SILBERSCHLAG.
Beschreibung des *Müggel-sees* (in der Churmark.)
Schr. der Berlin. Ges. Naturf. Fr. 1 Band, p. 36—50.
Marcus Elieser BLOCH.
Anhang zu dieser beschreibung. ibid. p. 51—55.

Joan Daniel DENSO.
Beschreibung des Pommerschen see *Maddüie.*
in ejus Beitr. zur Naturkunde, 3 Stuk, p. 216—264.

Daniel TISELIUS.
Utförlig beskrifning öfver sjön *Watter.*
Pagg. 125.   Upsala, 1723. 4.
Ytterligare försök och sjö-profver uthi Wattern.
Pagg. 112.   Stockholm, 1730. 4.

Carl UGGLA *Hillebrandsson.*
Intrades-tal om sjön *Hjelmaren.* Stockholm, 1786. 8.
Pagg. 32 ; cum mappa geographica, æri incisa.

C. D BARTSCH.
Bemerkungen über den *Blattensee* (in Hungaria.)
Ungrisches Magazin, 2 Band. p. 129—145.

Alexander ANDERSON.
An account of a bituminous lake in the island of Trinidad.
Philosoph. Transact. Vol. 79. p. 65—70.

S 2

65. *Poemata de rebus naturalibus.*

Laurentius Lippius.
Disticha. impr. cum Oppiano de piscibus; fol. 60—65.
Argentorati, 1534. 4.

Georgius Pictorius.
Παντοπωλιον, continens omnium ferme quadrupedum, avium, piscium, serpentum, radicum, herbarum, seminum,
fructuum, aromatum, metallorum et gemmarum naturas, carmine elegiaco. Basileæ, 1563. 8.
Pagg. 92; præter Tractatum de Apibus, de quo Tomo
2. p. 523, et alia non nostri scopi.

Joachimus Camerarius.
Symbolorum et emblematum ex re herbaria desumtorum
centuria una. Noribergæ, 1590. 4.
Foll. 110; cum figg. æri incisis.
Symbolorum et emblematum ex animalibus quadrupedi-
bus desumtorum centuria altera. ib. 1595. 4.
Foll. 116; cum figg. æri incisis.
Symbolorum ac emblematum centuriæ quatuor, prima ar-
borum et plantarum, secunda animalium quadrupe-
dium, tertia avium et volatilium, quarta piscium et rep-
tilium. Moguntiæ, 1697. 8.
Pagg. 201, 205, 206 et 201; cum figg. æri incisis.

66. *Physico-theologi.*

John Ray.
The wisdom of God manifested in the works of the creation.
12th edition. Pagg. 405. London, 1759. 8.

William Derham.
Physico-theology, or a demonstration of the being and at-
tributes of God, from his works of creation, being the
substance of 16 sermons, preached at the Hon. Mr.
Boyle's lectures in the year 1711 and 1712.
Third edition. Pagg. 447. tab. ænea 1.
London, 1714. 8.
ib. 1786. 8.
——————— Vol. 1. pagg. 443. tab. ænea 1. Vol. 2. pagg. 175;
præter Astrotheologiam, non hujus loci.
——————— : Physico-theologie, eller til Gud ledande na-
turkunnighet, öfversatt af A. N.
Pagg. 606. tab. ænea 1. Stockholm, 1736. 8.

Bernard Nieuwentyt.

Het regt gebruik der werelt beschouwingen, ter overtui-
ging van ongodisten en ongelovigen. Den tweeden druk.
Pagg 916. tabb. æneæ 28.   Amsterdam, 1717. 4.

Samuele Klingenstierna

Præside, Dissertatio de perfectionibus divinis ex contem-
platione rerum naturalium illustratis. Resp. Andr.
Hesselius. Pagg. 16.   Upsaliæ, 1740. 8.

(*Christian Gabriel* Fischer.)

Vernunftige gedanken von der natur, herausgegeben von
einem Christlichen Gottes-Freunde.
Pagg 746.   1743. 8.

Friedrich Christian Lesser.

Die offenbahrung Gottes in der natur, in einer Fluhr-pre-
digt vorgestellet.
Pagg. 56.   Nordhausen, 1750. 4.

Pierre Louis, Moreau de Maupertuis.

Essai de cosmologie.
Dans ses Oeuvres, Tome 1. p. 1—78.

Grefve Gustaf Bonde.

Tankar om Guds undervark uti naturen; utgifne i 16
Disputationer under *Cl. Bl.* Trozelii inseende.
Lund, 1761—1771. 4.
Pagg 72. 2 Delen, pagg. 36. 3 Delen, pagg. 43.

George Edwards.

Of the wisdom and power of God in the works of the
creation.
in his Essays upon Natural History, p. 1—40.

Johann Samuel Schröter.

Ueber den einfluss der naturgeschichte in die kenntniss
des Schopfers. in seine Abhandl. über die Naturgesch.
1 Theil, p. 1—21.

67. *Teleologi.*

Carolus Linnæus.

Dissertatio de Oeconomia naturæ. Resp. Is. Biberg.
Pagg. 48.   Upsaliæ, 1749. 4.
————— Amoenit. Acad. Vol. 2. ed. 1. p. 1—58.
ed. 2. p. 1—52.
ed. 3. p. 1—58.
————— Select. ex Am. Ac. Dissert. p. 260—316.
————— med tillökning på svenska öfversatt af Is.
Biberg. Pagg. 88.   Stockh. och Ups. 1750. 8.

——————— : The oeconomy of nature, translated by B.
Stillingfleet ; in his Miscellaneous tracts,
1st edit. p. 31—108.
2d edit. p. 37—129.
Dissertatio de Politia naturæ. Resp. H. Chr. Dan. Wilcke.
Pagg. 22.   Upsaliæ, 1760. 4.
——————— Amoenitat. Academ. Vol. 6. p 17—39.
——————— : On the police of nature, translated by F. J.
Brand ; in his select Dissertations, p. 129—166.

ANON.
Zu allige gedanken über die schönheit der natürlichen
dinge.
Dresdnisches Magazin, 1 Band, p. 51—65.

Petro KALM
Præs de, Dissertatio utilitatem montium in oeconomia ex-
cutiens. Resp. Jah. Wasander.
Pagg. 16.   Aboæ, 1761. 4.

Anon.
Von denen folgen, welche nothwendig aus dem geseze der
vermehrung entspringen, in absicht der menschen sowohl
als der thiere.
Neu. Hamburg. Magaz. 36 Stück, p. 552—565.

Johann Christian FABRICIUS.
Betrachtungen über die allgemeinen einrichtungen in
der natur. Pagg. 360.   Hamburg, 1781. 8.

Heinrich SANDER.
Ueber das grosse und schöne in der natur.
1 Stuck. pagg. 272. 2 Stuck. pagg. 288.
Leipzig, 1781. 8.
3 Stück. pagg. 240. 4 Stück. pagg. 240.   1782.

68. *Physici Biblici.*

Francisci VALLESII
De sacra philosophia, sive de iis, quæ in libris sacris phy-
sice scripta sunt, liber singularis.
Editio sexta.   Lugduni, 1652. 8.
Pagg 440; præter Lemnium, de quo Tomo 3. p. 193,
et Rueum de gemmis, de quo Tomo 4.

Johanne Daniél MAJORE
Præside, Dissertatio de Myrrha, Locustis, jejunio Christi,
Christo medico, lunaticis, paralyticis, et Sale. Resp.
Joh. Frid. Moller. Pagg. 40.   Kilonii, 1668. 4.

Physici Biblici.

Georgii Henrici HÆBERLINI
Dissertatio theologica, in qua sententia de generatione
plantarum, a recentioribus quibusdam philosophis pro-
babiliter asserta, ex sacris literis clare ostenditur; addita est tractatio de generatione animalium.
Pagg. 106.   Tubingæ, 1693. 12.

Christophoro HELVIGIO
Præside, Specimen pharmacologiæ sacræ, de Antimonio,
Cicuta, et pisce magno Tobiæ s. Siluro. Resp. Er.
Gottlieb von Seelen. Pagg. 34. Gryphiswaldiæ, 1708. 4.

Johann Jacob SCHEUCHZER.
Jobi physica sacra, oder Hiobs natur-wissenschafft verglie-
chen mit der heutigen.
Pagg. 467.   Zürich, 1721. 4.
Physique sacrée, ou histoire-naturelle de la Bible, traduite
du latin.
Tome 1. pagg. 127. tabb. æneæ 100.
                                   Amsterdam, 1732. fol.
    2. pagg. 163. tab. 101—200.
    3. pagg. 185. tab. 201—300.   1733.
    4. pagg. 160. tab. 301—400.   1734.
    5. pagg. 184. tab. 401—502.
    6. pagg. 298. tab. 503—550.   1735.
    7. pagg. 482. tab. 551—657.
    8. pagg. 258. et 85. tab. 658—750. 1737.

Johann David MICHAELIS.
Fragen an eine gesellschaft gelehrter männer, die auf be-
fehl des Königes von Dännemark nach Arabien reisen.
Pagg. 397.   Frankf. am Mayn, 1762. 8.
————— : Recueil de questions, proposées à une societé de
savans, qui par ordre de sa Majesté Danoise font le
voyage de l'Arabie. Pagg. 482.   ib. 1763. 8.

69. *Critici veterum Auctorum, quod ad res naturales
attinet.*

Hieronymus MERCURIALIS.
Variarum lectionum libri 4, in quibus complurium,
maximeque medicinæ scriptorum infinita pæne loca vel
corrupta restituuntur, vel obscura declarantur.
Foll. 122.   Venetiis, 1571. 4.
Marsilius CAGNATUS.
Variarum observationum libri 2.   Romæ, 1581. 8.

Pagg. 218; præter disputationem de ordine in cibis
servando.

Nicolaus GUIBERTUS.

Assertio de Murrhinis, sive de iis quæ Murrhino nomine
exprimuntur, adversus quosdam, de iis minus recte dis-
serentes. Pagg. 91.   Francofurti, 1597. 8.

Caspari HOFMANNI

Variarum lectionum libri 6.

Pagg. 332.   Lipsiæ, 1619.   8.

Petro EKERMAN

Præside, Dissertatio de historia naturali, lumine scriptorum
Ciceronianorum mirabiliter collustrata. Resp. Andr.
Gust. Barchæus.

Pagg. 12.   Upsaliæ, 1759. 4.

Daniel Wilhelmus TRILLERUS.

Exercitatio medico-critica altera in Legem xvi, §. 7. Di-
gestorum, de Publicanis et Vectigalibus. Pagg. 24.
Exercitatio tertia atque ultima. Pagg. xxiv.

Wittebergæ, 1778. 4.

Adamo FABBRONI.

Del Bombice e del Bisso degli antichi.

Pagg. 95. tab. ænea 1.   Perugia, 1782. 8.

Aubin Louis MILLIN.

Dissertation sur quelques medailles des villes grecques, qui
offrent la representation d'objets relatifs à l'histoire naturelle.

Magasin encyclopedique, Tome 5. p. 495—512.

Table systematique des objets d'histoire naturelle, figurés
dans le recueil des medailles des peuples, et des villes,
rassemblées par Hunter et publiées par Combe. ib.
p. 512—515.

70. *Thaumatographi.*

ARISTOTELES.

Liber de mirabilibus auscultationibus, græce et latine, in-
certo interprete. in Operibus ejus ex bibliotheca Is. Ca-
sauboni, Tomo 1. p. 702—713.

Lugduni, 1590. fol.

———— græce, cum interpretationibus latinis Anonymi,
Natalis de Comitibus, et Dominici Montesauri, annotationibus Henrici Stephani, Fr. Sylburgii, Is. Casau-
boni, J. N. Niclas, et C. G. Heynii; explicavit et edidit Jo. Beckmann.

Pagg. 428.   Gottingæ, 1786. 4.

ANTIGONI *Carystii*
Historiarum mirabilium collectanea, græce et latine ; Jo.
Meursius recensuit, et notas addidit.
  Pagg. 210.   Lugduni Bat. 1619. 4.
———— cum annotationibus G. Xylandri, J. Meursii,
R. Bentleji, J. G. Schneideri, J. N. Niclas; illustravit
et edidit Jo. Beckmann.
  Pagg. 284.   Lipsiæ, 1791. 4.
Julii OBSEQUENTIS
Prodigiorum liber, per Conr. Lycosthenem integritati suæ
restitutus.   Lugduni, 1589. 12.
  Pagg. 93 ; cum figg. æri incisis ; præter P. Vergilium,
  et J. Camerarium, de quibus mox infra.
———— : De prodigiis liber, cum annotationibus Jo.
Schefferi; accedit Conr. Lycosthenis supplementum
Obsequentis.
  Pagg. 156.   Amstelodami, 1679. 8.
———— : Quæ supersunt ex libro de Prodigiis, cum ani-
madversionibus J. Schefferi, et supplementis C. Lycos-
thenis, curante Fr. Oudendorpio.
  Pagg. 215.   Lugd. Bat. 1720. 8.
———— : Quæ supersunt ex libro de Prodigiis, cum ani-
madversionibus J. Schefferi et Fr. Oudendorpii; acce-
dunt supplementa C. Lycosthenis ; curante Jo. Kappio.
  Pagg. 250.   Curiæ Regnitianæ, 1772. 8.
———— : Des Prodiges, traduit par George de la Bou-
thiere.   Lyon, 1555. 8.
  Pagg. 130; cum figg. ligno incisis; præter P. Vergilium.
Polydori VERGILII
De Prodigiis libri 3. impr. cum Obsequente ; p. 94—232.
                                       Lugduni, 1589. 12.
———— : Dialogues des. Prodiges, traduits par George
de la Bouthiere. impr. avec Jules Obsequent ; p. 131—
—292.   Lyon, 1555. 8.
Joachimi CAMERARII
Norica, sive de Ostentis. impr. cum Obsequente ; p. 233
—334.   Lugduni, 1589. 12.
Conradus LYCOSTHENES.
Prodigiorum ac ostentorum chronicon.
                                       Basileæ, (1557.) fol.
  Pagg. 670 ; cum figg. ligno incisis ; sed desunt ultimæ
  8 paginæ in nostro exemplo.
Hieronymi CARDANI
De rerum varietate libri 17.
  Pagg. 707.   Basileæ, 1557. fol.

Levini LEMNII
Occulta naturæ miracula. (libri 2.)
Foll. 164. Antverpiæ, 1561. 8.
———— (libri 4.) Pagg. 473. ib. 1567. 8.
———— Pagg. 638. Lugd. Bat. 1666. 16.
———— : The secret miracles of nature.
Pagg. 398. London, 1658. fol.

Edward FENTON.
Certaine secrete wonders of nature, gathered out of divers
learned authors as well greeke as latine.
London, 1569. 4.
Foll. 148; cum figg. ligno incisis.

Stephan BATMAN.
The doome warning all men to the judgemente, wherein
are contayned for the most parte all the straunge pro-
digies hapned in the worlde. (London), 1581. 4.
Pagg 437; cum figg. ligno incisis.

Johann JONSTONI
Thaumatographia naturalis.
Pagg. 501. Amsterdami, 1632. 16.
———— Pagg. 495. ib. 1665. 16.
———— : A history of the wonderful things of nature.
Pagg. 354. London, 1657. fol.

Johann Heinrich SEYFRIED.
Medulla mirabilium naturæ, das ist, auserlesene, unter
den wundern der natur, allerverwunderlichste wunder.
Pagg. 742; cum tabb. æneis. Sulzbach, 1679. 8.

Philippus Jacobus HARTMANN.
De generatione mineralium, vegetabilium, et animalium
in aere, occasione annonæ et telæ coelitus delapsarum
anno 1686 in Curonia. Ephem. Acad. Nat. Curios.
Dec. 2. Ann. 7. Append. p. 1—53.

Thomas Broderus BIRCKRODIUS.
Sciagraphia της κερατολογιας, sive de Cornibus et Cornutis
commentariorum, quos ex omni antiquitate, scientia et
arte collectos, sex libris distinctos, figuris marmorum,
statuarum, gemmarum, sigillorum, nummorum, uten-
silium antiquorum, idolorum, quadrupedum, piscium,
avium, serpentum, insectorum, lapidum, plantarum et
aliarum rerum, ultra mille, illustratos publico destina-
vit, et brevi, volente Deo, legendos dabit.
Hafniæ, (ante 1694. conf. Brunnich p. 100.) 4.
Pagg. 28.

ANON.
Wunderwirkende allmacht gottes, bey denen in diesem

1695 jahre an unterschiedenen orten herfürgewachsenen korn-halmen, von vielen æhren. Plag. dimidia. 4.
Nicolaus HÖPFFNER.
Das verkehrte jahr, da der winter im sommer, und der sommer im winter war, benebenst vielen andern dabey mit furgelauffenen denckwürdigen geschichten, von unsers Heilandes geburth an, bis auf das itzige 1696 jahr.
Pagg. 90. Jena. 4.
Johann HÆNFLERS
Unvorgreiffliche gedancken, wegen der in Stennwitz auff dem scheunfluhr den 20 Jul. 1697 angetroffenen mildiglich blut-trieffenden korn-æhren.
Pagg. 32. Cüstrin. 4.
George Gottlob PITZSCHMANN.
Gottseelig-und vernunft-massige vermuthung von einem gewachse der erden, welches gleich einer Semmel in einem garten Schlesiens gefunden worden.
Pagg. 126. Leipzig, 1700. 8.
ANON.
Les principales merveilles de la nature.
Pagg. 330; cum tabb æneis. Amsterdam, 1723. 12.
Gedanken über das wahrhafte wunderbare in der naturforschung. Hamburg. Magaz. 1 Band, p. 1—10.
François Marie Arouet DE VOLTAIRE.
Les singularités de la nature.
Pagg. 112. Geneve, 1769. 12.
(*Christian Gottlieb* HEYNE.)
Historiæ naturalis fragmenta ex ostentis, prodigiis et monstris. Programmata.
Commentatio prior. Pagg. viii. Gottingæ, 1784. fol.
posterior. Pagg. viii. 1785.

71. *Palingenesia.*

Gothofredus VOIGTIUS.
De resuscitatione brutorum ex mortuis, et de resurrectione plantarum.
in ejus Curiositatibus physicis, p. 1—72.
Johanne Ludovico HANNEMANN
Præside, Triumphus naturæ et artis, seu Dissertatio physica Fridericiana naturæ phoenicem sistens. Resp. Joh. Mich. Eccardus.
Pagg. 48. Kiliæ, 1710. 4.

Georgii Franci de Frankenau
  De Palingenesia, sive resuscitatione artificiali plantarum,
    hominum et animalium e suis cineribus liber singularis,
    commentario illustratus a Jo. Chr. Nehringio.
      Pagg 40, 48 et 296.   Halæ, 1717. 4.
Adamus Fridericus Pezoldt.
  De Palingenesia.
      Ephem Acad. Nat. Curios. Cent. 7 et 8. p. 31—37.
Johanne Gottschalk Wallerio
  Præside, Disputatio de Palingenesia. Resp. Gerh. Reinh.
    Höijer. 1764.
    in eius Disputation. Academ. Fascic. 2. p. 16—37.
Petro Adriano Gadd
  Præside, Disquisitio chemica Palingenesiæ Zoologicæ.
    Resp. Henr. Gust. Borenius.
      Pagg 14.   Aboæ, 1772. 4.
  Indicia Palingenesiæ chemicæ in regno Minerali. Resp.
    Joh. Arenius.
      Pagg. 14.   ib. 1774. 4.

72. *Physiologi miscelli.*

Francis (BACON) *Lord* VERULAM, *Viscount* ST. ALBANS.
History natural and experimental of life and death, or the
prolongation of life; printed with the 9th edition of
his Sylva sylvarum.
   Pagg. 64.   London, 1670. fol.

Johanne MULLERO
Præside, Disputatio quæstionem geminam, an aliqua species corporum naturalium de novo orta sit, et an aliqua
perierit? exponens. Resp. Joh. Mart. Canabæus.
   Plagg. 2.   Wittebergæ, 1679. 4.

ANON.
Von neuen thieren und pflanzen.
   Neu. Hamburg. Magaz. 106 Stück, p. 315—332.

René Antoine Ferchault DE REAUMUR.
Experiences et reflections sur la prodigieuse ductilité de
diverses matieres.
   Mem. de l'Acad. des Sc. de Paris, 1713. p. 201—222.

Bernhard Siegfried ALBIN.
Oratio de anatome comparata.
   Pagg. 46.   Lugd. Bat. 1719. 4.

Carolus LINNÆUS.
Oratio de telluris habitabilis incremento.   ib. 1744. 8.
   Pagg. 84; præter A. Celsii orationem de mutationibus
   in superficie corporum coelestium.
———— Amoenit. Academ. Vol. 2. ed. 1. p. 430—478.
                                       ed. 2. p. 402—444.
                                       ed. 3. p. 430—472.
———— Fundam. botan. edit. a Gilibert, Tom. 2. p.
   671—711.
————: On the increase of the habitable earth, trans-
   lated in english by F. J. Brand; in his select Disserta-
   tions, p. 71—127.

Pierre Louis Moreau DE MAUPERTUIS.
Systeme de la nature.   Essai sur la formation des corps
organisés.
   dans ses Oeuvres, Tome 2. p. 135—184.

Petrus LUCHTMANS.
Specimen inaug. de Saporibus et Gustu.
   Pagg. 82. tabb. æneæ 3.   Lugduni Bat. 1758. 4.
   Pars hujus dissertationis, §. 12—22, belgice versa, adest
   in Uitgezogte Verhandelingen, 4 Deel, p. 305—344.

Adolphus Julianus BOSE.
Programma de differentia fibræ in corporibus trium naturæ regnorum.
Pagg 16.   Vitebergæ, 1768. 4.
Johanne KIES
Præside, Dissertatio de effectibus electricitatis in quædam corpora organica. Resp. Car. Henr. Koestlın.
Pagg. 36.   Tubingæ, 1775. 4.
DICQUEMARE.
Dissertation sur les limites des regnes de la nature.
Journal de Physique, Tome 8. p. 371—376.
Niels Tönder LUND.
Afhandlıng om maaden, hvorpaa naturen retter udarter.
Soröe, 1777. 8.
Pagg. 48; præter libellum de sepibus, non hujus loci.
Eugenius Joannes Christophorus ESPER.
De varietatıbus specierum in naturæ productis.
Sectio 1. pagg. 28.   Erlangæ, 1781. 4.
      2. pagg. 31.   1782.
Jean SENEBIER.
Memoires physico-chymiques, sur l'influence de la lumiere solaire pour modifier les êtres des trois regnes de la nature, et sur-tout ceux du regne vegetal.
Geneve, 1782. 8.
Tome 1. pagg. 408. tabb. æneæ 2. Tome 2. pagg. 411. Tome 3. pagg. 412.
DE LA COUDRENIERE.
Lettre sur les Ecarts de la nature.
Journal de Physique, Tome 21. p. 401—408.
Franciscus Josephus SCHAUFFENBÜL.
Dissertatio inaug. de partibus constitutivis corporum naturalium. Pagg. 40.   Argentorati, 1784. 4.
Heinrich SANDER.
Von der ahnlichkeit der natur bei aller unähnlichkeit.
in seine kleine Schriften, 1 Band, p. 42—72.
Adolph MODEER.
Tal, om några amnen, som uti de tre naturens riken förunderligen likna hvarandra, så til utseende, som ock merändels til bruk och nytta; hållit för K. Vet. Acad. 1788. Pagg. 18.   Stockholm, 1791. 8.
William SMELLIE.
The philosophy of natural history.
Pagg. 547.   Edinburgh, 1790. 4.

Christophle GIRTANNER.
Memoire sur l'irritabilité, comme principe de vie dans la
nature organisée.
Journal de Physique, Tome 36. p. 422—440.
Frederic Alexandre HUMBOLDT.
Lettre sur l'influence de l'acide muriatique oxygené, et
sur l'irritabilité de la fibre organisée.
Magasin encyclopedique, Tome 6. p. 462—472.
J. PESCHIER.
Sur l'irritabilité des animaux ex des plantes.
Nouv. Journal de Physique, Tome 2. p. 343—357.

Heinrich Friedrich LINK.
Ueber ein kennzeichen organischer körper. (dass sie sind
mit membranen durchwebt.) in seine Annalen der Na-
turgesch. 1 Stuck, p. 23—26.
Christoph GIRTANNER.
Ueber das Kantische prinzip für die naturgeschichte; ein
versuch diese wissenschaft philosophisch zu behandeln.
Pagg. 422.   Göttingen, 1796.   8.
Joannes Christophorus EBERMAJER.
Commentatio de lucis in corpus humanum vivum præter
visum (et in res naturales) efficacia.
Pagg. 75.   Gottingæ, 1797.   4.
Jean Baptiste LAMARCK.
Memoires de physique et d'histoire naturelle, etablis sur
des bases de raisonnement independantes de toute theo-
rie; avec l'exposition de nouvelles considerations sur la
cause generale des dissolutions; sur la matiere du feu;
sur la couleur des corps; sur la formation des compo-
sés; sur l'origine des mineraux; et sur l'organisation des
corps vivans. Pagg. 410.   Paris, an 5. (1797.)   8.
J. J. SUE.
Essai sur la physiognomie des corps vivans, considerée depuis l'homme jusqu'à la plante.
Pagg. 292.   Paris, an 5.—1797.   8.

73. *Materia Medica.*

Bibliothecæ.

Ernst Gottfried BALDINGER.
Catalogus dissertationum, quæ medicamentorum historiam,
fata et vires exponunt.
Pagg. 128.   Altenburgi, 1768. 4.
Litteratura universæ materiæ medicæ, alimentariæ, toxi-
cologiæ, pharmaciæ, et therapiæ generalis, medicæ at-
que chirurgicæ, potissimum academica.
Pagg. 359.   Marburgi, 1793. 8.

74. *Collectiones Opusculorum Materiæ Mediæ.*

Joannes Christianus Traugott SCHLEGEL.
Thesaurus materiæ medicæ et artis pharmaceuticæ.
Tom. 1. pagg. 444. tab. ænea 1.
                               Lipsiæ, 1793. 8.
    2. pagg. 480. tab. 1.   1794.

75. *Collectio Medicamentorum.*

Nicolaus WINCKLERUS.
Chronica herbarum, florum, seminum, fructuum, radicum, succorum, animalium, atque eorundem partium,
quo nimirum tempore singula eorum colligenda.
Plagg. 23.   Augustæ Vindel. 1571. 4.

76. *Classes Medicamentorum.*

Carolus DOSLERN.
Dissertatio inaug. exhibens divisionem *Oleorum* in genere
ex tribus regnis petitam.
Pagg. 42.   Viennæ, 1777. 8.
Michael Franciscus BUNIVA.
De *Anthelminticis.* in ejus Disputatione publica, p. 253
—332.   Aug. Taurin. 1788. 8.
Georgius Gottlob KÜCHELBECKER.
Dissertatio de *Saponibus.* (1756.)
Schlegel Thes. Mat. Med. Tom. 2. p. 43—92.

77. *Materiæ Medicæ in universum Scriptores.*

HIPPOCRATES *Cous.*

Opera omnia quæ extant. græce et latine, cum annotationibus Anutii Foesii; accesserunt Erotiani et dictionum Herodoti Lexica, cum Galeni glossarum Hippocratis explicatione.

Tomus 1. pagg. 933.   Genevæ, 1657. fol.
Tomus 2. pag. 935—1344.   1662.

Anutius FOESIUS.

Oeconomia Hippocratis alphabeti serie distincta, in qua dictionum apud Hippocratem omnium usus explicatur.

Pagg. 418.   ib. 1662. fol.

Pedacius DIOSCORIDES *Anazarbæus.*

De Medica Materia libri (ab editoribus varie numerantur 6, 7, 8 vel 9; alexipharmacis et theriacis vel in librum unum junctis, vel in duos, tres, quatuorve divisis.) græce.

Pagg. 446.   Basileæ, 1529. 4.
———— græce et latine, cum castigationibus.

Foll. 392.   Parisiis, 1549. 8.
———— latine Jo. Ruellio interprete.

Foll. 283.   Bononiæ, 1526. 8.
———— ———— cum Herm. Barbari corollariis, et Marc. Vergilii annotationibus.

Foll. 361.   Argentorati, 1529. fol.
———— ————, ab ipso Ruellio recogniti.

                                  Parisiis, 1537. 8.
Foll. 264; præter Notha, plagg. 2½.

———— ———— cum annotationibus per Gualtherum Ryff.   Francofurti, 1543. fol.

Pagg. 439; cum figg. ligno incisis. Jo. Loniceri Scholia in Dioscoridem, foll. 87.

———— ———— cum annotationibus Gualtheri Rivii et Val. Cordi.   Francofurti, 1549. fol.

Dioscorides cum annotationibus Rivii, pagg. 448; cum figg. ligno incisis, in nostro exemplo coloribus fucatis; Val. Cordi annotationes, pag. 449—533; præter Eur. Cordi judicium de herbis, et Gesneri herbarum nomenclaturas, de quibus Tomo 3. p. 70 et 8.

———— ———— cuilibet capiti additæ annotationes.

                                  Lugduni, 1550. 8.
Pagg. 790; cum figg. ligno incisis.

                                  ib. 1552. 8.

TOM. I.   T

Pagg. 790: cum figg. ligno incisis; præter indices et plagulam, icones 30 continentem.

———— ———— Lugduni, 1554. 12.

Pagg. 543; præter Notha, et indices.

———— latine, interprete Marcello Vergilio.

Foll. 352.   Florentiæ, 1523. fol.

———————— Pagg. 684.   Basileæ, 1532. 8.

———— latine, Jano Cornario interprete, cum ejus expositionibus. Pagg. 560.   ib. 1557. fol.

————— : Petri Andreæ Matthioli commentarii in libros Dioscoridis de Medica Materia.   Venetiis, 1554. fol.
Pagg. 707 ;·cum figg. ligno incisis, minoribus.

———— ————   ib. 1559. fol.
Pagg. 776; cum figg. ligno incisis, minoribus; præter Apologiam adversus Amatum Lusitanum, mox dicendam.

———— ————   ib. 1565. fol.
Pagg. 1459; cum figg. ligno incisis, majoribus; præter rationem destillandi, non hujus loci.

———————— in Operibus Matthioli, a Casp. Bauhino editis.   Francofurti, 1598. fol.
Pagg. 1027; cum figg. ligno incisis, minoribus.

———— ———— in iisdem.
Pagg. totidem.   Basileæ, 1674. fol.

————————: Dioscoride fatto di Greco Italiano, interprete il Fausto da Longiano. Foll. 310. Venetia, 1542. 8.

————————: Il Dioscoride di P. A. Matthioli co i suoi discorsi.   Vinegia, 1548. 4.
Pagg. 755 et 128; sine figuris.

———— ————   ib. 1550. 4.
Pagg. 817 et 130; sine figuris.

———— ————: I discorsi di P. A. Matthioli nelli sei libri di Pedacio Dioscoride della materia medicinale.
                                      ib. 1568. fol.
Pagg. 1527; cum figg. ligno incisis, majoribus; præter artem destillandi.

———— ————   ib. 1604. fol.
Parte 1. pagg. 672. Parte 2. pag. 673—1527; cum figg. ligno incisis, majoribus; præter artem destillandi.

———— ————   ib. 1621. fol.
Pagg. 843; cum figg. ligno incisis, minoribus.

———— ————   ib. 1712. fol.
Pagg. 851; cum figg. ligno incisis, minoribus.

————————: Commentaires de M. P. A. Matthiole sur les six livres de Ped. Dioscoride de la matiere medicinale, mis en Francois par Jean des Moulins. Lyon, 1572. fol.

Pagg. 815; (præter artem destillandi) cum figg. ligno incisis, minoribus, in nostro exemplo coloribus fucatis.

——— Les commentaires de P. A. Matthiolus sur les six livres de Pedacius Dioscoride de la matiere medicinale, traduits de latin par Ant. du Pinet.

Lyon, 1620. fol.

Pagg. 600; cum figg. ligno incisis, minimis; præter artem destillandi.

——— ———. ib. 1680. fol.

Pagg. 636; cum figg. ligno incisis, minimis.

———: De la materia medicinal, y de los venenos mortiferos, traduzido en la vulgar Castellana, e illustrado con annotationes por Andres de Laguna.

Salamanca, 1566. fol.

Pagg. 616; cum figg. ligno incisis, minoribus.

——— ——— Valencia, 1695. fol.

Pagg. 617; cum figg. ligno incisis, minoribus.

Opera quæ extant omnia (de materia medica, notha, et de facile parabilibus medicamentis libb. 2.) græce et latine, interprete Jano Antonio Saraceno, cum ejus scholiis.

Pagg 479, 144, et 135. Lugduni, 1598. fol.

Aubin Louis MILLIN.

Observations sur les manuscrits de Dioscorides, qui sont conservés dans la Bibliotheque nationale.

Journal d'Hist. Nat. Tome 2. p. 281—292.

——— Magasin encyclopedique, 2 Année, Tome 2. p. 152—162.

——— Seorsim etiam adest.

Pagg. 11. 8.

——— Usteri's Annalen der Botanik, 10 Stück, p. 62—71.

Ernst Gottfried BALDINGER et *Carl* WEIGEL.

Ueber die griechischen handschriften des Dioscorides in der Kaiserl. Bibliothek zu Wien. ibid. p. 71—80.

Leonharti FUCHSII

Apologia, qua refellit malitiosas Gualtheri Ryffi veteratoris pessimi reprehensiones, quas ille Dioscoridi nuper ex Egenolphi officina prodeunti attexuit; obiterque quam multas, imo propemodum omnes, herbarum imagines e suis de stirpium historia inscriptis commentariis idem suffuratus sit, ostendit.

Plagg. 4. Basileæ, 1544. 8.

Antonio PASINI.

Annotazioni et emendationi nella tradottione di P. A.

T 2

Matthioli de' cinque libri della materia medicinale di
Dioscoride. Pagg. 252. Bergamo, 1592. 4.

Melcbioris GUILANDINI

Apologiæ adversus P. A. Matthæolum, liber primus, qui
inscribitur Theon. Foll. 19. Patavii, 1558. 4.

Otbo BRUNFELSIUS.

Exegema omnium simplicium, quæ sunt apud Dioscoridem, et collatio eorundem cum iis quæ in officinis ha-
bentur. in ejus Herbarii Tomo 2. editionis 1531. append. p. 3—30. editionis 1536. p. 99—126.

Benedictus TEXTOR.

Stirpium differentiæ ex Dioscoride.

Foll. 103. Parisiis, 1534. 16.

——————— impr. cum Stirpium historia H. Tragi; p.
1179—1200.

Hermolai BARBARI

In Dioscoridem corollariorum libri 5.

Foll. 78 Coloniæ, 1530. fol.

Valerius CORDUS.

Annotationes in libb. 5 Dioscoridis de materia medica.

impr. cum Dioscoride Rivii; p. 449—533.

Francofurti, 1549. fol.

——————— longe aliæ quam antehac sunt evulgatæ; editæ
a Conr. Gesnero. Argentorati, 1561. fol.

Foll. 84; præter Cordi historiam stirpium, et sylvam
observationum, Gesnerique de hortis Germaniæ librum,
de quibus aliis locis.

Additiones et emendationes.

in C. Gesneri Operibus, editis a C. C. Schmiedel, Parte
1. p. 21, 22. Norimbergæ, 1751. fol.

Andreas LACUNA.

Annotationes in Dioscoridem.

Pagg. 340. Lugduni, 1554. 16.

AMATUS *Lusitanus,* i. e. *Joannes Rodericus* DE CASTEL-
BLANCO.

In Dioscoridis de medica materia libros 5. enarrationes.

Pagg 514. (absque figg.) Venetiis, 1557. 4.

——————, accesserunt adnotationes R. Constantini, nec
non simplicium picturæ ex Fuchsio, Dalechampio, atque
aliis. Lugduni, 1558. 8.

Pagg. 807; cum figg. ligno incisis; præter plagulam,
30 continentem figuras, easdem quæ editioni Dioscoridis Lugduni 1552 (supra dictæ) annexæ sunt.

Petrus Andreas MATTHIOLUS.

Apologia adversus Amatum Lusitanum, cum censura in

ejusdem enarrationes. impr. cum illius commentariis
in Dioscoridem. Pagg. 46.   Venetiis, 1559. fol.
———— in Operibus ejus, editis a C. Bauhino, Part. 2.
 p. 1—40.
Jacques et *Paul* CONTANT.
Divers exercices, ou sont esclaircis et resoulds plusieurs
 doubtes qui se rencontrent en quelques chapitres de
 Dioscoride.   Poictiers, 1628. fol.
 Pagg 250. tab. ænea 1 ; præter alia eorum opera, suis
 locis dicenda.
Luigi ANGUILLARA.
Semplici, mandati in luce da Giov. Marinello.
 Pagg. 304.   Vinegia, 1561. 8.
 (In libros de Plantis Dioscoridis commentarii.)

ORIBASIUS.
De herbarum, et simplicium, quæ medicis in usu sunt,
 virtutibus, libri 5. impr. cum Hildegardis physica ;
 p. 122—233.   Argentorati, 1533. fol.
Joannis SERAPIONIS
De simplicium medicamentorum historia libri 7, inter-
 prete Nic. Mutono.
 Foll. 267.   Venetiis, 1552. fol.
AVICENNÆ
Liber canonis, a Gerardo Carmonensi ex arabico in lati-
 num conversus, ab Andr. Alpago correctionibus deco-
 ratus, nunc autem a Bened. Rinio lucubrationibus illus-
 tratus.   Basileæ, 1556. fol.
 Pagg. 1039 ; præter alia opuscula Avicennæ, p. 1040
 —1104.
Joannis MESUÆ
Opera, cum Mundini, Honesti, Manardi et Sylvii obser-
 vationibus, et Jo. Costæi annotationibus.
                            Venetiis, 1581. fol.
 Foll. 277 ; quorum huc faciunt fol. 27—90, de simplicibus liber, cum figg. ligno incisis.
 Joannis Manardi annotationes in Mesue simplicia etiam
 prodierunt cum ejus epistolis, p. 408—437. vide supra
 pag. 69.
HABDARRAHMANUS *Asiutensis.*
De proprietatibus, ac virtutibus medicis animalium, plantarum, ac gemmarum, tractatus triplex, ex arabico latinitate donatus ab Abrahamo Ecchellensi.
 Pagg. 179.   Parisiis, 1647. 8.

KIRANI

Kiranides, et ad eas Rhyakini koronides.

Pagg. 159.   1638.   8.

ALBERTUS *Magnus.*

De virtutibus herbarum. De virtutibus lapidum. De virtutibus animalium et mirabilibus mundi. Item paruum regimen sanitatis valde utile. Plagg. 7.

Imprime Pour Thomas Laisne Libraire Demourant A Rouen.   (sine anno.)   8.

ANON.

(Hortus sanitatis, oder gart der gesundheit.)

sine loco et anno. Fol.

Quaterniones 28; cum figg. ligno incisis; cum sign. sed absque literis initialibus, quæ in nostro exemplo pictæ. Desunt folia 2 prima.

—————— : Das kreuterbuch oder herbarius, von newem corrigiert und gebessert.   Augspurg, 1534. fol.

Foll. cxlvi ; cum figg. ligno incisis.

—————— : Den groten herbarius.

Antverpen by Symon Cock. fol.

Duerniones 44 ; cum figg. ligno incisis.

————— —————   Utrecht, 1538. fol.

Duerniones 44; cum figg. ligno incisis.

The grete herball.   London, 1526. fol.

Trierniones 28; cum figg. ligno incisis. In calce: " Thus endeth the grete herball which is translated out " ye Frensshe in to Englysshe."

—————   ib. 1529. fol.

Duernio 1, et Trierniones 28 ; cum figg. ligno incisis.

—————   ib. 1539. fol.

Duernio 1, et Trierniones 26 ; absque figuris.

—————   ib. 1561. fol.

Trierniones 22, et Quaterniones 2 ; absque figuris.

Georgii VALLÆ

De simplicium natura liber unus.

Plagg. 13.   Argentinæ, 1528.   8.

Eucharius RÖSSLIN.

Kreutterbuch. Von aller kreutter, gethier, gesteyne unnd metal, natur, nutz, unnd gebrauch.

Franckenfurt am Meyn, 1535. fol.

Pagg. cccxix ; cum figg. ligno incisis.

Johannes Agricola AMMONIUS.

Medicinæ herbariæ libri 2, quorum primus habet herbas hujus seculi medicis communes cum veteribus, secun-

dus fere a recentibus medicis inventas continet herbas,
atque alias quasdam praeclaras medicinas.

Pagg. 336.   Basileae, 1539.   8.

Theodoricus DORSTENIUS.

Botanicon, continens herbarum, aliorumque simplicium,
quorum usus in medicinis est, descriptiones et icones.

Francoforti, 1540.   fol.

Foll. 306; cum. figg. ligno incisis.

Antonius Musa BRASAVOLUS.

Examen simplicium medicamentorum, quorum in officinis
usus est.   Lugduni, 1544.   8.

Pagg. 517; praeter Aristotelis problemata, quae ad stirpium genus et oleracea pertinent.

——— Pagg. 862.   ib. 1556.   12.

Adamus LONICERUS.

Naturalis historiae opus novum, in quo tractatur de vera
cognitione, delectu et usu omnium simplicium medicamentorum, quorum et medicis et officinis usus esse
debet.   Foll. 352.   Francoforti, 1551.   fol.

Tomus 2. foll. 85.   ib. (1555.)   fol.

In utroque tomo figurae ligno incisae, in nostro exemplo
coloribus male fucatae.

Kreuterbuch. Item von furnembsten gethiern der erden,
vögeln, und fischen; auch von metallen, gummi, und
gestandenen safften. Franckfort am Meyn, 1564.   fol.

Foll. cccxliii; cum figg. ligno incisis, in nostro exemplo coloribus fucatis

——— durch Petrum Uffenbachium corrigirt und verbessert.   ib. 1630.   fol.

Pagg. 750; cum figg. ligno incisis.

———   ———   Ulm, 1679.   fol.

Pagg. 750; cum figg. ligno incisis.

———   ——— mit einer zugabe von Balthasar
Ehrhart.   ib. 1737.   fol.

Pagg. 750; cum figg. ligno incisis. Zugabe, pagg. 136.

Joannis BACCHANELLI

De consensu Medicorum in cognoscendis simplicibus, liber.
impr. cum ejus de consensu medicorum in curandis
morbis libris.   Pagg. 140.   Lutetiae, 1554.   16.

EVONYMUS *Philiater* (i. e. *Conradus* GESNERUS)

Thesaurus de remediis secretis.   Lugduni, 1555.   16.

Pagg. 498; cum figg. plantarum ligno incisis.

——— : A new booke of destillatyon of waters, called
the treasure of Evonymus; translated out of latin by
Pet. Morwyng.   London, 1565.   4.

Pagg. 408; cum figg. plantarum ligno incisis.

Francesco SANSOVINO.
Della materia medicinale libri 4.
Venetia, 1561. (in calce 1562). 4.
Foll. 332; cum figg. ligno incisis.
William BULLEYNE.
The booke of simples. the first part of his Bulwarke of
defence againste all sicknes. London, 1562. fol.
Foll. xc; præter pagg. 3, figurarum ligno incisarum.
Hieronymus BOCK.
Von den vier elementen, zamen und wilden thieren, auch
vöglen, fischen, und allerhandt gewürz. est pars 4ta
ejus Herbarii, editionis Argentorati 1577, fol. 397—
450.
Joannes Baptista PORTA.
Phytognomica, 8 libris contenta, in quibus nova affertur
methodus, qua plantarum, animalium, metallorum, re-
rum denique omnium ex prima extimæ faciei inspec-
tione quivis abditas vires assequatur.
Neapoli, 1588. fol.
Pagg. 320; cum figg. ligno incisis.
————— Francofurti, 1608. 8.
Pagg. 539; cum figg. ligno incisis.
————— Rothomagi, 1650. 8.
Pagg. 605; cum figg. ligno incisis.
Andreas CÆSALPINUS.
De medicamentorum facultatibus libri 2. impr. cum ejus
Quæstionibus peripateticis; fol. 242—291.
Venetiis, 1593. 4.
Matthias DE L'OBEL.
In G. Rondelletii Pharmaceuticam officinam animadver-
siones. Londini, 1605. fol.
Pagg. 156; cum figg. paucis, ligno incisis; præter Penæ
et Lobelii adversaria, de quibus Tomo 3. p. 57.
Johann FRANCK.
Signatur, das ist, gründtliche und warhafftige beschrei-
bung, der von Gott und der natur gebildeten unnd ge-
zeichneten gewächsen, als kreutern, würtzeln, blettern,
blumen, samen, früchten, sæfften, beumen, gestæuden,
gummaten, hartzten, steinen, edelgesteinen und special-
erden, sampt ihren tugenden, kræfften und wirckungen,
Plagg. 9. Rostock, 1619. 4.
Henricus MUNTING.
Universæ materiæ medicæ gazophylacii catalogus.
impr. cum ejus Horto; sign. D 5—sign. F 6.
Groningæ, 1646. 12.

ANON.

Pharmacopoea belgica, or the Dutch dispensatory, whereunto is added the compleat herbalist, rendred into English. Pagg. 428. London, 1659. 8.

Robert LOVELL.

Παμβοτανολογια, or a compleat herball.
Pagg. 671. Oxford, 1659. 12.
———— Pagg. 672. ib. 1665. 8.

Πανζωορυκτολογια, sive panzoologico-mineralogia, or a compleat history of animals and minerals.
Pagg. 519 et 152. ib. 1661. 8.

P. V. ÆNGELEN.

Herbarius of de natuerlijcke secreten van kruyden, boomen, bloemen, ... ende mineralien der aerden, &c.
Amsterdam, 1663. 8.
1 Deel. pagg. 368. 2 Deel. pagg. 95. 3 Deel. pagg. 164.

Johann Joachim BECHER.

Parnassus medicinalis illustratus, oder thier-kräuter-und berg-buch. Ulm, 1663. fol.
Pars 1. Zoologia, oder Thierbuch. pagg. 104.
Pars 2. Phythologia, oder Kräuterbuch. pagg. 632.
Pars 3. Mineralogia, oder Bergbuch. pagg. 88.
Pars 4. Medico-practici argumenti, non hujus loci.
cum figuris ligno incisis.

Franciscus Ernestus BRUCKMANN.

Notæ et animadversiones in J. J. Becheri Parnassi illustrati partem alteram Phytologiam.
Epistola itiner. 55. Cent. 3. p. 717—742.

Petrus BORELLUS.

Hortus seu armamentarium simplicium, mineralium, plantarum, et animalium, ad artem medicam utilium.
Pagg. 384. Castris, 1666. 8.

Paulus AMMANN.

Brevis ad materiam medicam manuductio. impr. cum ejus Suppellectile botanica.
Pagg. 193. Lipsiæ, 1675. 8.

Sir John FLOYER, *Knt.*

Φαρμακο-βασανος, or the touch-stone of medicines, discovering the virtues of vegetables, minerals, & animals, by their tastes and smells. London, 1687. 8.
Vol. 1. pagg. 318. Vol. 2. pagg. 416.

Jo. Jacob BERLU.

The treasury of drugs unlock'd, or a description of all sorts of drugs. Pagg. 125. London, 1690. 12.

Samuel DALE.
Pharmacologia, seu manuductio ad materiam medicam.
Pagg. 389.   Londini, 1693.   12.
Pharmacologiæ, seu manuductionis ad materiam me-
dicam supplementum.
Pagg. 656.   ib. 1705.   12.
———— Tertia editio. Pagg. 460.   ib. 1737.   4.
* * *
Vollständige und nuzreiche apotheke, das ist : *Johannis*
SCHROEDERI arzney-schaz, nebst Friderici Hoffmanni
anmerkungen, vermehrt von *George Daniel* KOSCHWIZ.
                                     Nurnberg, 1693. fol.
Pagg. 1340 et 120; cum tabb. æneis.
Pierre POMET.
Histoire generale des drogues.   Paris, 1694. fol.
Pagg. 304, 108, 116 et 16; cum figg. æri incisis.
———— Nouvelle edition, corrigée et augmentée par
Pomet fils.   ib. 1735. 4.
Tome 1. pagg. 306. Tome 2. pagg. 406 ; cum tabb.
æneis.
Joannis Conradi BARCHUSEN
Pyrosophia, succincte atque breviter iatro-chemiam, rem
metallicam et chrysopoeiam pervestigans.
                                     Lugd. Bat. 1698. 4.
Pagg. 469, (quarum pag. 123—380 huc faciunt.) tabb.
æneæ 5.
Michael Bernhard VALENTINI.
Museum museorum, oder vollständige schaubühne aller
materialien und specereyen.
                           Franckfurt am Mäyn, 1704. fol.
Pagg. 520 ; cum figg. æri incisis ; præter Majoris be-
denken von kunst-und naturalienkammern, et Ostindian-
ische sendschreiben, de quibus supra p. 219, et p. 251.
Pars 2, postea edita, supra p. 200. dicta. Pars 3. de in-
strumentis physicis agit, non hujus loci.
———— : Historia simplicium reformata, a Joh. Conr.
Beckero latio restituta.   Offenbaci, 1732. fol.
Pagg. 366 ; cum tabb. æneis ; præter Indiam literatam,
et varia opuscula suis locis dicenda.
Titulus novam editionem mentitur, sed in titulo Indiæ
literatæ est Francofurti ad Moenum 1716.
Paulus HERMANN.
Characterismi materiæ medicæ. impr. cum C. B. Valen-
tini Tournefortio contracto ; p. 23—30.
                           Francofurti ad Moen. 1715. fol.

Cynosura materiæ medicæ, diffusius explanata, curante
Joh. Boeclero:
 Pagg. 728 et 154.   Argentorati, 1726. 4.
Johannes BOECLER.
Cynosura materiæ medicæ continuata, ad cynosuræ ma-
teriæ medicæ Hermannianæ imitationem collecta.
 Pagg. 891.   ib. 1729. 4.
Cynosuræ materiæ medicæ continuatio secunda.
 Pagg. 894.   ib. 1731. 4.
Nicolas LEMERY.
Dictionaire ou traité universel des drogues simples.
 Troisieme edition.   Amsterdam, 1716. 4.
 Pagg. 590. tabb. æneæ 25.
 ———— Quatrieme edition. Paris, 1732. 4.
 Pagg. 922. tabb. æneæ 25.
Joseph Pitton DE TOURNEFORT.
Traité de la matiere medicale, mis au jour par M. Besnier.
             Paris, 1717. 12.
 Tome 1. pagg. lxij et 539. Tome 2. pagg. 480.
 ———— : Materia medica, or a description of simple
medicines generally us'd in physick.
 Second edition. Pagg. 406. London, 1716. 8.
ANON.
Index Materiæ Medicæ, or, a catalogue of simple medi-
cines that are fit to be used in the practice of physick
and surgery.
 Pagg. 128.   London, 1724. 4.
In exemplo nostro manu auctoris additum : This is the
catalogue of my collection of the materia medica. *Ja.*
DOUGLAS.
Josephus MONTI.
Exoticorum simplicium medicamentorum varii indices.
 Pagg. 39.   Bononiæ, 1724. 4.
 ———— in ejus Indicibus botanicis, p. 129—160.
           ib. 1753. 4.
Etienne François GEOFFROY.
A treatise ot the fossil, vegetable, and animal substances,
that are made use of in physick ; translated from a ma-
nuscript copy of the author's lectures, by G. Douglas.
 Pagg 387.   London, 1736. 8.
Tractatus de materia medica, sive de medicamentorum
simplicium historia, virtute, delectu et usu.
           Parisiis, 1741. 8.
 Tom. 1. de Fossilibus. pagg. 318.
 Tom. 2. de Vegetabilibus exoticis. pagg. 794.

Tom. 3. de Vegetabilibus indigenis pagg. 836. (Secundum alphaberi ordinem ; desinit in Meliloto.)
————— : Traité de la matiere medicale.
Tome 1. la Mineralogie. pagg. 546.
Paris, 1757. 12.
Tome 2. pagg. 448. Tome 3. pagg. 439. Tome 4.
pagg 484. 1757.
Des Vegetaux Sect. 1. des medicamens exotiques.
Tome 5. pagg. 489. 1743.
Tome 6. pagg. 468. Tome 7. pagg. 478. 1757.
Sect. 2. des plantes indigenes.
Suite de la matiere medicale de M. Geoffroy.
ib. 1750. 12.
Tome 1. pagg. 424. Tome 2. pagg. 450. Tome 3.
pagg. 428
Plantæ indigenæ inde a Melissa.
Suite de la matiere medicale de M. Geoffroy; par Mrs.
ARNAULT DE NOBLEVILLE et SALERNE. Regne
Animal.
Tome 1. des Insectes. pagg. 651.
Tome 2. part. 1. des Poissons. pagg. 347.
Tome 2 part. 2. des Amphibies. pagg. 318.
Tome 3. des Oiseaux. pagg. 604. ib. 1756. 12.
Tome 4. pagg. 324 et 184. Tome 5. pagg. 297 et
283. Tome 6 pagg. 493. des Quadrupedes. 1757.
A new treatise on British and foreign vegetables, which
are now constantly used in the practice of physick,
being an improvement upon the materia medica of
Geoffroy.
Pagg. 458. London, 1751. 8.
E Tomo 2do operis latini supra dicti veisus.
Les figures des plantes et animaux d'usage en medecine,
decrits dans la matiere medicale de Mr. Geoffroy, dessinés d'après nature par Mr. DE GARSAULT.
Tabb ænιæ 729. ib. (1764.) 8.
Explication abregée de 719 plantes et de 134 animaux, en
730 planches, gravées en taille-douce, sur les desseins de
Mr. de Garsault.
Pagg. 472. ib. 1765. 8.
Richard BRADLEY.
A course of lectures upon the materia medica.
Pagg. 170. London, 1730. 8.
Joannes Christophorus RIEGER.
Introductio in notitiam rerum naturalium et arte facta-

rum, quarum in communi vita, sed præcipue in medi-
cina usus est; per alphabeti ordinem digesta.
Tom. 1. A. pagg. 1102. Tom. 2. B. C. pagg. 1230.
Hagæ Comitum, 1742. 4.
John HILL.
A history of the materia medica.
Pagg. 895. London, 1751. 4.
Jacob DE CASTRO SARMENTO.
Materia medica physico-historico-mechanica.
Regno mineral, Parte 1. Os reynos vegetavel, e ani-
mal, Parte 2.
Pagg. 580. Londres, 1758. 4.
Rudolphus Augustin VOGEL.
Historia materiæ medicæ ad novissima tempora producta.
Pagg. 404. Francofurti et Lipsiæ, 1764. 8.
Henricus Johannes Nepomucenus CRANTZ.
Materiæ medicæ et chirurgicæ juxta systema naturæ di-
gestæ editio secunda. Viennæ, 1765. 8.
Tom. 1. pagg. 208. Tome 2. pagg. 236. Tom. 3.
pagg. 196.
William LEWIS.
An experimental history of the materia medica.
Second edition. Pagg. 622. London, 1768. 4.
Charles ALSTON.
Lectures on the materia medica, published from his ma-
nuscripts by John Hope. London, 1770. 4.
Vol. 1. pagg. 544. Vol. 2. pagg. 584.
Johannes RUTTY.
Materia medica, antiqua et nova, repurgata et illustrata.
Pagg. 560 et 87. Rotterodami, 1775. 4.
Joannes Andreas MURRAY.
Apparatus medicaminum.
Vol. 1. pagg. 627. Gottingæ, 1776. 8.
2. pagg. 465. 1779.
3. pagg. 572. 1784.
4. pagg. 665. 1787.
5. pagg. 604. 1790.
6. post mortem auctoris edidit Lud. Chph. Althof.
pagg. 243. 1792.
P. 2. Regnum minerale complectens, auctore *Jo. Frid.*
GMELIN.
Vol. 1. pagg. 452. 1795.
2. pagg. 313. 1796.
——— Editio altera, curante Ludov. Christoph. Al-
thof. Vol. 1. pagg. 964. ib. 1793. 8.

Johann Gottlieb GLEDITSCH.
Einleitung in die wissenschaft der rohen und einfachen
arzeneymittel.
1 Theil. pagg. 568.   Berlin u. Leipzig, 1778. 8.
2 Theil. pagg. 618.   1779..
2 Theiles 2 abschnitt. pagg. 464.   1781.

* * *

Pharmacopoea Svecica.   Editio altera emendata.
                              Holmiæ, 1779. 8.
    Pag. 1—37. Materia medica. (cum nominibus Linnæa-
    nis, et locis natalibus.)
Pharmacopoeia Collegii Regii Medicorum Edinburgensis.
                              Edinburgi, 1783. 8.
    Pag. 1—67. Materia medica, sive Catalogus medica-
    mentorum simplicium (cum nominibus et differentiis
    specificis Linnæi.)
    ————   Edinburgi, 1792. 8.
    Pag. 1—40. Materia medica, ut in priori.
Jacobus Reinboldus SPIELMANN.
Pharmacopoea generalis.   Argentorati, 1783. 4.
    Pars 1. Materies pharmaceutica. pagg. 218.
    Pars 2. de medicamentis compositis, non hujus loci.
Collegium Medicum Florentinum.
Ricettario Fiorentino.   Firenze, 1789. 4.
    Parte 1. Materia Farmaceutica. pagg. 112.   Parte 2.
    Preparazioni dei medicamenti, non hujus loci.
Friedrich EHRHART.
Versuch eines verzeichnisses der in den europaischen apo-
    theken aufbewahrten thiere, pflanzen und mineralien.
    in seine Beitrage, 7 Band, p. 28—76.

78. *Materia Medica extra Europam.*

Garcia DEL HUERTO, seu AB HORTO.
Aromatum et simplicium aliquot medicamentorum apud
    Indos nascentium historia, latina facta, et in epitomen
    contracta a Car. Clusio.
    Pagg. 250.   Antverpiæ, 1567. 8.
    ———— ———— Pagg. 227.   ib. 1574. 8.
    ———— ———— Tertia editio. Pagg. 217. ib. 1579. 8.
    ———— ———— Quarta editio.   ib. 1593. 8.
    Pagg. 217; præter Monarden et Acosta, de quibus mox
    infra.
    ———— ———— Quinta editio. in Clusii Exoticis, p.
    145—242.

————— : Historia de i semplici aromati, et altre cose, che vengono portate dall' Indie Orientali, pertinenti all' uso della medicina ; con alcune annotationi di C. Clusio, trad. nella italiana da Annib. Briganti.

Pagg. 236 ; præter Monarden.   Venetia, 1589.   8.

————— : Histoire des drogues, espiceries, et de certains medicamens simples, qui naissent és Indes ; translaté en François par Ant. Colin.

Seconde edition.   Lyon, 1619.   8.

Pagg. 369 ; præter Alpinum de Balsamo, Monarden & Acosta.

  Omnes cum figg. ligno incisis.

Caroli CLUSII
  Aliquot notæ in Garciæ aromatum historiam.
                           Antverpiæ, 1582.   8.
  Pagg. 23 ; cum figg. ligno incisis ; præter Descriptiones exoticarum rerum, de quibus Tomo 3. p. 71.

————— In Clusii Exoticis hæ notæ textui Garciæ insertæ sunt.

ANON.
  Perutiles quædam in Aromatum Garciæ historiam notæ. in Clusii Exoticis, p. 243—252.

Jacobus BONTIUS.
  Animadversiones in Garciam ab Orta. in ejus Historiæ naturalis et medicæ Indiæ Orientalis libris, a Gul. Pisone in ordinem redactis ; impr. in hujus de Indiæ utriusque re naturali, append. p. 41—49.

Nicolaus MONARDES.
  De las cosas que se traen de las Indias Occidentales, que siruen al uso de medicina.   Sevilla, 1580.   4.
  Foll. 101 ; præter tractatus de Bezoar, Scorzonera, Nive et Ferro ; titulus deest in nostro exemplo.

————— : Joyfull newes out of the newe founde worlde, wherein is declared the vertues of hearbes, trees, oyles, plantes, and stones, englished by Jhon Frampton.

Foll. 109.   London, 1577.   4.

—————   —————   ib. 1580.   4.

  Foll. 109 ; præter reliquos tractatus Monardis.

—————   —————   ib. 1596.   4.

  Foll. 109 ; præter reliquos tractatus Monardis.
  In hac versione tres continentur partes operis Monardis.

————— : Delle cose, che vengono portate dall' Indie Occidentali, pertinenti all' uso della medicina.

impr. cum Historia de i semplici di Don Garzia dall'
Horto ; 1 parte, p. 237—297, & 2 parte, p. 1—101 ;
præter tractatum de Nive.
Hæc versio 1am et 2dam tantum partem continet.
————— : De simplicibus medicamentis ex Occidentali
India delatis, quorum in medicina usus est, interprete
Car. Clusio.
Pagg. 88.   Antverpiæ, 1574. 8.
————— ————— Altera editio.   ib. 1579. 8.
Pagg. 84. Hæ duæ editiones partem 1am & 2dam
Monardis tantum continent, mutato ordine in unum
librum contractas.
Simplicium medicamentorum ex novo orbe delatorum,
quorum in medicina usus est, historiæ liber tertius,
latio donatus, et notis illustratus a Car. Clusio.
Pagg. 47.   ib. 1582. 8.
—————: Simplicium medicamentorum, ex novo orbe de-
latorum, quoi um in medicina usus est, historia ; hispanico sermone duobus libris descripta, latio deinde donata, et in unum volumen contracta, insuper annotationibus illustrata a Car. Clusio. Tertia editio.
Liber tertius.   Altera editio.
impr. cum Garciæ ab Horto Aromatum historia; p.
313—456.   ib. 1593. 8.
————— ————— Quarta editio. in Clusii Exoticis,
p. 295—355.
In hac editione tres libri in unum contracti.
————— : Histoire des simples medicamens, apportés de
l'Amerique, desquels on se sert dans la medicine, tra-
duicte par Ant. Colin. impr. cum Histoire des Drogues
de Garcie du Jardin.   Pagg. 262.
Hæc versio e latina Clusiana facta est.
Omnes cum figg. ligno incisis.

Juan FRAGOSO.
Discursos de las cosas aromaticas, arboles y frutales, y de
otras muchas medicinas simples, que se traen de la India Oriental, y siruen al uso de medicina.
Foll. 211.   Madrid, 1572. 8.
—————:Aromatum, fructuum et simplicium aliquot medicamentorum ex India delatorum, historia latine edita
opera Isr. Spachii.
Foll. 115.   Argentinæ, 1601. 8.

Christoval ACOSTA.

Tractado de las drogas, y medicinas de las Indias Orientales, con sus plantas.　　　　Burgos, 1578.　4.

Pagg 416; præter Tractatum de Elephanto; de quo Tomo 1. p. 67.

————: Trattato della historia, natura, et virtu delle droghe medicinali, che vengono portati dalle Indie Orientali.　　　　　　　　Venetia, 1585.　4.

Pagg. 319; præter Tractatum de Elephanto.

————: Aromatum et medicamentorum in Orientali India nascentium liber, ex hispanico sermone latinus factus, in epitomen contractus, et notis illustratus, opera Car. Clusii.

Pagg. 88.　　　　　　　　Antverpiæ, 1582.　8.

———— ———— Altera editio. impr. cum Garciæ ab Horto Aromatum historia; p. 225—312. ib. 1593. 8.

———— ———— Tertia editio. in Clusii Exoticis, p. 253—294.

————: Traicté des drogues et medicamens, qui naissent aux Indes, traduict d'espagnol en latin, abregé et illustré de notes par Charles de l'Ecluse, et de nouveau mis en françois par Ant. Colin. impr. avec l'Histoire des drogues de Garcie du Jardin. Pagg. 176.

Omnes cum figg ligno incisis.

(*James* PETIVER.)

The names and vertues of several roots, barks, wood, fruit, seed, minerals, &c. lately brought from China.

Memoirs for the Curious, 1707. p. 165—168.

Joannis Curvi SEMMEDI

Pugillus rerum Indicarum, quo comprehenditur historia variorum simplicium ex India Orientali, America, aliisque orbis terrarum partibus allatorum; ex lusitanico latine per A. Vaterum.

Pagg. 84.　　　　　　　　Vitembérgæ, 1722.　4.

Petrus FORSKÅHL.

Materia medica ex officina pharmaceutica *Kabiræ* descripta. impr. cum ejus Descriptionibus animalium; p. 141—164.　　　　　　　　Havniæ, 1775.　4.

Joannis Davidis SCHOEPF

Materia medica *Americana*.

Pagg. 170.　　　　　　　　Erlangæ, 1787.　8.

79. *Succedanea.*

Joannes FRAGOSUS.

Catalogus simplicium medicamentorum, quæ in usitatis hujus temporis compositionibus aliorum penuria invicem supponuntur, antiballomena Græcis dicuntur, et nostræ ætatis medicis, quid pro quo.

Foll. 126.   Compluti, 1566.   8.

Matthias LOBELIUS.

De succedaneis, imitatione Rondeletii, e cujus fragmentis et piælectionibus hæc fere decerpta sunt. impr. cum ejus Stirpium historia ; p. 657—671.

Antverpiæ, 1576. fol.

————— cum ejus Animadversionibus in Rondeletii officinam; p. 140—156.   Londini, 1605.   fol.

—————: Van de succedanea. impr. cum ejus Kruydt-boeck. Pagg. 15.   Antwerpen, 1581.   fol.

80. *Medicamenta varia.*

Leonardi FUCHSII

Annotationes aliquot herbarum et simplicium, a medicis hactenus non recte intellectorum. in Tomo 2do Herbarii Brunfelsii, editionis 1531. p. 129—155.

1536. p. 245—271.

Petrus BELLONIUS.

De medicamentis nonnullis, servandi cadaveris vim obtinentibus liber. impr. cum ejus de admirabili operum antiquorum præstantia libro ; fol. 39—54.

Parisiis, 1553.   4.

Petri Andreæ MATTHIOLI

Adversus xx problemata M. Guilandini disputatio. impr. cum libello sequenti; p. 121—151.

Paulus HESSUS.

Defensio xx problematum M. Guilandini, adversus quæ P. A. Matthæolus ex centum scripsit.

Patavii, 1562.   8.

Pagg. 119; præter libellum antecedentem.

Johannes WITTICHIUS.

Bericht von den wunderbaren Bezoardischen steinen, dessgleichen von den furnembsten edlen gesteinen, unbekandten harzigen dingen, frembden wunder kreutern, holz und wurtzeln, &c.

Pagg. 181.   Leipzig, 1589.   4.

Joannes Baptista Silvaticus.
De Unicornu, lapide Bezaar, Smaragdo, et Margaritis, eorumque in febribus pestilen. usu.
Pagg. 160. Bergomi, 1605. 4.
Michael Doring.
Διατριβη de Opobalsamo Syriaco, Judaico, Ægyptio, Peruviano, Tolutano, et Europæo (hoc est, Oleo Succini.)
Pagg. 102. Jenæ, 1620. 8.
Joan-Stephani Strobelbergeri
Tractatus novus, in quo de Cocco Baphica, et quæ inde paratur confectionis Alchermes recto usu disseritur, cui insertus est *Laurentii* Catelani genuinus ejusdem confectionis apparandæ modus, e gallico conversus.
Plagg. 13½. Jenæ, 1620. 4.
Georgio Casparo Kirchmajero
Præside, Dissertatio de Coralio, Balsamo, et Saccharo.
Resp. Laur. Jos. Frey.
Plagg. 3. Wittebergæ, 1661. 4.
Academico Ardente Etereo.
Tesoro delle Gioie, nel quale si dichiara le virtù, qualità e proprietà delle Gioie, come Perle, Gemme, Auori, Unicorii, Bezaari, Cocco, Malacca, Balsami, Contr' herba, Muschio, Ambra, Zibetto.
Pagg. 214. Venetia, 1670. 12.
Antonius de Heide.
In Centuria observationum medicarum, p. 112—172, de variis medicamentis agit. Amstelodami, 1684. 8.
Moyse Charas.
Theriaque d'Andromacus, avec une description des plantes, des animaux et des mineraux, employez à cette composition.
Pagg. 305. Paris, 1691. 12.
Christiani Maximiliani Speneri
Epistola de novo hæmorrhoidum cœcarum remedio, muribus sc. marinis; his pauca accedunt de Akmella, Pedra-porco et Hypecacuanha.
Pagg. 15. tab. ænea 1. Amstelodami, 1700. 4.
————— Valentini Polychresta exotica, p. 274—284. (omissa tabula ænea.)
Engelbert Kæmpfer.
Gemina Indorum antidota.
in ejus Amœnitat. exoticis, p. 573—582.
Caspar Neumann.
Lectiones publicæ von vier subjectis pharmaceuticis,

nehmlich vom Succino, Opio, Caryophyllis aromaticis,
und Castoreo.

Pagg. 226.	Berlin, 1730.	4.

Ludovicus FAVRAT.

Theses inaug. ex Materia Medica et Chymia.

Pagg. 30.	Basileæ, 1757.	4.

John COOK.

The natural history of Lac, Amber, and Myrrh, with
a plain account of the many ·excellent virtues these
three medicinal substances are naturally possessed of.

Pagg. 31.	London, 1770.	8.

Friedrich EHRHART.

Pharmacologische anzeigen.

Hannover. Magaz. 1781. p. 425—432.

————— in seine Beitr. 1 Band, p. 146—151.

Baldingers Neu. Magaz. fur ärzte, 4 Band, p. 310—317.

————— in seine Beitr. 2 Band, p. 16—24.

in seine Beitr. 3 Band, p. 125—132.

4 Band, p. 115—126.

7 Band, p. 87— 93.

81. *Venena et Antidota.*

NICANDER.

Alexipharmaca. græce et latine, Jo. Gorræo interprete,
cum hujus annotationibus.

Foll. 70.	Parisiis, 1549.	8.

————— græce et latine, cum scholiis græcis et Eutecnii
Sophistæ paraphrasi græca ; emendavit et animadversionibus illustravit Jo. Gottl. Schneider.

Pagg. 346.	Halæ, 1792.	8.

————— latine, interprete Joh. Lonicero, cum scholiis.
impr. cum Nicandri Theriacis ; p. 67—109.

Coloniæ, 1531.	4.

————— in latinum carmen redacta. impr. cum Gre-
vino de venenis ; p. 311—332.

————— : Les Contrepoisons, traduictes en vers françois,
par Jaques Grevin ; impr. avec sa traduction des The-
riaques de Nicandre ; p. 60—90.

ANON.

Σχολια διαφορων συγγραφεων εις αλεξιφαρμακα. impr. cum
Scholiis in Theriaca ; p. 51—75.	Parisiis, 1557.	4.

Santis ARDOYNI

Opus de Venenis.	Basileæ, (1562.)	fol.

Pagg. 514 ; præter librum sequentem.

Ferdinandi PONZETTI
De Venenis libri 3. impr. cum præcedenti libro; p. 515
—573.
Jaques GREVIN.
Deux livres des venins. Anvers, 1568. 4.
Pagg. 333; cum figg. ligno incisis; præter Nicandri
Opera.
——————— : De venenis libri 2, in latinum sermonem con-
versi, opera Hierem. Martii. ib. 1571. 4.
Pagg. 275; cum figg. ligno incisis; præter Nicandri
Opera.
Nicolaus MONARDES.
Libro que tracta de dos medicinas excelentissimas contra
todo veneno, que son la piedra Bezaar, y la yerva Es-
cuerçonera.
in ejus Historia de las plantas que se traen de las Indias,
fol. 101 verso—125 recto.
——————— : A booke which treateth of two medicines
most excellent agaynst all venome, which are the Bezaar
stone, and the herbe Escuerconera. in his Joyfull newes
out of the new found world, englished by J. Frampton,
fol. 111—138. London, 1580, et 1596. 4.
——————— : Libro nel quale si tratta di due medicine ec-
cellentissime contra ogni sorte di veleno, le quali sono
la pietra Bezaar, et l'herba Scorzonera. impr. cum
Historia de i semplici aromati di D. Garzia dall' Horto;
p. 298—347.
——————— : De Lapide Bezaar et Scorzonera herba, duo-
bus præstantissimis adversus venena remediis, interprete
Car. Clusio. in hujus Exoticis, Part. 2. p. 4—19.
Andreas BACCIUS.
De venenis et antidotis προλεγομενα.
Pagg. 83. Romæ, 1586. 4.
Ambroise PARE'.
Des Venins. dans ses Oeuvres, p. 481—509.
Olaus BORRICHIUS.
Oratio de Venenis, habita anno 1678. in ejus Disserta-
tionibus, editis a Lintrupio, Tom. 1. p. 200—240.
Johannes Jacobus WEPFERUS.
Cicutæ aquaticæ historia et noxæ, commentario illustrata.
Pagg. 336. tabb. ligno incisæ 4. Basileæ, 1679. 4.
Duo exempla adsunt, quorum alterum in titulo annum
1679 præfert, alterum vero anni mentionem nullam facit.
——————— Lugduni Bat. 1733. 8.
Pagg. 422. tabb. æneæ 4; præter dissertationes de

Thee Helvetico et Cymbalaria, de quibus Tomo 3. p.
509 & 578.
William COURTEN.
Experiments and observations of the effects of several sorts
of Poisons upon animals.
Philosoph. Transact. Vol. 27. n. 335. p. 485—500.
Janus LONCQ.
Dissertatio inaug. de Venenis et antidotis.
Pagg. 56.   Lugduni Bat. 1744. 4.
Richard MEAD.
A mechanical account of Poisons.   Third edition.
Pagg. 319. tabb. æneæ 4.   London, 1745. 8.
Joannes Adrianus Theodorus SPROEGEL.
Dissertatio inaug. sistens experimenta circa varia Venena
in vivis animalibus instituta.
Pagg. 91.   Gottingæ, 1753. 4.
Jacobus Joannes PICCARDT.
Specimen inaug. de Venenis et antidotis.
Pagg. 46.   Lugduni Bat. 1764. 4.
Johannis Davidis HAHNII
Oratio de usu Venenorum in medicina.
Pagg. 128.   Trajecti ad Rhen. 1773. 4.
John PRESTWICH.
Dissertation on mineral, animal, and vegetable poisons.
Pagg. 331; cum tabb. æneis.   London, 1775. 8.
Johann Friedrich GMELIN.
Allgemeine geschichte der Gifte.   1 Theil.
Pagg. 350.   Leipzig, 1776. 8.
Allgemeine geschichte der Pflanzengifte.
Pagg. 525.   Nurnberg, 1777. 8.
Allgemeine geschichte der Mineralischen gifte.
Pagg. 316.   ib. 1777. 8.
Felix FONTANA.
Traité sur le venin de la Vipere, sur les Poisons Ameri-
cains, sur le Laurier-Cerise, et sur quelques autres poi-
sons vegetaux.   Florence, 1781. 4.
Tome 1. pagg. 329. Tome 2. pag. 1—176; sequun-
tur observationes de nervis et de corpore animato, non
hujus loci; dein supplementum pag. 303—371; cum
tabb. æneis.
Pieter BODDAERT.
Verhandeling over de Vergiften.
Geneeskundige Jaarboeken, 5 Deel, p. 1—31, p. 170
—180, et p. 210—218.
Nieuwe Geneesk. Jaarboeken, 2 Deel, p. 143—160.

Giuseppe Baronio.
Notizie per servire alla storia de' Veleni.
Opuscoli scelti, Tomo 10. p. 106—117.

82. *Materia Alimentaria.*

Xenocrates.

Περι της απο ενυδρων τροφης, cum latina interpretatione J. B.
Rasarii, et scholiis C. Gesneri. impr. cum Dubravio
de piscinis. Plagg. 4½. 1559. 8.
——— ——— integritati restituit, animadversionibus
illustravit, atque glossarium adjecit J. G. F. Franzius.
Pagg. 104. Francof. et Lipsiæ, 1779. 8.

Apicii *Coelii*
De opsoniis et condimentis, sive arte coquinaria, libri 10,
cum annotationibus M. Lister, et notis selectioribus
Humelbergii, Barthii, Reinesii, A. van der Linden, et
aliorum. Editio secunda.
Pagg. 277. Amstelodami, 1709. 8.

Symeonis Sethi
De cibariorum facultate syntagma, græce et latine, Lilio
Gregorio Gyraldo interprete.
Pagg. 199. Basileæ, 1538. 8.
———: Volumen de alimentorum facultatibus, græce
et latine, per Mart. Bogdanum.
Pagg. 174. Lutetiæ Paris. 1658. 8.

Georgius Valla
De tuenda sanitate per victum, et quæ secundum cujusque
naturam in victu sequenda aut fugienda sunt.
Plagg. 7. Argentine. 8.

Caroli Stephani
De nutrimentis libri 3.
Pagg. 156. Parisiis, 1550. 8.

Joannes Bruyerinus.
De re cibaria libri 22.
Pagg. 863. Francofurti, 1600. 8.

Bartholomæus Carrichter.
Der Teutschen speiss-kammer, das ist, kurze beschreibung des jenigen, was bey den Teutschen, sowohl die
tagliche nahrung der gesunden, als die autenthaltung
krancker menschen betreffend, in gemeinem gebrauch
ist. (Pars 3tia ejus kräuterbuch, vide Tom. 3. pag.
454.)
Pagg. 275. Tubingen, 1739. 8.

Ludovici Nonnii
Diæteticon, s.ve de re cibaria libri 4.
Editio 2da.   Pagg. 526.   Antverpiæ, 1645. 4.
Baptistæ Fieræ
Coena, notis illustrata a Car. Avantio.
                                Patavii, 1649. 4.
Pagg. 165; cum figg. æri incisis; præter Severini epis-
tolas de fungis, de quibus Tomo 3.
Jacobus Bontius.
De diæta, sanis, in Indi's observanda. in ejus Historiæ
naturalis et medicæ Indiæ orientalis libris, a Gul. Pi-
sone in ordinem redactis; impr. in hujus de Indiæ utri-
usque re naturali et medica, append. p. 3—13.
Henricus Mundy.
Βιοχρησολογια, seu commentarii de aere vitali, de esculen-
tis, de potulentis.
Pagg. 362.   Oxoniæ, 1680. 8.
Franciscus Ernestus Brückmann.
Notæ et animadversiones in H. Mundii Opera omnia
phisico-medica.
Epistola itineraria 57. Cent. 3. p. 776—779.
Anon.
A family-herbal, or the treasure of health, wherein you
have an account of the nature of all sorts of meats,
flesh, fish, fruits, herbs, &c. and also all sorts of drinks.
(translated from the italian by J. Chamberlayne.)
Second edition. pagg. 232.   London, 1689. 12.
Carolus Linnæus.
Föreläsningar öfver Diæten, hållne år 1748 och 1749;
uppteknade af Lars Montin.
Manuscr. autogr. Pagg. 616.   4.
Dissertatio: Culina mutata. Resp. Magn. G. Österman.
Pagg. 12.   Upsaliæ, 1757. 4.
———— Amoenit. Academ. Vol. 5. p. 120—132.
Franciscus Ernestus Brückmann.
De cibis Viennensium singularibus, Epistola itineraria 44.
Cent 3. p. 504—509.
Johannis Friderici Zückert
Materia alimentaria, in genera, classes, et species disposita.
Pagg. 427.   Berolini, 1769. 8.
Josephi Jacobi Plenck
Bromatologia, seu doctrina de esculentis et potulentis.
Pagg. 428.   Viennæ, 1784. 8.
Bengt Bergius.
Tal om läckerheter, bade i sig sjelfva sadana, och för

sadana ansedda genom folkslags bruk och inbillning.
Förra Delen. Pagg. 272. Register. pagg. 20.
Stockholm, 1785. 8.
Andra Delen (fullbordad af S. Ödmann.)
Pagg. 328. 1787.
———— : Ueber die leckereyen, mit anmerkungen von
Joh. Reinh. Forster und Kurt Sprengel.
Halle, 1792. 8.
1 Theil. pagg. 382. 2 Theil. pagg. 330.

83. Œconomici.

XENOPHON.
Λογος οικονομικος, græce et latine; accessere fragmenta oe-
conomicorum CICERONIS. Oxoniæ, 1703. 8.
Pagg. 139; præter fragmenta Ciceronis, foll. 4.
———— ib. 1750. 8.
Pagg. 154; præter fragmenta Ciceronis, pagg. 5.

* * *

Libri de re rustica *M.* CATONIS, *Marci Terentii* VAR-
RONIS, *L. Junii Moderati* COLUMELLÆ, PALLADII
Rutilii. Pagg. 506. Parisiis, 1533. fol.
———— ib. 1543. 8.
Cato et Varro foll. 113; reliqui desiderantur.
———— Lugduni, 1549. 8.
Cato et Varro pagg. 226. Palladius-pagg. 184. Co-
lumella pagg. 491. Priscarum vocum enarrationes, et
Ph. Beroaldi annotationes in Columellam, plagg. 10½.
———— ex librorum scriptorum atque editorum fide et
virorum doctorum conjecturis correxit, atque interpre-
tum omnium collectis et excerptis commentariis suisque
illustravit Jo. Gottlob Schneider.
Tom. 1. Cato et Varro. pagg. 358 et 682. tabb. æneæ
12. Lipsiæ, 1794. 8.
Tom. 2. Columella. pagg. 670 et 717. tabb. 3.
3. Palladius. pagg. 391 et 224. 1795.
———— : La villa di Palladio Rutilio Tauro Emiliano,
tradotta per Fr. Sansovino.
Foll. 90. Venetia, 1560. 4.
Johanne LÅSTBOM
Præside, Dissertatio de antiquis rei rusticæ scriptoribus
latinis. Resp. Dion. Seb. Bodin.
Pagg. 25. Upsaliæ, 1771. 4.
Richard BRADLEY.
A survey of the ancient husbandry and gardening, col-

lected from Cato, Varro, Columella, Virgil, and others
the most eminent writers among the Greeks and Ro-
mans. Pagg. 373. tabb. æneæ 4. London, 1725.   8.
Christen Frus ROTTBÖLL.
Anmærkninger og oplysninger til M. Porcius Cato de re
rustica.   Kiöbenhavn, 1790.   4.
Pagg. 72; præter descriptionem Strelitziæ, de qua
Tomo 3. pag. 252.
————— Danske Vidensk. Selsk. Skrift. nye Saml. 4
Deel, p. 229—300.

Petrus DE CRESCENTIIS.
Petri de crescentiis Civis Bononien. in commodum ru-
ralium cum figuris libri duodecim.
                          sine loco et anno.   fol.
Foll. cliij; cum figg. ligno incisis.
————— : De omnibus agriculturæ partibus, et de plan-
tarum animaliumque natura et utilitate libri 12.
                              Basileæ, 1548.   fol.
Pagg. 385 ; cum figg. ligno incisis.
————— : Pietro Crescentio tradotto per Fr. Sansovino.
Foll. 252.   Venetia, 1561.   4.
————— : Trattato dell' agricoltura, traslatato dallo'
nferigno Accademico della Crusca.
Pagg. 576.   Firenze, 1605.   4.
————— ————— Napoli, 1724.   8.
Vol. 1. pagg. 275.   Vol. 2. pagg. 296.
Thomas TUSSER.
Five hundreth points of good husbandry united to as many
of good huswiferie, first devised, and nowe lately aug-
mented with diverse approved lessons concerning hopps
and gardening. Foll. 66, et 31.   London, 1573.   4.
* * *
De re rustica opuscula nonnulla, jam primum partim
composita, partim edita a *Joachimo* CAMERARIO.
                          Noribergæ, 1577.   4.
Foll. 42; præter catalogum auctorum, de quo supra
pag. 177.
————— ib. 1596.   8.
Pagg. 198; præter catalogum auctorum.
Conradus HERESBACHIUS.
Rei rusticæ libri 4.   Pagg. 889.   Spiræ, 1594.   8.
————— : The whole art and trade of husbandry, con-
tained in foure books, enlarged by Barnaby Googe.
Foll. 183.   London, 1614.   4.

Charles Estienne et *Jean* Liebault.
L'agriculture et maison rustique.   Rouen, 1625. 4.
  Pagg. 672; præter La chasse du Loup, de quo Tomo 2.
  pag. 557.
Joannes Colerus.
  Œconomia ruralis et domestica, darinn das ganz ampt
  aller trewer haus-vater, haus-mütter, bestandiges und
  allgemeines haus-buch, jezo auff ein newes mercklich
  corrigirt, vermehret und verbessert. Mäynz, 1656. fol.
  1 Theil. pagg. 732. 2 Theil. pagg. 358; cum figg.
  ligno incisis.
Gervase Markham.
  A way to get wealth; the 10th time corrected, and aug-
  mented by the author.   London, 1660. 4.
  Pagg. 146, 92, 188, 20, et 126; præter Lawson's or-
  chard, de quo Tomo 3. pag. 605.
John Laurence.
  A new system of agriculture, being a complete body of
  husbandry and gardening.
  Pagg. 456. tab. ænea 1.   London, 1726. fol.
John Evelyn.
  Terra, a philosophical discourse of earth. printed with
  his Sylva, append. p. 1—46.   London, 1729. fol.
  ————— a new edition, with notes by A. Hunter.
  Pagg. 194.   York, 1778. 8.
Carl Linnæus.
  Tankar om grunden til oeconomien genom naturkunnog-
  heten ock physiquen.
  Vetensk. Acad. Handling. 1740. p. 405—423.
  ————— : De fundamento scientiæ œconomicæ e phy-
  sica et scientia naturali petendo.
  Analect. Transalpin. Tom. 1. p. 89—99.
J. F. Thym.
  Die nuzbarkeit, fremde thiere, baume und pflanzen, so-
  wohl zur nahrung als zu fabriquen einzuführen und fort-
  zupflanzen.
  Pagg. 60.   Berlin und Leipzig, 1775. 8.
Heinrich Sander.
  Oeconomische naturgeschichte.
  1 Theil. pagg. 264. 2 Theil. pagg. 256. 3 Theil.
  pagg. 221.   Leipzig, 1782. 8.
  4 Theil, fortgesezt von *Joh. Christ.* Fabricio.
  Pagg. 207.   1784.
de la Brousse.
  Melanges d'agriculture.   Nismes, 1789. 8.

Tome 1. pagg. 216. tabb. æneæ 5. Tome 2. pagg.
143. tabb. 2.
Eleutherophile (Aubin Louis.) MILLIN.
   Annuaire du republicain, ou Legende physico-econo-
mique, avec l'explication des 372. noms imposés aux
mois et aux jours. Seconde edition.
   Pagg. 360.   Paris, l'an 2.   12.
G. ROMME.
   Annuaire du cultivateur, pour la 3me année de la repub-
lique. Pagg. 411.   ib. l'an 3.   12.

84. *Œconomici Topographici.*

Lusitaniæ.

Domingos VANDELLI.
   Memoria sobre algumas producções naturaes deste Reino
(Portugal) das quaes se poderia tirar utilidade.
   Mem. econom. da Acad. R. das Sc. de Lisboa, Tomo 1.
p. 176—186
   Memoria sobre algumas producções naturaes das Conqui-
stas, as quaes ou saõ pouco conhecidas, ou naõ se apro-
veitaõ. ib. p. 187—206.
   Memoria sobre as produções naturaes do Reino, e das
Conquistas, primeiras materias de differentes fabricas,
ou manufacturas. ib. p. 223—236.

85. *Italiæ.*

Giovanni TARGIONI TOZZETTI.
   Ragionamenti sull' agricoltura Toscana.
   Pagg. 216.   Lucca, 1759.   8.

86. *Imperii Danici.*

Christian SOMMERFELDT.
   Forsog om de vigtigste natur-produkter af plante-og dyr-
riget i Norge, isar i Aggershuus-stift.
   Danske Landhuush. Selsk. Skrift. 1 Deel, p. 1—34.
Olaus OLAVIUS.
   Afhandling om de upmuntringsværdigste naturprodukter
af plante-og dyrriget for Island. ib. 4 Deel, p. 1—128.

87. *Sveciæ.*

Gabriel POLHEM.
 Tal om de i landet befinteliga byggnings-ämnen.
  Pagg. 20.   Stockholm, 1760.   8.

88. *Materia Tinctoria.*

Petrus Maria CANEPARIUS.
 De atramentis cujuscunque generis.
  Pagg 568.   Londini, 1606.   4.
Joseph du Fresne de FRANCHEVILLE.
 Dissertation sur l'art de la teinture des anciens et des mo-
  dernes.
  Hist. de l'Acad. de Berlin, 1767. p. 41—128.
DELAFOLLIE.
 Examen d'une terre verte, que l'on trouve aux environs
  du Pont-Audemer en Normandie, avec diverses expe-
  riences, qui paroïssent demontrer que les couleurs va-
  riées de toutes les plantes ne sont que le resultat des
  precipités ferrugineux.
  Journal de Physique, Tome 4. p, 349—359.
Claude Louis BERTHOLLET.
 Elements de l'art de la Teinture.   Paris, 1791.   8.
  Tome 1. pagg. 311.   Tome 2. pagg. 365
Edward BANCROFT.
 Experimental researches concerning the philosophy of per-
  manent colours, and the best means of producing them,
  by dying, Callico printing, &c.
  Vol. 1. pagg. 456.   London, 1794.   8.

ADDENDA.

Pag. 1. ad calcem sect 1.
Thomas GISBORNE.
On the benefits and duties resulting from the institution
of Societies for the advancement of literature and phi-
losophy.
Mem. of the Soc. of Manchester, Vol. 5. p. 70—88.
Pag. 4. lin. 14 a fine, lege:
1797. pagg. 546. tabb. 12.
1798. Part. 1. pagg. 199. tabb. 7.
Pag. 7. ante sect. 3.

Societas Œconomica Londinensis.

Communications to the Board of Agriculture.
    Vol. 1. pagg. lxxxii et 412. tabb. æneæ 54.
                        London, 1797. 4.
Pag. 8. ad calcem sect. 6.
    Vol. 4. pagg. 304. tabb. 22.   1798.
ibid. ad calcem sect. 7.
    Vol. 8. pagg. 390. tabb. 4.   1796.
ibid. ad calcem sect. 8.
    Vol. 5. Part 1. pagg. 318. tabb. 4.   1798.
Pag. 9. ad calcem sect 9.
    Vol. 4. pagg. 39, 87, 222 et 121. tabb. 13.   1798.
ibid. ad calcem sect. 10.
    Vol. 6. pagg. 435, 102 et 33. tabb. 11.   1797.
Pag. 10 post lin. 18 a fine.
    23 Deel. pagg. 184 et 138. tabb. 21.   1786.
    24 Deel. pagg. 462. tabb desiderantur.   1787.
    25 Deel. pagg. 498. tabb. 2.   1788.
    26 Deel. pagg 323. tabb. 8.   1789.
    27 Deels 1 Stuk. pagg. 144.
          2 Stuk. pag. 145—200. tabb. 2.   1792.
    28 Deel. pagg. 325.
    29 Deel. pagg. 150. tabb. 10.   1793.
    30 Deel. pagg. 174 et 176, sed desideratur finis.
ibid. post lin. 13 a fine.
Beredeneerd register ofte hoofdzaaklyke inhoud der ver-

handelingen, die in de 28 deelen van de Hollandsche
Maatschappy der weetenschappen voorkomen, door *J.*
F. Martinet. Pagg. 246.   Haarlem, 1793. 8.
Pag. 11. post lin. 3.
12 Deels 1 Stuk. pagg. 345. tabb. 2.   1786.
   2 Stuk. Beredeneerd register van alle verhandelingen en stukken, die in de eerste 12 deelen der Verhandelingen van het Zeeuwsche Genootschap der wetenschappen te Vlissinge geplaatst zyn: saamgesteld
door *A.* Dryfhout. Pagg. 153.   1789.
13 Deel. pagg. 558. tabb. 5.   1786.
14 Deel. pagg. 582. tabb. 2.   1790.
15 Deel. pagg. 58 et 512.   1792.
ibid. post lin. 17.
 8 Deel. pagg. 180. tabb. 3.   1787.
 9 Deel. pagg. 257. tabb. 2.   1790.
10 Deel. pagg. 222. tabb. 5.   1796. (1792.)
11 Deel. 1 Stuk. pagg. 143. tabb. 2.   1794.
ibid. ad calcem.
10 Deels 1 Stuk. pagg. 174. tab. 1.   1793.
    2 Stuk. pagg. 162.   1794.
11 Deels 1 Stuk. pagg 142.
    2 Stuk. pagg. 196.   1795.
12 Deel. pagg 143.   1797.
Pag. 15. post lin. 10 a fine.
1789. pagg. 52 et 684. tabb. 11.   L'an 2.
1790. pagg. 676. tabb. 14.   5.
Pag. 16. ad calcem. ·

Institutum Scientiarum et Artium Parisinum.

Compte rendu et presenté au Corps Legislatif le 1er jour
complementaire de l'an 4, par l'Institut National des
sciences et arts.
Pagg. 200.   Paris, an 5. 8.
l'an 5. Pagg. 174.   6.
Pag. 20. post lin. 9.
Memorias da Academia Real das Sciencias de Lisboa.
Tomo 1. desde 1780 até 1788.
Pagg. 577. tabb. æneæ 2.   Lisboa, 1797. fol.
ibid. ad calcem sect. 27.
Tomo 5. pagg. 428.   1793.
    6. pagg. 437.   1796.
Pag. 25. post lin. 14.
Tom. 8. pagg. 368 et 200. tabb. 11.   1791.

Pag. 25. post lin. 4 a fine.

————— Nov. Act. Ac. Nat. Curios. Tom. 8. App. p.
131—144.

Pagg. 30. ad calcem.

Deutsche schriften von der Königl. Societät der Wissenschaften zu Göttingen herausgegeben.

1 Band. pagg. 302. tabb. æneæ 4.

Göttingen und Gotha, 1771. 8.

Pag. 33. ante sect. 51.

Neuere abhandlungen der k. Böhmischen Gesellschaft der
Wissenschaften.

1 Band. pagg. xxvii et 389. tabb. 7.

Wien und Prag, 1791. 4.

2 Band. pagg. xlviii, 253 et 229. tabb. 8. 1795.

Pag. 37. lin. 15. lege 178.

17. lege 49.

18. lege 118.

Pag. 38. ante sect. 60.

Tal om Konghga Vetenskaps Societen i Upsala, hållet för
K. Vetenskaps Academien, vid Præsidii nedlaggande, af
Erik PROSPERIN.

Pagg. 77. Stockholm, 1791. 8.

Pag. 49. ante lin 9 a fine.

Johann Daniel Denso, physikalischer briefe, 1 Bandes 1
Teil: 1—12 brief.

Pagg. 328. Stettin, 1750, 51. 4.

Pag. 50. post lin. 18 a fine.

Dresdnisches Magazin, oder ausarbeitungen und nachrichten, zum behuf der naturlehre, der arzneykunst, der
sitten und der schönen wissenschaften.

1 Band. pagg. 527. tabb. æneæ 4.

Dresden, 1759. 8.

2 Band. pagg. 504. tabb. 5. 1761—65.

Pag. 53. lin. 13 et 14. lege:

Tome 1. Nivose-Fructidor an 2. pagg. 484. tabb. 8.

2. Juillet-Decembre 1794. (h. e. 1797.) pagg. 480.
tabb. 9. Paris. 4.

Pag. 56. ante lin. 2 a fine.

Traités très rares, concernant l'histoire naturelle et les arts
(publiés par Buc'hoz.)

Pagg. 164. Paris, 1780. 12.

Pag. 58. lin. 16 a fine, lege:

11 Band. pagg. 183, 184, 184 et 168. 1796—98.

ibid. post lin 14 a fine.

Magazin fur den neuesten zustand der naturkunde, mit

rücksicht auf die dazu gehörigen hülfswissenschaften, herausgegeben von J. H. Voigt.

Pagg. 182. tabb. æneæ 3.   Jena, 1797.   8.

Pag 60. lin. 8. lege:

Tome 19 pagg. 384.   1797.
        20. pagg. 396. tab. 1.

ibid. lin. 15. lege:

Tome 23. pagg. 336. tabb. 2.
        24. pagg. 340. tabb. 2.

Pag. 61. lin. 14 a fine, lege:

Tome 1—3.

ibid. ante sect. 70.

A journal of natural philosophy, chemistry, and the arts; by *William* NICHOLSON.

Vol. 1. pagg. 600. tabb. æneæ 25. London, 1797.   4.
     2. pag. 1—240. tab. 1—10.   1798.

The Phoenix, for January, February, and part of March, 1797. Pag. 1—136.   (Madras.)   8.

Göttingisches journal der naturwissenschaften, herausgegeben von *Job. Friedr.* GMELIN.

1 Bandes 1—3 Heft. pagg. 158, 159 et 160. tabb. æneæ
   3.   Gottingen, 1797, 8.   8.

Pag. 62. post lin. 7.

Valerius CORDUS.

(Opera, viz.) Annotationes in Dioscoridis de medica materia libros, Historiæ stirpium libri 4, Sylva, etc. studio Conr. Gesneri collecta, et præfationibus illustrata.

Argentorati, 1561.   fol.

Foll. 301; cum figg. ligno incisis.

Emendationes quædam et additiones in opera Val. Cordi. in C. Gesneri Operibus, editis a C. C. Schmiedel, Parte
    1. p. 21—39.   Norimbergæ, 1751.   fol.

ibid. post lin. 13.

Caspari BARTHOLINI

Opuscula quatuor singularia.

Foll. 48, 29, 30 et 8.   Hafniæ, 1628.   8.

ibid. post lin. 17.

Ambroise PARE'.

Les oeuvres d'Ambroise Paré.

Douziesme edition.   Lyon, 1664.   fol.

Pagg. 852; cum figg. ligno incisis.

Pag. 67. lin. 8 a fine, lege:

4 Bandes 1, 2 und 3 Stück. pagg. 471.   1795—97.

——————: History of inventions and discoveries, translated by William Johnston.   London, 1797.   8.

Vol. 1. pagg 488. Vol. 2. pagg. 443. Vol. 3. pagg. 491.

Pag. 70. post lin. 14.

Petrus Immanuel HARTMANN.

Exercitatio litteraria de Joannis Langii studiis botanicis. Resp. Eman. Gottlob Mentzel. (Trajecti ad Viadr. 1774.)

Usteri Delect. Opusc. botan. Vol. 2. p. 121—140.

Pag. 75. post lin. 7.

Johann Daniel DENSO.

Von den verdiensten des ältern Plinius.

in ejus Physikalische briefe, p 141—164.

Pag. 76. l. 16 a fine, lege:

De subtilitate libri 21, ab authore illustrati; addita insuper apologia adversus calumniatorem.

Pagg. 603.   Basileæ, 1560 fol.

——— Pagg. 1426.   ib. 1560. 8.

——— Pagg. 1148.   ib. 1582. 8.

Pag. 78. post lin. 4.

Hye nach volget das puch der natur, das Innhaltet. Zu dem ersten von eygenschafft und natur des menschen, Darnach von der natur und eygenschafft des himels, der tier des gefugels, der kreuter, der steyn und von vil ander natürlichen dingen Und an disem puch hat ein hochgelerter man bey funffzehen iaren Colligiert und gearbeyt, - - Welches puch meyster Cunrat von Megenberg von latein in teutsch transferiert und geschriben hat.

Hanns Bämler zu Augspurg, lxxv. (1475.) fol.

Folia adsunt 285, sed desiderantur 7; viz. ultimum cap. 2. 3. 4. 6. 7; primum capitis 3. et primum indicis capitum.

Hujus libri excerpta continet sequens:

Naturbuch etc.

Pag. 79. post lin. 9 a fine.

Emanuelis SWEDENBORGII

Principia rerum naturalium.

Dresdæ et Lipsiæ, 1734. fol.

Pagg. 452. tabb. æneæ 28.

Pag 81. ad calcem.

Gudmund Goran ADLERBETH.

Tal om en philosophisk varsamhet vid naturens betraktande.

Pagg. 62.   Stockholm, 1790. 8.

Pag. 82. ad calcem.
ANON.
The catalogue and character of most books of voyages and travels.
Churchill's Collection of voyages, Vol. 6. Pagg. xxix.
Pag. 83 post lin. 10.

* * *

The history of travayles in the West and East Indies, and other countreys, gathered in parte, and done into eng-lyshe by Richarde Eden ; newly set in order, augmented and finished by Richarde Willes.
Foll. 466.   London, 1577.   4.
Pag. 87. ante lin. 17 a fine.
Domenico SESTINI.
Lettere scritte dalla Sicilia e dalla Turchia.

Tomo I. pagg. 242.	Firenze, 1779.	12.
2. pagg. 218.	1780.	
3. pagg. 231.		
4. pagg. 215.	1781.	
5. pagg. 210.	1782.	
6. pagg. 221.	1784.	
7. e ultimo. pagg. 223.		

Pag. 88. post lin. 24.
John Francis GEMELLI CARERI.
A voyage round the world, written originally in italian.
Churchill's Collection of voyages, Vol. 4. p. 1—1568.
Pag. 91. ante sect. 80.
Jean François Galaup DE LA PEROUSE.
Voyage autour du monde, publié conformement au decret du 22 Avril 1791, et redigé par M. L. A. Milet-Mu-reau.   Paris, an 5. (1797.)   4.
Tome 1. pagg. lxxij et 346. Tome 2. pagg. 398.
Tom. 3. pagg. 422.   Tome 4. pagg. 309.
Atlas du voyage de La Perouse. Tabb. æneæ 69.   fol.
Pag. 92. ante lin. 10 a fine.
Aloysius Ferdinandus Comes MARSILI.
Prodromus operis Danubialis.
Pagg 42   Amstelodami.   8.
Danubius Pannonico-Mysicus, observationibus geogra-phicis, astronomicis, hydrographicis, historicis, physi-cis perlustratus.
Hagæ Comitum et Amsteloda i, 1726.   fol.
Tom. 1. pagg. 96. tabb. æneæ 46. Tom. 2. pagg. 149. tabb. 66. Tom. 3. pagg. 137. tabb. 35. Tom.

4. pagg. 92. tabb. 33. Tom. 5. pagg. 154. tabb. 74. Tom. 6. pagg. 128. tabb. 28.

Pag. 93. post lin. 21.

Reise durch die Norischen Alpen, physikalischen und andern inhalts, unternommen in den jahren 1784 bis 1786.
Nurnberg, 1791. 8.

1 Theil. pagg. 120. tabb. æneæ 2. 2 Theil. pag. 121 —263. tabb. 2.

Pag. 102. post lin. 22.

Giovanni MARITI.

Odeporico o sia itinerario per le colline *Pisane.*
Tomo 1. pagg. 354. Firenze, 1797. 4.

Pag. 125. ante lin. 13 a fine.

Bernardus DE BREYDENBACH.

Sanctarum peregrinationum in montem Syon ad venerandum christi sepulchrum in *Hierusalem.* atque in montem Synai ad diuam virginem et martyrem Katherinam opusculum.

per Petrum drach ciuem Spirensem, 1502. fol.

Quaterniones 12; cum figg. ligno incisis, quæ Erhardus Rewich de Traiecto inferiori docta manu effigiauit, vide pag. 5. partis 2.

ibid. lin 5 a fine, adde : et interdum magis cum Breitenbachii relatione congruit.

Pag. 149. ante sect. 105.

James COLNETT.

A voyage to the South Atlantic, and round Cape Horn, into the Pacific Ocean.

Pagg. 179. tabb. æneæ 9. London, 1798. 4.

Pag. 171. post lin. 11 a fine.

Éloge de M. DU HAMEL.

Hist. de l'Acad. des Sc. de Paris, 1782. p. 131—155.

Pag. 175. ante lin. 11.

Éloge de M. Margraaf. (par M. de Condorcet.)
Hist. de l'Acad. des Sc. de Paris, 1782. p. 122—130.

Éloge de M. Marggraf. (par M. Formey.)
Hist. de l'Acad. de Berlin, 1783. p. 63—72.

Pag. 179. ad calcem sect. 5.

ANON.

Catalogus librorum bibliothecæ *Joannis* GESSNERI, qui venales prostant apud J. H. Fussli filium.

Pagg. 133. Turici, 1798. 8.

Pag. 182. lin. 7. lege :

1 Band—20 Bandes 1 Stück.

Göttingen, 1770—1798. 8.

Pag. 186. post lin. 14.
Joseph BERGMANN.
Anfangsgründe der naturgeschichte.
  1 Theil Das Mineralreich. pagg. 207.
                                Mainz, 1774. 8.
  2 Theil. Das Pflanzenreich. pagg. 368.   1777.
  3 Theil. Das Thierreich. pagg. 256; sed deest finis.
                                 1778.
Tabellarischer entwurf der naturgeschichte.
  Pagg 30.   ib. fol. obl.
Pag. 197. ante lin. 3 a fine.
Salomon KLEINER.
Representation des animaux de la menagerie de S A. S.
  Mgr. le Prince Eugene François de Savoye, avec plu-
  sieurs plantes etrangeres du dit jardin.
                         Augspurg, 1734.
  Tabb. æneæ 12, longit. 11 unc. latitud. 15 unc.
Pag 204. lin. 11 a fine, lege:
  9 volumina, quibus continentur 348 tabb.
Pag. 236. post lin. 5 a fine.
William HAMILTON.
Memoir on the climate of Ireland.
  Transact. of the Irish Acad. Vol. 6. p. 27—55.
Pag. 247. ante lin. 12 a fine.
Johannes Georgius GREISELIUS.
Metallifodinarum præcipuarum Bohemiæ perlustratio.
  Ephem. Ac. Nat. Cur. Dec. 1. Ann. 2. p. 140—153.
  Præter mineralia, plantas etiam sibi obvias indicat.
Pag. 250. post lin. 11.
Johann Gottlieb GEORGI.
Geographisch-physikalische und naturhistorische be-
  schreibung des Russischen reichs.
  1 Theil. pagg. 374. mappæ geographicæ, æri incisæ, 2.
                      Kónigsberg, 1797. 8.
  3 Theil. pagg. 344.   1798.
    Tomus 2. nondum prodiit.

INDEX.

Abipones 160.
Abissinie 127, 128.
Abruzzo 102.
Acadie 154.
Acta Academiarum 1.
    Eruditorum 43.
    Germanica 47.
    Literaria Sveciæ 37.
Adriatico 258.
Ægypt 122, 126.
Æthiopia 127.
Affinitates rerum naturalium 192.
Africa Australis 131.
Africæ historia naturalis 253.
    insulæ 132.
    topographiæ 126, 163.
Afrique 123.
    Françoise 129.
Aggershuus-stift 249, 300.
Agriculture 299.
Akmella 291.
Alandia 114.
Aleppo 125.
Alexandria 240.
Alexipharmaca 292.
Alga saccharifera 201.
Alimenta 295.
Allemagne 92.
Alpenreise 103.
Alpes 102, 242.
Altaisches gebirge 119, 120.
Altenmarck 106.
Amazones, riviere des 157.
Amber 292.
Amboinsches rariteitkamer 252.
Ambra 291.
America Meridionalis 157, 255.
    Occidentalis 149.
    Septentrionalis 151, 253.
Americæ mat. medica 289.
    topographiæ 147.

American Academy 42.
    Philos. Society 41.
Amoenitates academicæ 63.
    exoticæ 135.
    naturæ 79.
Amstelodamensis Societas Œconomica 11.
Amsterdam (Island) 147.
Analecta Transalpina 37.
Anatome comparata 269.
Anfangsgründe der naturgeschichte 186, 309.
Angleterre 94.
Angola 128.
Anhalti museum 220.
Annalen der naturgesch. 208.
Annales de chimie 59, 305.
Annuaire du cultivateur 300.
Anspach 245.
Anthelmintica 272.
Antiballomena 290.
Antidota 292.
Antilles 161, 163.
Antimonium 263.
Antrim 99.
Ångermanland 249.
Aoste 102.
Apiarium 69.
Aponi thermæ 240.
Appellationes quadrupedum 182.
Arabia 121, 122, 133, 134, 136, 137.
Aragonia 240.
Archipelago 124.
Arend-see 259.
Armenia 122.
Aromatum historia 286.
Ascension 253.
Asiæ societates 41.
    topographiæ 133.
Asiatick researches 42.
Asie mineure 121, 123, 124.
Assyria 122.
Asturias 240.

Index.

Atramenta 301.
Augusta Taurinorum 240.
Austria 91.
Austriaca memorabilia 104.
Austriacus circulus 243.
Avignon 238.
Avori 291.
Ayapoque 256.

Baaden 244, 259.
Babylonia 122.
Bagneres 237.
Bahama-inseln 152, 162.
    islands 254.
Bahusländsk resa 113.
Bajerische akademie 32.
Bajern 104, 105.
Balsamum 291.
Barbados 161, 163, 255.
Barbary 123, 128.
Bascongada, Sociedad 19.
Basileensis societas 22.
Bataafsch genootschap 11.
Bataviaasch genootschap 41.
Bath society 8.
Bavaricus circulus 244.
Bayreuth 245.
Beaujolois 100, 238.
Belgica musea 222.
Bengal society 42.
Bennà 138.
Berarde 238.
Berauner kreis 248.
Berbice 159.
Berchtesgaden 104.
Beringsinsel 121.
Berlin, Academie de 26.
    Ges. Naturforschender
      Freunde 27.
Berlinische sammlungen 50.
Berlinisches magazin 50.
Bermudas 254.
Bern 169.
Berolinense museum regium
    220.
Bezaar 291, 293.
Bezoardische steinen 290.
Bibliothecæ 177.
    itinerariæ 82.

Bibliothecæ materiæ med. 272.
    topographicæ 179.
    venales 179.
Βιοχρησολογια 296.
Bisso 264.
Blankenburg 105.
Blattensee 259.
Blue mountains 254.
Board of Agriculture 302.
Bodensee 105.
Böhmens naturgeschichte 169,
    247.
Böhmerwald 247.
Böhmische gesellschaft 33.
Boerhavianum museum 224.
Bohemia 106, 247.
Bohemiæ metallifodinæ 309.
Bollensis ager 244.
Bombice 264.
Bononiense institutum 21.
Borneo 146.
Bornholm 108.
Borussiæ historia nat. 249.
    musea 234.
    scriptores 181.
    topographiæ 115.
Botanicon 279.
Botany bay 147.
Boulogne 239.
Boutan 252.
Brackenhofferianum museum
    229.
Brandola 241.
Brasilia 157, 159, 163, 256.
Bresciana, storia naturale 240.
Bresslauer sammlungen 44.
Bretagne, societé d'agriculture
    19.
Bretigäu 103.
Briefwechsel über die naturpro-
    dukte 186.
Brieg 248.
Britannia Baconica 235.
Britanniæ historia nat. 235.
    musea 220.
    societates 1.
    topographiæ 94.
British empire in america 149.
    museum 221.
Brockenberg 246.

Index.

Bromatologia 296.
Bruckmannianum museum 220.
Bructerus mons 246.
Brussa 124.
Bruxelles 99.
    Academie de 19.
Bücherkunde 178.
Büdesheim 105.
Bulgaria 91.
Bunzlauer kreis 107.
Butisbacum 245.
Byggnings-ämnen 301.

Cabinet poetique 226.
Caccia Turca 125.
Cachipour 256.
Caffraria 132.
Caffres 131.
Cajanaborgs Län 115.
Calajoki 115.
Calceolarii museum 227.
California 150.
Campeachy 156.
Canada 151, 153.
Canary islands 129.
Candia 124.
Canton 147.
Cap-blanc 129.
    Breton 154.
    de Bonne esperance 131,132.
Cape of good hope 131.
    verde 129.
Caraibische inseln 162.
Caribäische inseln 164.
Caribby-islands 161, 162, 255.
Carinthia 91.
Carnatik 140.
Carniola 91.
Carnische alpen 93.
Carolana 155.
Carolina 152, 155, 254.
Carpatii montes 116.
Carstenianum museum 220.
Caryophylli aromatici 292.
Castor 201.
Castoreum 292.
Castres 100.
Caucasisches gebürge 119.
Cayenne 163, 164, 256.
Ceylon 141.

Chactaws 152.
Chemische annalen 55.
Chemisches journal 54.
Cherokee 152.
Cherso 117.
Cherson 120.
Cheshire 96.
Chile 160, 161, 257.
China 136, 137, 142—145, 252.
Chio 123.
Christiansand 108.
Christiansöe 108.
Chronica herbarum 272.
Churpfälz. ökonom. gesellsch. 31.
Chusan 143.
Chypre 123.
Cibaria 295.
Cicuta aquatica 293.
Cimento, Accademia del 22.
Circumnavigationes 88.
Cista medica 43.
Cizico 124.
Classes medicamentorum 272.
Clef des champs 196.
Closterianum museum 230.
Cobergensia musea 220.
Coccus baphica 291.
Cochinchina 142.
Coena 296.
Coimbra 101.
Colchide 125.
Collectio medicamentorum 272.
    rerum natur. 217.
Collectiones itinerum 83.
College of Physicians 7.
Colours 301.
Columbien 164.
Comarca dos ilheos 257.
Commentarii Lipsienses 181.
Commercium litterarium Norimberg. 46.
Condimenta 295.
Confectio alchermes 291.
Congo 130.
Constantinopel 122, 124, 125.
Contemplation de la nature 80.
Contr' herba 291.
Coquinaria ars 295.
Coralium 291.

Index.

Cork 99.
Cornwall 94, 95.
Corse 102, 237.
Cosmologie 261.
Cospiano museo 227.
Couleurs 301.
Couronnes academiques 12.
Crabeneiland 162.
Crain 104.
Creek confederacy 152.
Cremnicensia memorabilia 116.
Critici veterum auctorum 263.
Cronoby 115.
Cuença 157.
Cui bono ? 165.
Culina mutata 296.
Cumana 239.
Curæ posteriores 198.
Curiositas naturalis 165.
Curiositates physicæ 205.
Curlandiæ memorabilia 250.
Cyprus 124.
Czirknizer see 258.

Dacische karpathen 93.
Dalmazia 117, 123.
Daniæ auctores 180.
    historia nat. 248.
    musea 232.
    societates 33.
    topographiæ 107.
Dannemarc, progrès de l'hist.
    nat. 169.
Danske land huusholdings sel-
    skab 34.
       Videnskabers selskab
       33.
Danubius 307.
Danzig, naturforschende gesell-
    schaft 38.
Dauphiné 238.
    auteurs 180.
Deipnosophistæ 75.
Delectus opusculorum 208.
Deliciæ Cobresianæ 178.
    naturæ 166, 202.
Denmark 92, 93.
Deperditæ res 77.
Deportatio rerum nat. 217.

Derbyshire 96.
Descriptiones rerum nat. 198.
Destedt 246.
Devonshire 94.
Diætetica 296.
Dictionnaires 183.
Dies caniculares 76.
Dijon, Academie de 18.
Dinarische alpen 93.
Disputatorium museum 178.
Disticha 260.
Dobschinensia memorabilia 116.
Doeverianum museum 225.
Domus anatomica 43.
Dorsetshire 94, 95.
Down 99.
Doxoscopiæ physicæ 78.
Dresden, naturalienkammer
    228.
Dresdnisches magazin 304.
Dresense museum 220.
Driburg 105.
Drogas 289.
Drogues 282, 283.
Drugs 281.
Dublin 236.
Ductilité 269.
Dutch dispensatory 281.

East-India 134, 135, 138—140.
East-Kilbride 98.
Ecarts de la nature 270.
Ecosse 94.
Edinburgh society 9.
Eger 109.
Egypt 121, 123, 124, 126, 133,
    134.
Ehstland 120.
Elbe 242.
Electricitatis effectus 270.
Elementa historiæ nat. 185.
Emblemata 260.
Enchiridion hist. nat. 187.
Encomia historiæ nat. 165.
England 94.
Epericensia memorabilia 116.
Ephemerides Nat. Cur. 23.
Epistolæ 69.
Erfordiæ academia 28.

Index.

Escuerconera 293.
Espanoles, autores 180.
Ethiopia 127, 134.
Europæ itinera 91.
Exotica 198.

Færoe 109.
Falkland's islands 160.
Faxoe 108.
Femara insula 248.
Ferberianum museum 233.
Ferro 112.
Fes 128.
Fibræ differentia 270.
Fichtelberg 105.
Fife 98.
Finnischer meerbusen 120.
Finska climatet 249.
Fisica animale 267.
Florida 152, 155, 156, 254.
Forez 238.
Formation des corps 269.
Fox islands 147.
France 92.
　　antarctique 163.
　　bibliotheque physique
　　　180.
　　meridionale 92, 237.
　　progrès de l'hist. nat.
　　　169.
Francofurtanum iter 104.
Franconicus circulus 245.
Franken 105.
Friuli 91.

Galliæ academiæ 12.
　　historia nat. 237.
　　musea 225.
　　scriptores 180.
　　topographiæ 99.
Gambia 129.
Garda, lago di 258.
Gart der gesundheit 278.
Gazophylacium naturæ 197.
Gelehrte gesellschaften 1.
Gemeinnüzige abhandlungen
　　51.
Gemme 291.

Geneeskundige jaarboeken 55.
Generatio plantarum 263.
Genfersee 258.
Genua 240.
Georgia 152.
Georgical essays 51.
Germaniæ academiæ 23.
　　hist. nat. 243.
　　musea 228.
　　topographiæ 104.
Germany 92, 93.
Gessneri bibliotheca 308.
Geversianum museum 225.
Giardino del mondo 76.
Gifte 294.
Gilan 137.
Gioie 291.
Glacieres in Savoy 238.
Glokner 244.
Goda hopps udden 131.
Götheborgska samhället 38.
Göttingisches journal 305.
　　magazin 56.
Gold coast 130.
Gorée 129.
Goriziense iter 243.
Goslariensia memorabilia 104.
Gothland 113.
Gottingensis societas 29.
Gottorfische kunstkammer 228.
Gottwaldianum museum 234.
Gradation des etres 193.
Græsœa 114.
Grand Emir 126.
　　Mogol 139.
Grece 121, 123, 124.
Greene forest 194.
Greenland 111, 112.
Gresham college 220.
Grindelwaldthal 103.
Grisons 242.
Grönland 109—112.
Gronovianum museum 225.
Guaira 160.
Guaxaca 156.
Guds underwärk i naturen 261.
Guiane 157—159, 256.
Guinea 128—130, 164.
Gulbransdalen 109.
Gustus 269.

Index.

Haarlem, maatschappy 9.
Habessinorum regnum 127.
Hälsinga hushålning 114.
Hafniensia acta 43.
Hafniensis universitas 34.
Halberstadiense iter 104.
Halberstadt 246.
Halensia memorabilia 104.
Halensis orphanothrophii museum 220.
Halle 106.
Hallische gesellschaft 28
Hamburgisches magazin 47.
Handbuch der naturgesch. 186.
Handschriften des Dioscorides 275.
Hanoverana memorabilia 104.
Harbke 246.
Hardanger 109.
Harwich 95.
Harzwald 105, 246.
Hassiaca societas 31.
Hassiæ historia nat. 245.
Hauho 115.
Havniensis societas medica 34.
Havre de Grace 100.
Hawsted 95.
Hebrides 94, 97.
Heliga landet 124.
Helmstadiensia memorabilia 104.
Helmstädt 246.
Helvetiæ hist. nat. 235, 242.
    musea 228.
    societates 22.
    topographiæ 102.
Helvetica acta 22.
Helvetiens naturgeschichte 169.
    naturkunde 59.
Herball 278.
Herbarius 278, 281.
Hercynia 104, 105.
Hermes ægyptiorum 77.
Hessen Cassel 245.
Hessische beiträge 59.
Hjelmaren 259.
Hierusalem 308.
Highlands of Scotland 97.
Hildesiensia memorabilia 104.
Hindoustan 139.

Hispaniæ hist. nat. 239.
    itineraria 100.
Historia historiæ nat. 168.
Historiæ itinerum 83.
    rerum natur. 194.
Hochberg 105.
Höland 109.
Holland 92.
Hollandse maatschappy 9.
Hollola 115.
Holmskjoldi bibliotheca 179.
Holsatiæ auctores 180.
Holy land 122.
Hortus sanitatis 194.
Hottentots 131.
Hudson's bay 153.
Hungaria 91.
Hungariæ hist. nat. 250.
    topographiæ 116.
Hypecacuanha 291.
Hypothesen 185.

Jænischii bibliotheca 179.
Jamaica 161—163, 255.
Japan 139, 145, 181.
Japanica flora 178.
Java major 139.
Icones rerum natur. 195.
Jemtland 114.
Jenensia memorabilia 104.
Jerusalem 122, 125.
Jever 245.
Ilfeldensia memorabilia 104.
Illirio 117.
India 133, 136.
    literata 251.
    orientale 134—140, 251.
Indices physici 194.
Indie occidentali 147—149,161.
Institut national 303.
Institutes of nat. hist. 187.
Insubrica flora 204.
Intercourse of nations 78.
Inventores rerum 76.
Jobi physica 263.
Journal d'hist. nat. 208.
    des mines 61.
    de physique 51.
Ireland 94, 98.

Index.

Ireland's climate 309.
    nat. hist. 236.
Irish academy 9.
Irritabilité 271.
Island 109, 110, 112.
Islandiæ auctores 180.
Islands naturprodukter 300.
Islandsk naturhistorie 249.
Isle de Bourbon 132.
    France 132, 253.
Islebiensia memorabilia 104.
Isthmus of America 158.
Italiæ academiæ 20.
    hist. nat. 240.
    musea 227.
    topographiæ 101.
Italiana, Società 21.
Italy 92, 93, 101, 104, 122, 123.
Itineraria 82.
Judée 121, 122.
Julische alpen 93.
Ivory-coast 130.

Kaap de goede hoop 131.
Kachemire 139.
Kärnten 104, 243.
Kahiræ mat. med. 289.
Kakerlacken 201.
Kakongo 130.
Kamtschatka 121.
Kantisches prinzip 271.
Karlsbad 107.
Karpathen 93.
Katechismus der natuur 80.
Kent 95.
Κερατολογια 266.
Kerry 99.
Kesmarkina memorabilia 116.
Kinross 98.
Kiöbenhavnske selskab 33.
Kiranides 278.
Kircherianum museum 227.
Königsberg 117.
Königshof 248.
Kongs-skugg-sio 75.
Koraal-gewassen 201.
Koszodrewina 201.
Krain 104, 244.
Kralowa hola 117.

Kreuterbuch 278, 279.
Kunstsprache der naturforscher 185.
Kupferinsel 121.
Kurilski islands 121.
Kurland 250.
Kusnezkisches gebirge 120.

Laar 138.
Labrador 153.
Lac 292.
Lacuum hist. nat. 258.
Lächofsche inseln 121.
Läckerheter 296.
Lancashire 96.
Languedoc 100, 237.
Lappones Finmarchiæ 109
Lapponia 113, 115.
Latin terms 185.
Laurier-Cerise 294.
Lausanne, Societé de 23.
Lautern, ökonom. gesellsch. 31.
Leckereyen 297.
Leçons elementaires 187.
Lehrbegriff der naturgesch. 186.
Leipziger magazin 57.
    oekonom. societ. 28.
Lesserianum museum 220, 230.
Letters 70.
Lettres philosophiques 205.
Leutmerizer kreis 107.
Leutschoviensia memorabilia 116.
Levant 123, 124, 135.
Lever's museum 222.
Lexica 182.
Leyden 222.
Libanus 125.
Liefland 120, 250.
Lier 109.
Limbowe drewo 201.
Limites des regnes de la nature 270.
Linlithgow 98.
Lipsiensia musea 220.
Liptoviensis comitatus 116.
Lisboa, Academia de 20.
Litteratur der reisen 83.
Litteratura mat. med. 272.

Index.

Livland 250.
Loango 130.
Locustæ 262.
Logices usus 184.
Louisiane 155, 156.
Low-countries 92.
Lubiana 117.
Lucis efficacia 271.
Lüneburg 246.
Lumiere solaire 270.
Lusitaniæ oeconomici 300.
      topographiæ 101.
Lybie 128.
Lycopolitana musea 220.
Lyonnois 238.

Macedonia 91, 123.
Madagascar 132, 140.
Maddüie 259.
Madera 161, 162.
Magazin encyclopedique 61.
Magdeburgense iter 104.
Magellan, detroit de 163.
Magellanicum fretum 88, 160.
Magnes 78.
Maison rustique 299.
Malabar 140.
Malacca 139, 291.
Malham 96.
Malm 201.
Malouines 160.
Malthe 93, 102.
Malucas 146.
Manchester society 8.
Mansfeldiensia memorabilia
    104.
Manuel d'hist. nat. 187.
    du naturaliste 183.
Manuscrits de Dioscorides 275.
Maremma di Siena 242.
Margaritæ 291.
Maria's islands 147.
Maris historia nat. 257.
Marokos 128.
Maryland 154, 254.
Massel 107.
Materia alimentaria 295.
    medica 272.
Medecine, Societé de 17.

Medelpad 249.
Medical communications 8.
    facts 57.
    journal 56.
    observations 7.
    society 8.
    transactions 7.
Medicamenta varia 290.
Medicina herbaria 278.
Medulla mirabilium 266.
Meerspurg 228.
Melanges d'hist. nat. 202.
Memoirs for the curious 44.
Mengrellie 125.
Mer du nord 258.
Merkwürdigkeiten der natur
    79.
Merveilles de la nature 267.
Mesopotamia 122, 124.
Methodi hist. nat. 192.
Methodus studii hist. nat. 184.
Mexico 156, 254.
Micrographi 208.
Microscopicæ observation. 208.
Mictologia 195.
Milano, Società patriotica di 21.
Mineralische gifte 294.
Minorca 101, 240.
Miröschau 248.
Miscellanea Austriaca 54.
    Berolinensia 26.
    curiosa 6, 23.
    Taurinensia 20.
Mississipi 156.
Modena 102.
Moguntina academia 28.
Moluccas 146.
Mons Fractus 243.
    regius 116.
Montium utilitas 262.
Montpellier, Societé de 18.
Mont-Pilat 239.
Moravica memorabilia 104.
Moscovie 118, 136.
Mosqueto kingdom 158.
Moukden 144.
Müggelsee 259.
Mundus invisibilis 216.
    subterraneus 78.
Mures marini 291.

Index.

Murrhina 264.
Muscau 137.
Muschio 291.
Muscogulges 152.
Musea 217.
Musei instructio 218.
Museo di fisica 199.
Museographia 219.
Museum museorum 282.
Myrrha 262, 292.

Naples 101.
Napoli, Accademia di 22.
Naseby 96.
Natal 132.
Naturæ Curiosorum academia 23.
Naturalien-samlungen 219.
Naturalists miscellany 204.
Naturbüch 78.
Naturforscher 206.
Naturhistorie selskabet 34.
Naturlehre 80.
Natursystem 190.
Natuurlyke historie 189.
Necessitas hist. nat. 167.
Neosoliensia memorabilia 116.
Neue entdeckungen 60.
New England 154, 253.
    France 153.
    Guinea 146.
    Holland 146.
    South Wales 147.
    York society 42.
Niagara 151.
Nicea 124.
Niendorpiensia curiosa 246.
Nieves 161.
Niger 128.
Nigritie 129.
Nile 127, 128.
Nili admiranda 126.
Nomenclator classicus 183.
        extemporaneus 189.
Nomenclature europeenne 192.
Noordsche weereld 112.
Norden 112.
Nordische beyträge 50.
        neue 57.

Norfolk Island 147.
Norge 108, 248, 249.
Norges naturprodukter 300.
Noribergensia musea 220.
Norische alpen 93, 308.
Norra America 151.
Norske videnskabers selskab 35.
North America 152.
    Pole 112.
Northamptonshire 96.
Northumberland 96.
Northusana memorabilia 104.
North-west coast of America 150.
Norvege 112.
Norvegiæ auctores 180.
    rariora 249.
Noticias americanas 149.
Nouvelle France 151, 153, 154.
    Guinée 146.
Nova Cambria 253.
    Francia 153.
    Liter. Maris Balthici 44.
Numidie 128.
Nutrimenta 295.
Nyland 114.

Oberdeutsche beyträge 59.
Oberharz 106.
Oberösterreich 243.
Oberpfalz 105.
Observationes medicæ 68.
Observations naturelles 199.
Occulta naturæ miracula 266.
Oeconomia naturæ 261.
Oeconomicæ societates 1.
Oeconomici 297.
Oeconomische naturgeschichte 299.
Öland 113.
Oesterreichische staaten 93.
Oizans 238.
Okoressa 137.
Olea 272.
Olivet 100.
Oloffianum museum 220.
Ονομαςικον medicinæ 182.
Onondago 151.
Ontario 151.

Index.

Oost-Indien 135, 139.
Opium 292.
Opobalsamum 291.
Opsonia 295.
Opuscoli scelti 53.
Opuscula hist. nat. 205.
        mat. med. 272.
Opusculorum collectiones 61.
Orcades 112.
Orenburg 120.
Oriens 121.
Oriental repertory 60.
Origines 75.
Orinoco 158.
Orkney 98.
Ortus sanitatis 194.
Osero 117.
Osmanicum imperium 121.
Ostenta 265, 267.
Osterodana memorabilia 104.
Ostindisk resa 136, 144.
Ostpreussen 116.
Ostsee 258.
Oswego 151.
Otaheite 147.
Ovre-Tillemarken 108.
Owhyhee 147.
Oxfordshire 96.

Pacific ocean 91, 308.
Padova, Accademia di 21.
Palestine 121, 123, 124, 126, 134.
Palliacattiske bierge 140.
Παμβ᷂ανολογια 281.
Pandectæ 76.
Πανζωορυκτολογια 281.
Παντοπωλιον 260.
Paraguay 160.
Parana 160.
Paraquaria 160.
Paris 99.
        Acad. des Sciences 12.
        Soc. d'Agriculture 17.
              d'Hist. nat. 18.
Parnassus medicinalis 281.
Passau 104.
Patavini agri thermæ 241.
Pays-bas 99.

Peak of Teneriffe 132.
    in Derbyshire 236.
Pedra-porco 291.
Pegu 141.
Pelagi natura 257.
Pelew islands 146.
Peregrinatoris instructio 82.
Perle 291.
Permische statthalterschaft 120.
Perou 161.
Perse 119, 133—137.
Petiveriana 221.
Petropolitana academia 39.
Petropolitanum museum 234.
Pflanzengifte 294.
Φαρμακοβασανος 281.
Pharmacologia 282.
        sacra 263.
Pharmacologische anzeigen 292.
Pharmocopoea belgica 281.
        edinburgensis 286.
        suecica 286.
Philadelphia, Society of 42.
Philipines 146.
Philosophia hist. nat. 186.
Philosophical collections 6.
        transactions 1.
Philosophy of nat. hist. 270.
Phoenix naturæ 267.
Physici 78.
        biblici 262.
Physicotheca 232.
Physico-theologi 260.
Physikalische arbeiten 58.
        belustigungen 49.
        bibliothek 49, 182.
        briefe 304.
Physiognomie 271.
Physiographiska sälskapet 38.
Physiologi 269.
Physique sacrée 263.
Phytognomica 280.
Pilati mons (Galliæ) 239.
        (Helvetiæ) 243.
Pilsner kreis 248.
Pinacotheca Bozenhardiana 230.
        Bromelii 233.
Pisani bagni 241.

Index.

Piscis Tobiæ 263.
Pistojese, territorio 241.
Plauische grund 106.
Poemata 260.
Poetry 167.
Poisons 294.
Poland 93.
Politia naturæ 262.
Poloniæ hist. nat. 250.
    scriptores 181.
Polychresta exotica 62.
Polyglotten-lexicon 184.
Polyhistor 75.
Polypus petrifactus 201.
Pommerische naturalscribenten 180.
Pommern 247.
Pondisceri 140.
Ponza 102.
Porrettane, terme 241.
Port Egmont 160.
    Jackson 147.
    Royal 154.
Portland museum 222.
Posegana 117.
Preussen 116.
Principia botanicorum 192.
Prodigia 265, 267.
Progress of nat. hist. 168.
Promontorium bonæ spei 131.
Proprietates rerum 75.
Provence 238.
Pseudodoxia epidemica 77.
Pterigraphia americana 255.
Puch der natur 306.
Pyrenées 100.
Pyrmont 105.
Pyrosophia 282.

Quenstedt 247.
Querfurtense iter 104.
Quid pro quo 290.

Rakonizer kreis 107.
Ratisbonensia memorabilia 220.
Ravennati, pinete 102.
Recherches curieuses 199.
Recueil de peintures 198.

Red lily 201.
Reichenberg 107.
Relationes de libris novis 181.
Remire 256.
Resurrectio plantarum 267.
Resuscitatio 267.
Rhætian alps 93.
Rheinisches magazin 208.
Rhenanus Circulus Super. 245.
Rhodes 123.
Ricettario fiorentino 286.
Richterianum museum 230.
Riedesel 245.
Riesengebirge 248.
Rio della plata 157, 160.
Ritterianum museum 220.
Rome 101.
Rossia 169.
Rotterdam, genootschap 11.
Russia 93.
Russiæ hist. nat. 250, 309.
    musea 234.
    topographiæ 118.
Rusticæ rei scriptores 297.
Rutherglen 98.

Sabothicum iter 107.
Saccharum 291.
Sachsen 106.
Sacra philosophia 262.
Sächsische naturhistorie 247.
Sagu sochn 114.
St. Augustine 156.
St. Barthelemi 255.
S. Christophers 161.
S. Croix 162.
S. Domingue 163.
Sainte-Genevieve 225.
S. Jan 162.
St. John's river 156.
St. Ivan 116.
St. Kilda 98.
S. Thomas 162.
Sal 262.
Salomon islands 146.
Saltero's coffeehouse 221.
Salt-mines 201.
Salzburg 104.
Salzdal 220.

Index.

Sammlungen zur physik 56.
San Tomé 130.
Sandwich islands 147.
Santa-Fée de Bogota 256.
Sapones 272.
Sapores 269.
Sarmatische karpathen 93.
Satacunda 114.
Savoy 238.
Saxonicus Circ. Infer. 246.
 Super. 247.
Scelta di opuscoli 53.
Schagen 108.
Sche unicensia memorabilia 116.
Schettland 112.
Schlängliches gewebe 216.
Schmidianum museum 220.
Schneekoppe 248.
Schönbrunn 248.
Schüttenhofen 247.
Schweiz 103.
Schweizer bibliothek 180.
Schwöbber 105.
Scilly islands 95.
Scorzonera 293.
Scotia illustrata 236.
Scotland 94, 96, 97.
Selborne 95.
Semlin 117.
Semplici 277.
Semproniensia memorabilia 116.
Senega 128.
Senegal 129.
Senese, stato 241.
Septalianum museum 227.
Septentrio 111.
Series corp. nat. continua 193.
Servia 91.
Shropshire 97.
Siam 139, 141.
Sibbaldianum museum 222.
Sibirien 118, 121.
Sicile 93, 102.
Sicilia 242, 307.
Siena, Accademia di 22.
Sierra leone 129, 253.
Signatur 280.
Silesia 248.
Silurus 263.
Simplicium natura 278.

Sina 139, 181.
Sinai 125.
Singularia 198.
Singularités de la nature 267.
Skånska resa 113.
Slave coast 130.
 trade 129.
Smaragdus 291.
Smutty corn 201.
Snowdon 97.
Söndmör 109.
Somerо 114.
Somersetshire 94, 95.
Somme 99.
Sooloo 252.
Soria 134.
Sourie 123.
South America 157.
Spain 100, 239.
Spanishtown 162.
Spectacle de la nature 77.
Specula physico-math. 77.
Speculum naturale 75.
 regale 75.
Spitzberga 111, 112.
Spongites 200.
Staffordshire 96.
Stargard 247.
Stevens klint 108.
Steyermark 104, 243.
Stirling 98.
Stirpium differentiæ 276.
Stralsundisches magazin 51.
Strasse Davis 109.
Stuffenfolge der natürlichen
 körper 193.
Styria 91.
Submarinæ plantæ 197, 201.
Subtilitas 76, 306.
Succedanea 290.
Succinum 292.
Suisse 92, 93, 242.
Sumatra 142.
Suratte 136, 139.
Suria 133.
Surinam 159, 256.
Sveciæ academiæ 35.
 hist. nat. 249.
 topographiæ 113.
Svenska Vetenskaps acad. 35.

Index.

Sverige, nat. hist. framsteg 169.
Svevicus circulus 244.
Svidnicensis hist. nat. 248.
Sweden 93.
Swizerland 103.
Sylva sylvarum 78.
Symbola 260.
Syra 124.
Syria 121—124, 134.
Systema naturæ 187.
Systemata rerum nat. 187.
Systematische tabellen 191.
Systeme de la nature 269.
Szomolnokcensia memorabilia
    116.

Tabago 256.
Tanjour 140.
Tapuies 159.
Tartarie chinoise 143.
    orientale 144.
Taurien 120, 250.
Tavastehus 114.
Technophysiotamea 218.
Teinture 301.
Teleologi 261.
Telluris incrementum 269.
Teneriffe 132, 147.
Terglou 244.
Terra 299.
    ferma 158.
Terre sainte 123.
    verte 301.
Tessinianum museum 233.
Thaumatographi 264.
Theriaque 291.
Thesaurus mat. med. 272.
Thessaly 91.
Thibet 138, 252.
Thottiana bibliotheca 179.
Thrace 124.
Tinian 147.
Tobolsk 120.
Tocznik 248.
Tonquin 142.
Topographiæ 82.
Torre de Moncorvo 101.
Tortola 162.
Toscana 102.

Toscana, agricultura 300.
    progressi delle scienze
        80.
Toulouse, Academie de 18.
Tradescantianum museum 221.
Transport par mer 217.
Trincinensia memorab. 117.
Trinidad 259.
Triumphus naturæ 267.
Trondhiemske selskab 35.
Tucuman 160.
Turchia 307.
Turin, Academie de 21.
Turkish empire 122.
Turquie 123, 134, 135.
Tybet 138.
Tyrnaviensia memorab. 116.
Tyrol 93, 104, 244.

Udarter 270.
Uitgezogte verhandelingen 50.
Ukranie 120.
Ungarn 250.
Ungrisches magazin 58.
Unicornu 291.
Unterharz 106, 246.
Uplandia 113.
Upsaliensis acad. museum 233.
    societas 37.
Urviaca 160.
Utilitas hist. nat. 167.
Utrecht 223.
Utregtsch genootschap 12.

Vallesia 102.
Vallis divæ mariæ 104.
    salinarum 220.
Varietates specierum 270
Veleni 295.
Venaissin 238.
Venena 292.
Venetia 241.
Vergiften 294.
Verkehrtes jahr 267.
Vestindien 162.
Veterum hist. nat. 168.
Viennensia musea 220, 230.
Viennensium cibi 296.

Index.

Virginia 154, 155.
Vitæ auctorum 170.
Vivarais 237.
Vlissingen, genootschap 10.
Volgensis hist. nat. 251.
Vorgebirg der guten hoffnung 131.
Vratislaviense promtuarium 219.

Wälschland 101.
Wästgöta resa 113.
Wätter 259.
Walckenredensia memorab. 104.
Wales 96, 97.
Warsavia 116.
Waterford 99.
Weigelsdorf 248.
Weimar 228.
Weltenburg 244.
Western counties 94.
    islands 98.
    territory 153.
West-Indies 148, 149, 162.
Westphalicus circulus 245.
Westpreussen 116.
Wiburg 120.

Winterbelustigungen 243.
Wirtemberg 244.
Wisdom of God 260.
Worcestershire 96.
Wormianum museum 232.
Wosek 248.

Yemen 137.
Ysland 110.

Zannichellianum museum 228.
Zbirow 248.
Zeeuwsch genootschap 10.
Zelle 246.
Zetland 98.
Zeylon 140, 141.
Zibetto 291.
Zirchnitzer-sea 258.
Zodiacus medico-gallicus 43.
Zoeblitz 106.
Zoophyta 199.
Zothenberg 107.
Zschonengrund 247.
Zürich, naturforschende gesellschaft 23.
Zweybrücken 245.

Printed in the United States
By Bookmasters